JN045771

利根川の旅水路を歩く

―未完の東遷完成への提言―

青木更吉　當麻多才治

刊行に寄せて

利根川研究の魔性に魅せられた令和の民間治水論

島根大学生物資源科学部助教 **佐藤裕和**（博士（環境学）、河川工学）

二〇一一年三月、東日本大震災の余波を受けながら、利根川流域から斐伊川流域へと居を移した。同年四月、島根大学へ着任し最初に取り組んだ研究テーマは、斐伊川流域の確率水文量の経年変動解析であった。前職では一年間いわゆる博士研究員をしており、東京大学の二つの研究室で東京湾（台場）の水質問題と天竜川流砂系における遠州灘海岸の侵食問題に、河川工学の立場から取り組んでいた。その前の博士課程では利根川の治水問題をテーマにしていたので、博士課程から島根大学着任当初までの間、研究対象流域が利根川、荒川、天竜川、斐伊川と変遷したことになる。以降、現在までに全国各地の河川を歩く機会に恵まれたが、川歩きを続ける中、新しく訪ねた川のことを最も好きになるという何ともいえない癖（？）が付いてしまった。河川整備の画一化や河川の没個性などという言われ方もなされるが、それでも一本一本の川にはまだまだ個性があるということだろう。それはさておき、そんな中でも好き嫌いを超越し、私にとって不動の存在であり続けている川がある。利根川である。博士論文のテーマに取り上げたことで特別視していることもたぶんにあるだろうが、複雑な自然史と社会史を有する利根川は、治水面にも利水面にもその複雑さが存分に反映されているがゆえ、研究者本能をくすぐるのであろう。そして、利根川研究に携わった多くが利根川の虜にされてしまう。実際、本書の著者二人もその規定路線にま・ん・ま・

と乗っかってしまっているのは、本編を読み出してすぐに気付かれることと思う。

二〇二一年九月二十九日、その著者の一人である當麻さんから、私の拙論文の引用に関する件名のメールが届いた。私は山口県岩国市が主催する「錦帯橋世界文化遺産専門委員会」の委員を務めており、錦川はここ数年の主要な研究対象河川のひとつとなっている。メール本文はその委員会活動のことに触れながら書き出され、ご本人も錦帯橋の下で育ったという。その一月ほど前に錦帯橋の橋脚形状に関する論文を発表したばかりであったので、その引用のことだなと読み進めると、何だか変である。錦帯橋のことは前書きに過ぎず、中条堤やら関宿やら首都圏外郭放水路やらと書かれているのである。おまけに當麻さんの住所は、私が以前住んでいた利根運河のほとり、千葉県流山市東深井と町名まで同じである。住まいの近さは脇に置くとしても、私が心血を注いできた新旧の二河川が共有されていることに心底驚いた。

問い合わせの中核は、本編にも出てくる利根川下流放水路の拙提案に関するものであった。環境的にも財政的にも、ダムや放水路の建設が従来のように進められない現状を踏まえながら利根川治水をどうするのかを模索していた中で、私が唯一提案した大規模なハード対策である。従来どおりのハードに依拠した治水策といわざるをえないが、それでもこれを思い切って提案せざるをえないだけの歴史的背景と経緯が利根川治水にはあると私は考えており、當麻さんからの問い合わせはそのあたりが十分に汲み取られた上でのものであった。

賛同にせよ否定にせよ、学術行為の成果の全ては国民にどんどん還元されるべきと考えているので、遠慮なくお使いくださいということを返し、その後は當麻さんとメールの往復が続くこととなる。利根川だけでなく、ときおり錦川や岩国のことも混ざって何とも不思議な感覚である。そんなこんなで二〇二二年六月、新型コロナウイルスの蔓延に伴う行動制限の間を縫って、當麻さんが島根大学を訪ねて来られた。本書のこと、利根川や錦川のことはもとより、當麻さんが日本の治水に関心のあるイギリス内務省の元役人を利根川や江戸川に案内した際に一番興味を持たれたのは「関宿の蛇籠」であったとか、流山の友人が私のお世話になった先生の一人の事情に明るく彼は山陰に縁があるのだとか、休題にも事欠かず短い時間が過ぎた。帰りの時間が迫ってきたところで、當麻さんが序文かどこかにちょっと一言書いてくれないか、と切り出された。私でよければということで、恥ずかしながらも光栄に思いこの筆を執っているしだいである。

内容に関しての解題は避けることにして、本書を読んで感じたことに一点だけ触れておこう。本書の構想は、著者の一人である青木さんが地域研究を共にする當麻さんに声がけをしたところに端を発する。青木さんはすでに利根川や江戸川に関する研究をいくつかの著書にまとめているが、それらの調査活動の中で利根川に関する放水路群に関心を持ち、當麻さんもそれをテーマとした著作を出すことに同調した。文字通り二人三脚で既存の放水路を全て訪ねて確認しているが、群馬県内の調査でも千葉から日帰りしていたとのことであり、その健脚ぶりには恐れ入る。そして、その現地調査の前段では膨大な史資料や文献の調査がなされている。歴史部分については、私が博士課程在籍時に読んだ文献量など楽に凌駕している。こうして書かれた本書は専門書の一冊に位置付けられると同時に、一般書としても楽しむことができるという、二つの稀有な性質を帯びた力作である。心より労を多としたい。

ところで、島根大学に移ってからこれまで、利根川流域で大きなイベントがいくつかあった。卑近のところでは、やはり八ツ場ダムの竣工であろう。博士課程在籍時から島根大学着任時にかけ、利根川の基本高水流量の妥当性検証と絡み合いながら、八ツ場ダム建設の是非が利根川・江戸川有識者会議を中心に喧々諤々議論されていた。最終的には建設となり、二〇一九年十月の台風19号の吾妻川洪水を試験湛水中に溜めたが、事実上のデビュー戦ともいえる洪水調節でもその評価が二分したことは記憶に新しい。この混沌とした感じがやっぱり利根川流域らしいと思わないでもない。もうひとつは二〇一五年九月洪水での鬼怒川の破堤である。島根大学に来てからの利根川流域の本格的な調査は、この時の水害調査が初めてとなった。私は洪水氾濫水をどのように早期処理するのかを研究テーマのひとつにしていることもあり、鬼怒川の氾濫流がどのように終焉したのかをつぶさに追っていたが、拙提案の下流放水路があれば、利根川本川の洪水位が下がって鬼怒川のバックウォーターが緩和され、鬼怒川洪水の流下が少しスムーズになっていたのではないかと後になって思い立った。この時破堤はしなかったが小貝川も同様である。拙論文の執筆当時は放水路起点より下流への効果ばかりを詳述していたが、放水路上流側への影響についても議論しておくべきだったと反省させられた。

本書が出版されるまでにはまた何か新しいイベントが発生しているかもしれないが、個人的なところでは、二〇二二年十月中旬に埼玉平野の水防関係の調査を実施した。鬼怒川水害以来、久しぶりの利根川調査ということで大変楽しみにし、調査では當麻さんが本書の執筆過程で構築されてきた人脈を活用させていただくとともに當麻さんにも同行してもらった。河川研究をしている人の協力に支えられることが本当に多いが、今回ほど奇妙な経路から助けられたことはない。利根川は、「真の」東遷を未完としたままで遠く西日本の一人にまで影響を与えてしまうようである。

この寄稿文を執筆するにあたり、利根川のことだけを考えていればよい時間を得た。博士課程以来となる幸せなひと時を与えてくださった著者の両氏に、心より感謝申し上げる。

２０２２年12月

まえがき

研究会の仲間の30～40人で1冊の本を書いたことは何年も続いたが、今回のように2人というのは初めてである。いや、考えたことはあるが実現しなかった。今回の共同執筆のそもそもは、2代将軍秀忠の運河構想を2人の話題にしたのが出発だった。行動力のある當麻さんは早速調べ始めていたのを見て、私から「利根川の放水路」を2人でやろうと誘いかけた。

私は前々から當麻さんの文章表現力を買っていたから、一緒にやってみたかったのである。本音を言えば彼の行動力にも引かれたのだが、私はだんだん馬力の衰えを感じるようになっていたから、彼の若い行動力にすがる思いでいい本を出そうという意欲が湧いてきたのだった。

2人で書いたものをまとめて一冊にする、そういう作り方はしたくない。2人で一緒に取材する。図書館で調べたものは持ち寄って検討する。青木が書いたものは當麻が補う。當麻が書いたものは青木が付け加える。だから、書いた文章には署名しないと了解をしていた。だから青木＋當麻ではなく青木×當麻になればいい、いやそうしたいという希望があった。

さて、利根川の放水路は私のこれまで調べたり書いたりしてきた筋道から自然に見えてきたテーマである。

「東葛の川を歩く」（柏のタウン誌に連載）

『歴史ロマン利根運河』（月刊「とも」に連載し、たけしま出版から出版）

「江戸川にがぶりよる」（タウン誌「とも」に連載）

『利根川は東京湾へ戻りたがる』（さきたま出版会）

『利根川の東遷の謎に迫れ』（未発表）

それらを経て今回のテーマに辿り着いた。前作の執筆中に、並行して今回の取材もしていたのは、利根川東遷の謎から「利根川の放水路はなぜないのか」という疑問が湧いてきたからである。

そもそもなぜ『利根川の放水路を歩く』を思いついたのかというと、岩屋隆夫さんの『日本の放水路』（東京大学出版会）に出会ったからである。私たちの活動は、岩屋さんの本の利根川の放水路から始まった。「もくじ」の項目もすべて岩屋さんの本から取ったといっていい。つまり『日本の放水路』がなかったら、この本は産まれなかったろうと思う。

『日本の放水路』を読んで初めて気がついたのだが、利根川水系には放水路が多くある。江戸川にも利根川上流にも知らない放水路はたくさんある。だが、肝心の下流には1本もないのに気がついた。ないというが、計画はあったし、工事も行われたがことごとく頓挫していたのだった。利根川東遷を完成させるためにも、私たちは下流の放水路を何とか実現させなければならないと思った。

このような経過で『利根川の放水路を歩く　未完の東遷完成への提言』が誕生しようとしている。私たちは一人でも多くの人に読んで頂けるようにと願っている。そして、１００年に1回、２００年に1回の確率で起こるだろう利根川洪水で被害がでないように、一日も早く新利根川放水路ができるのを願わないではいられない。

青木更吉

序章　放水路とは何か

利根川本流には放水路が一本もない。上流には放水路はあるが、それは下流の洪水を緩和するものではない。江戸時代には3度も印旛沼で造ろうとはしたが成功しなかった。2代将軍秀忠の運河構想を含めると、江戸初期から放水路は計画としてはあった。だから利根川東遷工事の頃から、400年以上計画したり、工事をしたり続けてきたのであった。

　利根川東遷によって、栗橋から南へ60キロで江戸湾に流れ込んでいたのを、東へ120キロも延長して太平洋に注がせたから、利根川の中下流は水害に悩まされるようになった。だから、中下流に放水路を造って江戸湾に流す必要がある。それは、東遷の見返り、補償と考えられるものである。東遷をしたら、当然に水害対策を講じなければならない。それを怠っているように私たちには感じられるのである。

放水路、水路、運河、疏水路

利根川放水路で主に狙ったのは、先に述べた

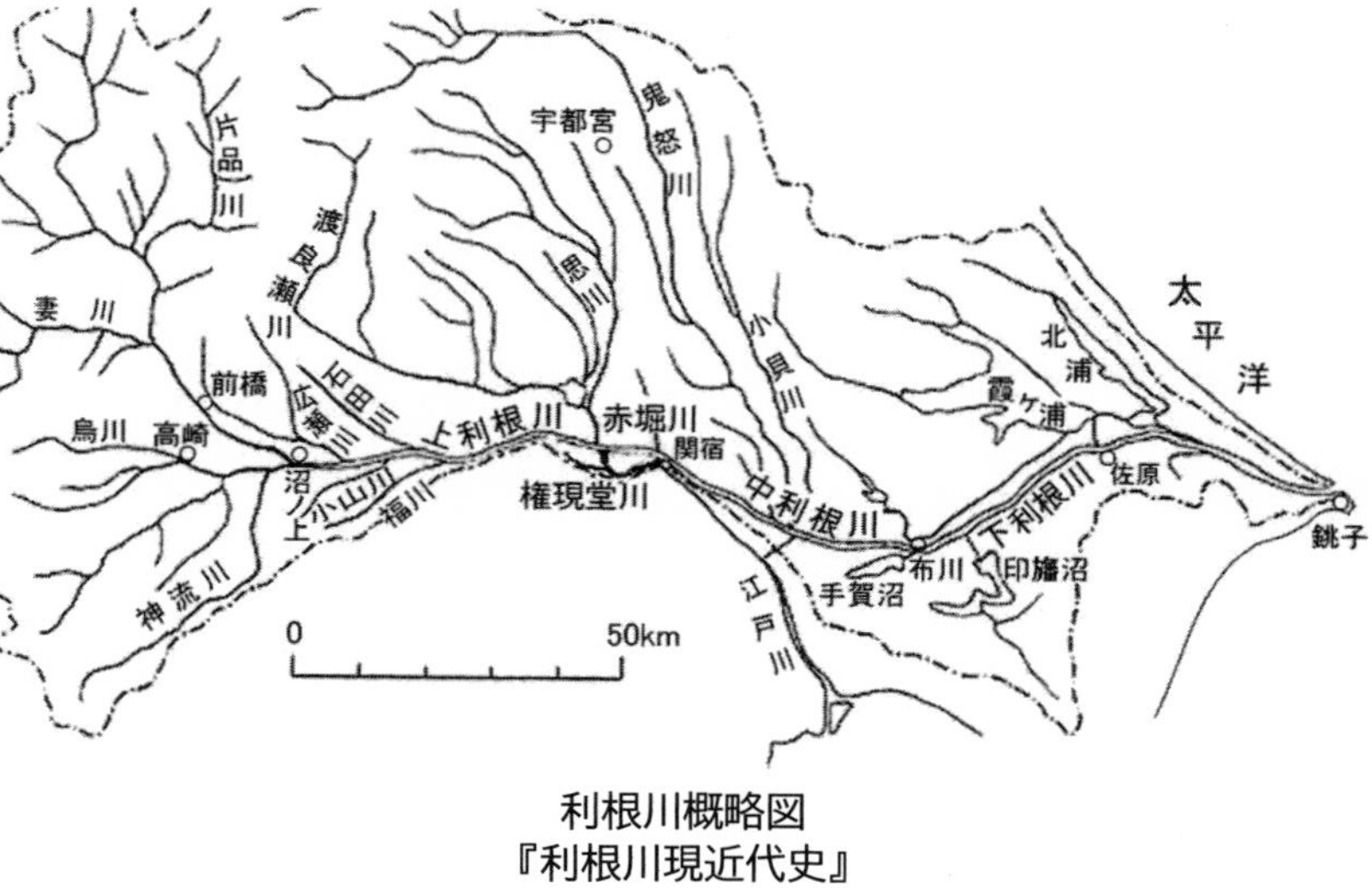

利根川概略図
『利根川現近代史』

利根川～印旛沼～江戸湾だった。工事は3回も行われたが、いずれも成功には至らず挫折している。これらは沼べりを干拓したい、水害を除きたい、物資を運ぶ運河を造りたいという要望から出発した。これらは利根川～印旛沼～江戸湾への掘削である。目的は干拓、水害防除、運河とさまざまだが、要は水路を掘るという一点に尽きる。右の三つの目的は一本の水路を掘るという工事だけで完成する。

つまり、運河と放水路は江戸期の印旛沼では厳密には分けられない関係にあって、一緒に考えてもいいものであった。利根運河の場合は文字通り物資を運ぶ水路すなわち運河なのだが、いざ利根川の洪水となると運河という切通しの水路へ洪水を導き入れる。これは運河が、放水路になったことを意味する。利根川から運河、そして江戸川への放水路となった。考案者の広瀬誠一郎も設計者のムルデルも運河を構想していたのであるが、このように運河と放水路は合体することもあるのである。

戦後の印旛沼開発事業は放水路建設かに見えたが、水路は放水路ではなく疏水路であった。放水路は、利根川洪水を印旛沼から東京湾へ落とさなければならない。印旛沼から利根川へ流れる長門川は利根川が増水して逆流をしないように水門を閉め、印旛排水機場から利根川へ排水する（これでは放水路とは逆な流れになる）。

利根川に排水しても印旛沼水位が上昇すれば新川の大和田排水機場から排水して東京湾に落とし込む。これでは、利根川の水を印旛沼に導き、東京湾に落とす放水路の働きはしていない。

このようになったのは、大戦後の経済構造の変化によるものであった。初めは戦後食糧不足から印旛沼の干拓を計画した。干拓により農地を拡げ、沼の水を東京湾に落とす、その水路は放水路になるという構想であった。ところが農薬が普及して豊作が続く一方、経済が成長して工業化が進んで工業用水の不足が叫ばれ出した。

工業用水として狙われたのは、印旛沼の水であった。干拓事業の農林省から水資源公団（今の水資源機構）に移って、利根川～印旛沼～新川～東京湾の水路が昭和44年に完成した。しかし、完成したのは、放水路ではなく疏水路だったのである。これは手品ではないが、大戦後の目論見から見たら瓢箪から駒ともいえるものだった。

陸船道は運河の働きをした

野田文学同人の小堺俊彦さん（野田市みずき4丁目）から珍しい陸船道《おかふねみち》の話を聞いた。陸船というのは牛、馬車を指すというから、陸船道は牛、馬車通のことである。陸船道は船で運べないから馬車で運ぶ道という意味に使うらしい。小堺さんの造語かと思ったら、『日本国語辞典』（小学館）に「陸船」で出ている。江戸時代信州で農閑稼ぎに物資の輸送にあたった牛。これは長野県や高知地方で江戸時代に使われた方言で、江戸時代や明治時代に使われた言葉のようである。

事典は「陸船」、小堺さんは「陸船道」と使う。陸船と道を合成すれば牛馬車道となるのだが、小堺さんは布施（柏市）加村（流山市）を陸船道と呼ぶ。こうなると、当然高瀬船で運ぶのを浅瀬で通れないから馬に積み替えて運ぶという意味になり、運河のような働きをする道である。布施～加村は陸船道で、陸路ながら運河的な役割を果たした道ということになる。

陸船道はもっぱら駄送の道として使っていたが、駄送では高瀬船に替わって馬で運ぶという特別な意味にはならないから、小堺さんが使う陸船道とは意味合いが異なってしまう。陸船道は駄送よりも優れた言葉だと考える。しかし、高瀬船は一艘で５００俵も１０００俵も運べるのに、馬は一匹でも2俵しか運べないから効率の差は大きい。

放水路とは何か

荒川放水路は荒川に呼び名を変えている。江戸川放水路も江戸川となり、本流は旧江戸川と呼ばれている。中川放水路の正式名は新中川で、地元では「新中」と愛称のように縮めて呼ぶ。市川市の国分川分水路は洪水防止のために、矢切の台地をトンネルで抜けて坂川へ放水する。

このように放水路という名を返上しても本流を名乗っても、放水路の役割を続けている。新中川も国分川分水路も放水路という言葉は使わないものの、実質は放水路であることに変わりはない。

赤堀川の開削の初めは、放水路だったと私たちには見える。1番堀（元和7年、川幅13メートル）でも2番堀（寛永12年、18メートル）でも3番堀（承応3年、24メートル）でも赤堀川はよく流れなかったり、流量は少なかったりしたが、大雨で洪水となったらぐんぐんと流れたはずである。それで、権現堂川他の洪水を防いだはずだから私は放水路の役割をしたというのである。荒川放水路も江戸川放水路も始め放水路の役割をして後には本流となった。赤堀川は放水路と名乗りはしなかったが、やがて水量を増して本流となっている。

さて、放水路の定義だが広辞苑では「河川の洪水の氾濫の害を防ぐために人工的に設けられた水路」としている。辞書によっては、灌漑の水路も放水路とするのもあるが、もともとの意味は水害を防ぐための水路なのであろう。

利根川本流の放水は東京湾か太平洋に流すものかと思っていたら、それは間違いであった。『日本の放水路』（岩屋隆夫）には数えきれないほどの放水路があるが、他の川に放流して水害を避ける場合が多いようである。

一章　江戸川の放水路

江戸川は利根川から水を分けて流れる川である。江戸川流頭にはかつて関宿棒出しがあって、江戸川への流量を制限していた。足尾銅山から出る渡良瀬川の鉱毒水を江戸川に流さないよう極端に制限することもあったが、今は棒出しも撤去され関宿水閘門が流量を調節している。

江戸川には放水路があって、下流の洪水を緩和する江戸川放水路と中川などの洪水を緩和する目的で江戸川に放水するものとある。江戸川放水路は洪水の時には東京湾に放水する。江戸川への放水路はいつ放水するかが問題で、例えば江戸川へは放水できないけれども、江戸川の水位が下がれば放水オーケーとなる。

通常の場合、利根川本流の洪水は群馬、埼玉、栃木の山間に降った雨は1日から2、3日たってから江戸川の水量を増すのに、江戸川流域に降った雨で江戸川が増水をするのは直後から1日後である。つまり本流と江戸川では増水に時間差がある、だから江戸川へ放水してもオーケーなのだが、稀には時間差がない場合があって、その時は江戸川へ放水できない。これは放水路の宿命であるから江戸川の安全優先を守らなければならないのだろう。

一　江戸川放水路

「自然通信」（田中利勝）367号で「江戸川放水路の干潟は面白い」を特集している。約1000羽ものカワウが集団で漁をする。これは江戸川放水路にはいかに生物が多いかを教えてくれる。イシガニ、ハゼ，アカニシ、エビ、ジャコ等多くいて干潟の宝物だと言う。「アサリが湧いた」という言葉もある。湧くように生まれるということだろう。

江戸川放水路が出来たのは、大正9年である。明治29年、43年の江戸川の水害に懲りてその対策だった。江戸川の下流は東京と千葉の境を流れているが低地のため蛇行して長いので、洪水を最短距離で東京湾に押し出そうと掘られた人工の川、それが江戸川放水路である。

放水路の用地は膨大な水田と塩田だった。また民家もあったから立ち退くことになったが、移転料が出てもそれは屋根の吹き替え料程度だったという。工事中の大正6年の大津波では、せっかく掘った水路が泥と砂で埋まってしまったこともあった。

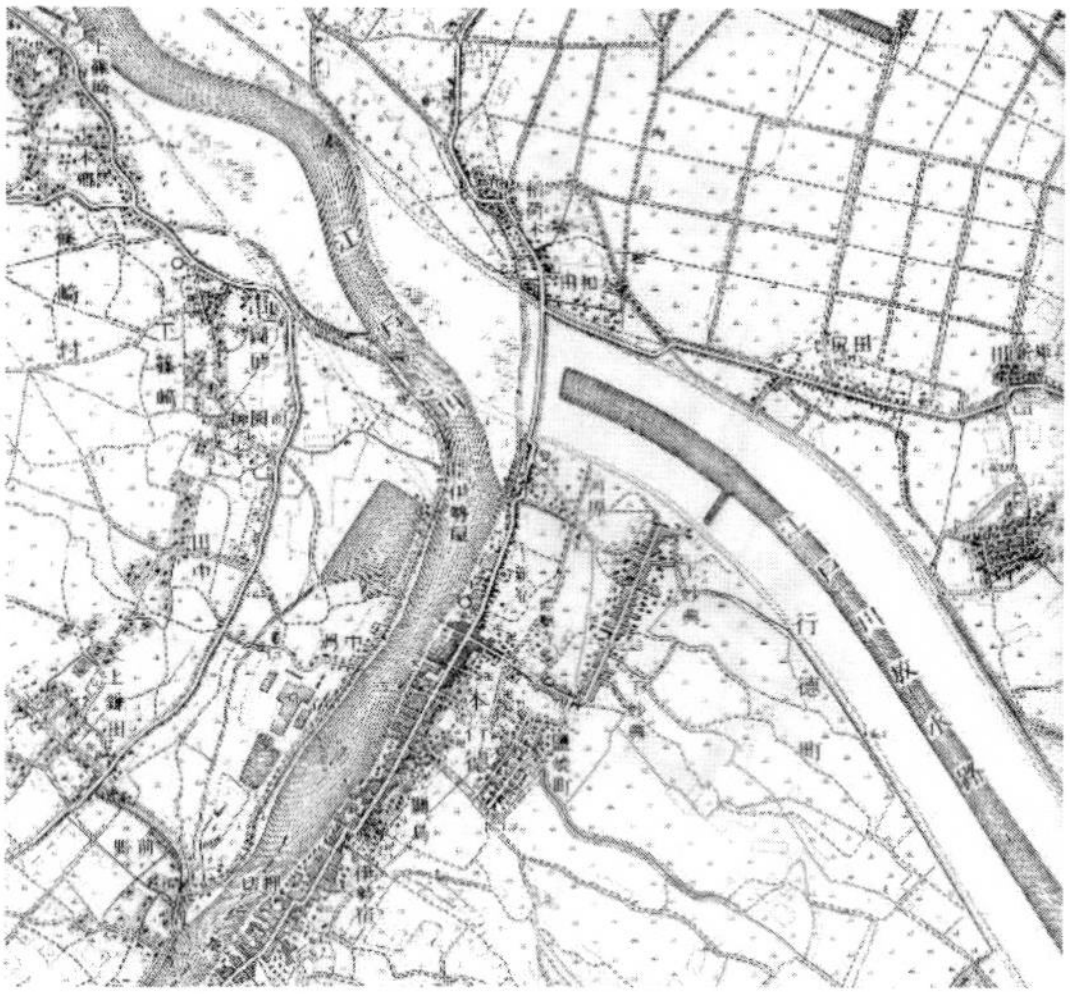

工事中の江戸川放水路　昭和3年4月

行徳可動堰と江戸川水閘門

行徳可動堰は、はじめ固定堰で放水路を仕切っていた。通常は堰き止めているから、水は本流を流れ、洪水の時だけ堰を超えて放水路を流れる。それが昭和32年に可動堰※①に造り変えられ、ドラム型のゲートが回転式で上下をするローリングゲート構造になった。が、固定堰と原理は同じだったから、洪水の時だけローリングゲートが回転して水を流した。堰の目的は塩害や津波高潮防止であった。

（国交省江戸川河川事務所 HPから引用）

江戸川放水路のカワウの群れ

行徳可動堰

江戸川水閘門は、関宿水閘門と同じで水門と閘門の働きをする。水門は干潮の時は開放して水を下流に流し、満潮の時に閉めるのは塩害を防ぐためである。閘門はパナマ運河方式で船を通し、近頃はレジャーボートや釣り船が多いらしい。

　江戸川の河口は東京湾の入り口になってい

る。その干潟は東京湾の干潟である三番瀬《さんばんぜ》に繋がっているので、冒頭で述べたように豊かな海になっている。秋には多くのハゼ釣り船が浮かぶ、江戸川放水路は泥干潟、ヨシ原、水の流れる澪《みお》、砂干潟、砂原と自然も多様だから鳥、魚、貝、植物などが豊かに生きている様子が見られるのは先に述べた通りである。

淡水域、汽水域、海水域

放水路を掘るまでは水田か塩田だったから、今そこが干潟の楽園になっていると聞いても、昔の人は信じられないかもしれない。

とにかく放水路を掘ったことによって、自然は見事に変身したのである。①海水域＝放水路、②淡水域＝行徳河口堰、江戸川水閘門の上流、③汽水域＝水閘門から下流の旧江戸川と３色に色分けできる。

なお、③は流れ下る江戸川の水と上げ潮で逆流する海水が混じり合う水質変動の激しい汽水域となる。特に、上流で大雨が降ると水門は全開するから大量の淡水が流れ、逆に少ない時期は水門を少ししか開けないから海水の割合が高くなる。

アユやウナギの稚魚が東京湾から江戸川へ遡るのは、江戸川水閘門の水門部分から、「今、水門が空いているぞ。急げ」とばかりに、魚たちは水門を潜って上流をめざす。満潮になれば、水門が閉まってしまうからである。

ユリカモメは海鳥だが、矢切の渡しで見ることができるし、江戸川区小岩ではハゼ釣りをした経験があるから、薄い汽水域が小岩、柴又地区まで上がってくるのだろう。

しかし、水道水を取水する市川や金町まで上ると塩害となる。そんなことで、渇水期には塩害防止のため水門を閉めてしまうし、閉めてしまえば江戸川の水を貯えることが出来るから水門はダムの働きもすることになる。

なお、放水路の右岸の妙典地区は江戸川のスーパー堤防※②になっている。地下鉄東西線の妙典駅から放水路を目指して少し歩くとスロープの道を徐々に上がって、頂上に妙典小学校がある。学校はスーパー堤防上にあって見晴らしは素晴らしい。スーパー堤防上の学校はここだけではないかと思う。

江戸川の流れと名称の不一致

　昭和40年、政令によって「江戸川放水路」は「江戸川」となり元の水路は「旧江戸川」となった。水の流れを見ると、普段はほとんど旧江戸川に流れて東京湾へ注いでいる。江戸川（江戸川放水路）へは年間で言えばゼロか1～2日、つまり洪水の時だけしか流れない。この不一致から「江戸川の水が流れない江戸川」とか「洪水の時だけ江戸川になる」とか言われたりする。このような水の流れと名称との不一致が生じている。それで『市川市史　自然編』では分かりやすくこの江戸川を放水路と呼んでいるし、「江戸川放水路」という呼び名は慣例的に広く使われている。　『市川市史　自然編』では次のように整理している。

「利根川との分岐点から江戸川水閘門までを江戸川、江戸川水閘門から東京湾迄を旧江戸川とし、両者を合わせて江戸川本流と呼ぶ。また、行徳可動堰から東京湾までの海水域は、慣例に合わせて江戸川放水路の呼称を使う。環境的には両者をあわせて江戸川放水路の呼称を使う。

　環境的には江戸川本流が川であり、江戸川放水路は東京湾の入り江ということになる。」

二　江戸川への放水路

　江戸川放水路は、洪水時に江戸川から東京湾へ放水するのに対して、江戸川への放水路は洪水を江戸川へ放水する。江戸川放水路は放水先が海だからいつでも放水できるが、江戸川が満杯なら放水できないという制約がある。

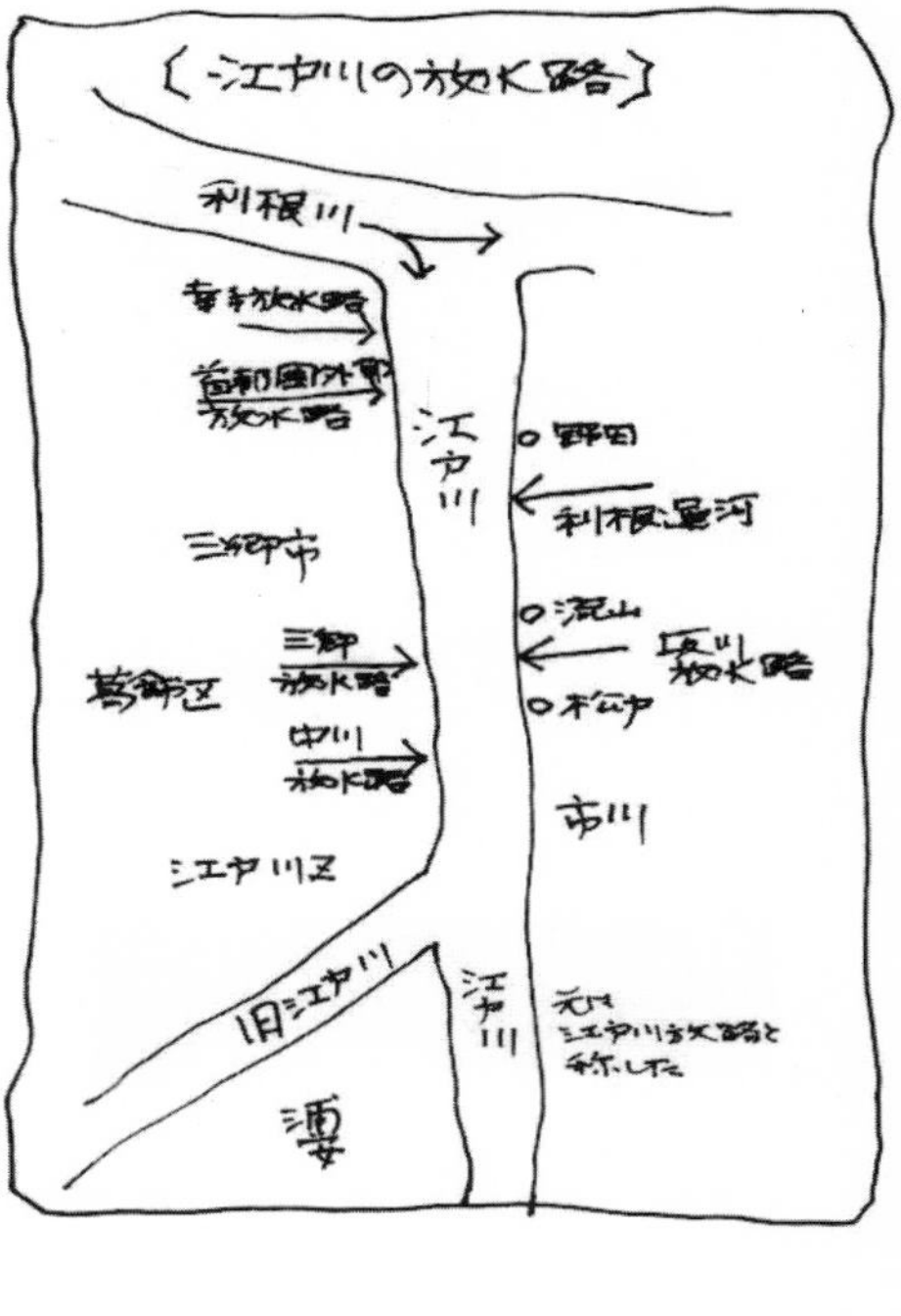

1　幸手放水路（中川上流放水路）

中川は埼玉県羽生市地先に発し、江戸川と荒川の間の低湿地を流れるので中川と命名された。江戸川への放水路は幾つもあるが、最も北にあるのが幸手放水路である。

旧河道が復活した放水路

利根川と江戸川の流頭部、スーパー堤防上にある関宿城に向かわずに26号線・杉戸境線を江戸川沿いに下り、幸手を目指し右折して関宿橋を渡る。橋の中ほどに差しかかると、右斜め前方に「川の国埼玉へようこそ」と大書された埼玉県中川上流排水機場が見えてくる。

五霞町（茨城県）と幸手市（埼玉県）の県境を西から東に流れてきた中川は上宇和田から南に旋回し、江戸川に並行して流下を続けるが、洪水の際には上宇和田から幸手放水路に入り、西関宿から江戸川に放水される。

幸手放水路はほぼ直線の延長1・1キロの水路であり、放水路の河道は権現堂川東部分のかつての流路とほぼ同じであるが、かつての権現堂川はもう少し流路は長く、江戸川への出口はもっと北・上流よりにあった。西関宿を回り込みながら逆川に出て常陸川に水を送っていた。

中川上流排水機場
浅間橋から撮影

現在は江戸川への放出が目的であり、浅間橋《せんげんばし》を抜けると東の江戸川に向けて直線的に進むのではなく、角度を東南に変えて「中川上流排水機場」施設から50立方メートル（秒）排出される。権現堂川の時代には出口はより上流というのか、関宿関所があり城が見える方向に水は進んだ。「幸手放水路」は昭和22年に計画され、昭和32年に着工され昭和44年に第一期通水が実現している。排水機場から江戸川まではスーパー堤防（幅２３０メートル、延長１６０メートル）が平成８年から平成12年にかけて埼玉県と国交省によって整備された。

　更に令和3年6月からは、中川放水路方向に洪水の早い段階から流量を増加させるために中川本川直下に「宇和田さくら堰」が運用開始している。平成27年9月にも中川流域は倉松川、新方川《にいかたかわ》が合流して水位が高い状態が続き、浸水被害が発生しており、起立させる（流量を絞る）珍しい構造物である。

高瀬船で賑わった西関宿

西関宿の喜多村常次郎、西関宿浅間神社奉納額
明治35年6月　関宿関所台相原翁台乃図
「素岳画」左岸五霞の江川、四谷、右岸の向河岸(幸手)
後ろに富士山が描かれている
常次郎は藤蔵の分家・中店の子孫
幸手市郷土資料館所蔵（寄託）

　幸手市西関宿、江戸川には関宿向河岸、向下河岸、権現堂川には権現堂河岸があった。江戸川の開削が行われるまで利根川（現在の古利根川）が下総と武蔵の国境であり、幸手市東部は下総国に属していた。寛永10〜14年（１６３３〜１６３７）に幸手は下総国から武蔵国に国替えがなされている。国境である利根川の流れが東方へ移動したことを示す。五霞町は現在も江戸川右岸にあるが茨城県猿島郡に属する。

　寛文5年（１６６５）に関宿城主板倉重常は城の外郭に逆川を掘削し、利根川、権現堂川、江戸川を合流させた。そのために江戸町の一部は逆川を越えて飛び地となり、向河岸は両岸に出来て、対岸の向下河岸と併せ、関宿河岸は高瀬船で賑わった。

　文化文政のころには「日本橋の飛び地」とも称され、喜多村藤蔵、染谷徳佐衛門など向河岸大問屋たちの商い高は、年間２５０万両にも及んだという。一方、三川が交差し、渦も巻く関宿は船頭にとっても難所であり、「おんまわし」の助けも借りた。船に大綱をかけて巻き上げ、下るときには大綱をそろりと下さなければならなかった。関宿には「おくり」という臨時の手伝い人夫が三交代勤務で働き、栗橋まで手伝って徒歩で帰ってきた。

文政5年（1822）には関宿関所（幸手市）の対岸に「棒出し」も行われ、江戸川への流量を制限したが、現在では「関宿水閘門」がその役割を担う。大正7年には工事が着工され、昭和2年には権現堂川が締め切られ、昭和4年には棒出しも撤去される。この年をもって東遷完了という意見もある。

棒出し、関所跡も河川敷になってしまっているが、関所は江戸前期には入り鉄砲と江戸からの出女を取り締まり、後期になると緩やかになったようである。

地元の女性が関宿城下から夜遅くなって幸手に帰った。幸手と関宿は、当時の通勤圏であったのである。子供たちも「飴菓子止めようが叱られようが、船橋を渡る」と地元ではいわれたが、亙《わたる》と呼ばれた幕末の船橋随庵は、「関宿落堀」を実現して、関宿、野田を腐れ水から救っている。中島の悪水など幸手市東部への関心も深かったようである。

古利根川から南下する江戸への運河を開削し、江戸川を洪水時の「調整池」とする構想を持っていたと伝わる。中川の川筋が下総台地と大宮台地を分断する峡谷であったことを知っていたのか、中川低地に運河を掘削し江戸に水路を設けることが自然の理にかなうと考えていたようである。

破堤と築堤との繰り返し

権現堂川は栗橋から五霞町の南を廻って逆川《さかさがわ》から常陸川にも入っていた。

現在の中川は権現堂川の旧河道、河川敷の北端を西から東に静かに流れ、権現堂川のかつての水の勢いは想像しがたいが、権現堂川は宝永元年（1704）に初めて切れて以来、幾度も決壊をしており、その被害は江戸まで及んだ。

幸手市域内は日光道中（日光街道の公式名）と日光御成道※③が通り、幸手宿は参勤交代の武士たちが往来した。岩槻から16キロ、栗橋まで8・3キロにある休泊所であった。間口の狭い商家が沢山並んでおり、武士たちにとっては活気のある平和な街並みに見えたかもしれないが、川よりも低い低地に暮らす人々の暮らしは違った。

江戸川と権現堂川の築堤によって幸手の人々は新田開発に務めたが、低地に暮らす人々にとって水害は恐怖であり、身を守るために水塚を作り水神様を信仰した。中川や倉松川、江戸川流域には水神社、水天宮、弁天社などが多くみられる。水辺には漁業や舟運にかかわる大杉神社が信仰されており、高須賀では7月には神輿が練り歩く。茨城県阿波村（稲敷市）の大杉神社信仰がこの地域まで広がっていて古くから川と共に暮らしてきたことを物語る。

にもかかわらず、洪水は人々の願いを幾度も踏みにじってきた。天明3年（1783）の浅間山大噴火は利根川流域に洪水と飢饉を頻発させている。

天明6年（1786）9月　権現堂堤木立村の破堤により75人の村人は濁流に流されまいと銀杏の大木にしがみついた。それでも根こそぎ流されて濁流に飲み込まれた。毎年8月の法要の際には妙法寺近くの水路に塔婆をたて、施餓鬼が行われる。

享和2年（1802）の洪水の時であった。内國府間の曲輪《くるわ》が切れて村人は必死で濁流を止めようとした。通りがかった巡礼の母娘が「人柱を建てねば止まらない」とつぶやいたところ、これを聞いた村人は娘巡礼を激流に投げ込んでしまい、母は半狂乱になり娘の後を追うと水勢は衰えて堤を締め切ることができた。後世になって村人は母子の霊を慰めるために供養塔を建てている。順礼曲輪には、二つの慰霊碑が建てられている。

権現堂用水路の東側の順礼曲輪には、昭和11年に権現堂川用水路普通水利組合が「順礼の碑」を建てている。石の姿はキリストが傍らに子供を伴っているようにも見えるが、円形の表面にはあどけない少女と優しげな母の姿が刻まれている。明治生まれの日本画家結城素明氏（東京美術学校の教授として東山魁夷らを育てた）による作品である。

順礼の碑（順礼曲輪）結城素明作

もう一つ、用水路に沿った順礼曲輪にも「順礼供養塔」が昭和８年に地元の商工会の手で建てられている。こちらは巡礼親子と明治23年水防活動中の殉職者供養のためである。順礼曲輪は桜堤のほぼ中間・外野橋《そとのはし》に向かう桜堤と権現堂川用水路との角地にあり、まさに激流を受け止めた難所であった。

かつての権現堂川は権現堂調節池

天明６年、享和２年の権現堂川堤破堤は江戸幕府を震撼させ利根川との分岐点川妻・権現堂川流頭での洪水制御を再認識させ、赤堀川の本気の河道掘削を推進させ、赤堀川は文化９年（１８０９）に川幅73メートルと大きく拡幅されて利根川の本流となる。

権現堂川は利根川の本流を赤堀川に譲ったとはいえ、依然大河であり洪水の難所であることに変わりはなく、更に西の島川からも外国府《そとごうま》手前を回り込み洪水が直下する。狐塚村、八甫堤防、権現堂川本堤の改修も文政９年（１８２２）前後に行われる。大正時代に締め切られて昭和３年に廃川となるまで、幸手の人々は枕を高くして眠ることはできなかった。

旧権現堂川の上流部は溜井として使われ、「権現堂調節池」（行幸湖）の役割を果たしている。中川が洪水の時には、ポンプで行幸湖に流入させるため、事前に湖の水位を低くしている。幸手放水路（中川上流放水路）とともに中川の流域を洪水から守っている。

権現堂川は幾度も姿を変えて少々複雑であるが、権現堂堤の北は現在でも一級河川・権現堂川であり、「行幸湖調節池」でもある。権現堂川は五霞町川妻が上端であり、下端が中川に分派する。川ではあるが利根川とは「川妻排水機場」によって締め切られ、中川との間にも大きな水門「行幸排水機場」が設置されている。五霞町の旧栗橋城跡に近い童夢公園に立ち、外国府間から内国府間《うちごうま》を見ると池の中心に噴水が吹きあげ、川、池、はたまた湖かと迷うが、何と呼ぶかは別として満水の膨らみ、豊かさが感じられる。

残った「押堀」と水防団の伝統

権現堂堤の西端から国道４号を越えて中川右岸を高須賀、松石に歩くと、「高須賀池」・「押《おっ》堀《ぼり》」に貴重な自然が残る。洪水によって破堤してその後にできた深掘れしてできた水溜まりを、「落堀」とか「切所堀」という表現もある。関東地方の沖積低地は縄文海進※④時期に海面下にあった沖積軟弱地盤であり深く掘れやすい。どの様な漢字が適切であるか判断できないが、「押堀」は破堤によって浸食された深い爪跡である。

鳥や魚たちが水草と共に生きる自然環境は、天明6年洪水による深い傷跡である。周囲は700メートル位、ひょうたん型をしていて、水深は6メートルを超えるが、カスリーン台風でも新川通（北埼玉郡東村大利根町・現加須市）が破堤した際、中川に氾濫流が押し寄せ、洗堀され形が変化している。新川通りの破堤箇所は洪水の勢いが強烈であり、ロケットが噴射をする際の火炎のような1キロの「おっぽり」ができたが、現在はスーパー堤防によって埋められた。

権現堂川（現中川）の水禍から身を守るために絶えず堤の修復が行われてきた。熊野神社には、明治28年5月に武内大次郎が願主となり奉納した鈴木国信による絵馬には、内務省役人監督のもとに行われた地形築きや土端打ち※⑤の女人足など、権現堂堤の修復現場の様子が描かれている。

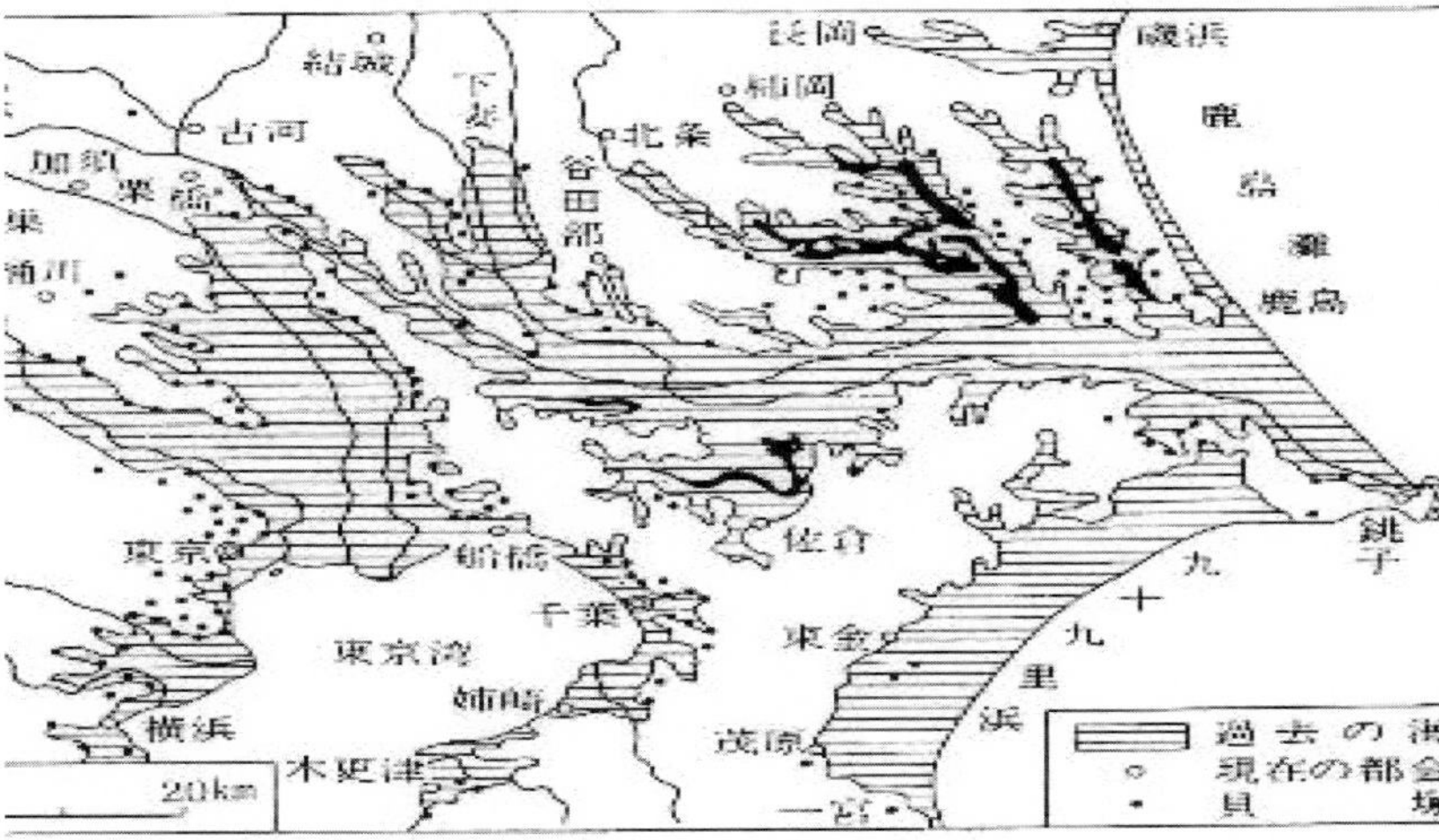

縄文期の海岸線と貝塚分布
「利根川の洪水」須賀曉三

明治43年8月の大洪水の際には、町村民の必死の水防活動で決壊は回避している。大きな被害を免れた首都東京からの感謝の声が途絶えなかったという。

　現在では水防団（消防団との兼任）と河川管理者が合同で巡視をおこない、特に注意を必要とする箇所を確認し、定期的に土嚢積み、月の輪工※⑥を行い洪水時に備えている。

　久喜市、幸手市、杉戸町、春日部市、五霞町は「利根川・栗橋流域水防事務組合」を結成し、利根川右岸と江戸川右岸を守っている。利根川右岸、江戸川右岸にはスーパー堤防が整備され、昔のような出番は少なくなったとはいえ、幸手市では女性を含む１６０名の団員が強い水防意識を以って結束している。

　権現堂堤は春にはソメイヨシが１キロのトンネルを形成し、桜の名所として人々に親しまれ河川敷には菜の花が咲く。秋には最近では曼殊沙華を土手の法面に咲きほこらせ、地域を守った人々や先祖を偲んでいる。９月21日のお彼岸にはたくさんの人々がつかの間の平和を味わっていた。

2　首都圏外郭放水路

　埼玉平野の人たちは毎年のように道路浸水や床下浸水に悩まされていた。何年に１回は床上浸水にも襲われた。これらを解消しようとしたのが首都圏外郭放水路の計画だった。この水害解消計画は成功したのだろうか。

地底50メートルを流れる巨大な治水施設

　「首都圏外郭放水路」は洪水時に浸水被害を防ぐために、国道16号線の地底50メートルに建設をされた世界最大級の地下放水路である。

　従来は芝川の洪水は綾瀬川に、綾瀬川の洪水は中川に、中川の洪水は江戸川へと放流され、東京の外郭を迂回しながらより河積が大きい東側の河川へ放流先を求めてきた。この点では首都圏外郭放水路は4河川、１水路を横断的に繋ぎ、「地下の川」（彩龍の川）として中川上流部において一括して受け止めており、斬新な発想である。

　洪水時には第5立坑から第1立坑まで全長が６・３キロ、大落古利根川《おおおとしふるとねがわ》（第５立坑）、幸

地下神殿と呼ばれる調圧水槽
国土交通省江戸川河川事務所 HP

松川（第4立坑）、倉松川・中川（第3立杭）、第18号水路（第2立杭）から洪水の水を各堤防に設けられた越流堤で、自然に集めながら巨大地下水槽に貯め、庄和排水機場の6本の樋管から江戸川に200立方メートル（秒）放出する。

　令和元年10月17日朝日新聞夕刊1面は「治水施設首都圏フル稼働」との大見出しをつけている。台風19号（後に東日本台風と命名）が12日午後7時前に伊豆半島に上陸し、関東各地で被害が発生し始めていた。

「地下50メートル、全長6・3キロの巨大な治水施設が春日部市の地下にある。水位が上がった川から地下水槽に水が午前11時半から入り始め、午後6時にすべての5河川から流入、上陸10分前から、ポンプで放水を始め、12日から15日まで約151立方メートル（秒）排出をした」と、台風19号による全国の被害者は死者73名、不明者13名と報じている。

消えた「金杉放水路」計画

　中川は羽生の地先に端を発し、周囲の排水路を集めながら、栗橋の南端からかつての島川を流れ、幸手の行幸橋付近で権現堂川と合流し、幸手放水路を分岐した後、庄内古川と呼ばれた部分を流れる。それぞれの地域で呼び名は異なるが河川法で河川や水路を再編して以来「中川」である。春日部市で倉松川が入り、越谷市では大落古利根川（葛西用水が杉戸町と久喜市の境から名前を変える。）と新方川が合流し、元荒川と次々に合流するので、中川は下流に下るほど大きな負担がかかる川であった。

幸手放水路と首都圏外郭放水路が出来たことで、中川は随分と背中の荷は軽くなったはずだ。

昭和55年計画では「金杉放水路」を掘削して２００立方メートル（秒）の排水能力を持たせようとしていた。元々庄内古川は、幸手市、杉戸町、春日部市、松伏町を流域として、松伏町金杉に於いて江戸川に合流していたのでその選択も頷ける。

ところが平成４年「金杉放水路」着工前に俄かに巨大な地下水路計画・「首都圏外郭放水路」が浮上した。平成４年といえばバブル経済が崩壊し未曽有の不況に襲われた年、個人消費や企業の設備投資が期待されない中、公共投資による緊急打開策が打たれた。

河川改修計画は長期かつ総合的な計画として実施されるのが伝統であり、大型台風被害を受けて計画流水量が見直されることはあっても急な計画変更は珍しい。排水量も同じ２００立方メートル（秒）にも拘らず、２３１０億円の大型予算が投入された。土地取得の必要が少ない国道16号線下の工事費としては多いように思われる。

ただ景気対策であったにせよ、松伏町の金杉町ではなく、より上流の庄和町で江戸川に放水したことの効用は大きい。国道16号線地下に立坑を掘り、４河川１水路を越流堤で受け入れて繋いだというのは慧眼と思われる。シールド工法の発達が新たな構想を生んだのかもしれない。

平成５年３月に着手され、平成14年６月に一部完成し、平成18年６月に完成。平成14年の倉松川までの部分通水により、平成16年10月台風でも綾瀬・中川流域、浸水家屋数をかなり減少させている。平成18年の完全通水後には中川、綾瀬川浸水被害軽減効果は著しく、16年間（平成14年5月～令和元年10月）で１４８４億円に近いという試算がされている。

平成18年迄の総費用は約２３１０億円（国交省江戸川河川事務所）、今後大型台風が発生しないことを望むが、単純計算では10年位で回収されることになり、水害減少効果と建設による経済波及効果を考えると妥当な予算だったと評価できる。

残土はスーパー堤防整備に活用

昭和52年から開始されたスーパー堤防整備には都内地下鉄の残土が使われたが、平成10年からは国道16号線地下トンネルを掘った残土が使われた。掘削開始当初は産業廃棄物として捨てられていたが処理土として生かされることになった。一口に残土と言っても地下50メートルの地下を泥水シールド工法で掘削された土は水分や粘りもあり、そのまま使えるわけではなく、一度乾燥させてから川裏に運んでいる。現在では浚渫された土や建築発生土をそのまま使わずに土の性質や粒度を分析して、築堤に適合した混合処理土を作成している。

地下トンネルは洪積層の中を通っていて、粘質層と砂質層が入り混じった地層である。縦坑から管で汲み上げ、機械で処理を行った。川の水を越流堤から立坑に自然に流すと言っても、川の傍での80メートル近い立杭での工事であり、注意が払われた。流入量の多い第3立杭と第5立杭については60メートル近く落下する水の衝撃を緩和するように壁面に沿って水が落ちるような構造となっている。完成後の現在でも堤を越えた水に浮塵物が入らないように網で抄って、やはり乾燥させてからごみ処理場に運ばれている。

新4号バイパスと4号線との間・倉松川・中川第3坑区である16号線を小渕から、庄和ICへ向かうと、左手に塹壕のようなコンクリート建物とベルトコンベヤーが目に入る。倉松川の水からごみや浮遊物を採るための施設のようだ。

堤防は川の水位が氾濫危険水位に達しても越水しないような高さにしておけばよさそうに思えるが、そうではないらしい。土の堤防は水が浸透してくると土壌の強度が下がり、下の方から緩くなり漏水が始まるので、スーパー堤防（高規格堤防）は天端も底敷もしっかり広げ法面《のりめん》をゆるやかにしている。

戦国時代には水の勢いを抑えるために、棚牛※⑦や菱牛、竹篭に岩を詰めて丸太を組んだようなものを川面と堤防の間に置いたこともあった。現在の高水工法の下では、計画高水位を考えて着実にスーパー堤防の整備が進められている。

春日部市吉妻《きづま》地区では延長2・3キロにわたって幅60メートルの堤防を整備、約36万立方メートルの盛土を行い、馬踏（天端）を市道としている。

同じく16号線に近い金野井地区江戸川右岸においても金野井用水施設とスーパー堤防（延長約250メートル、幅約200メートル）との一体整備が行われ、堤防の盛り土には首都圏外郭放水路の残土（約20万立方メートル）が使われた。

巨大タンクは地下の調節池・ダムのよう

首都圏外郭放水路の管理支所は庄和排水機場2階にあり、龍Q館では放水路について機能や役割を学ぶことができる。調圧タンクのコンクリート底まで降りたのは令和元年10月10日、その時は、からっぽで音がない空間に翌々日に大量の水が流れ込みフル稼働するとは想像できなかった。

工事は大深度かつ大口径であることから「密閉型泥水式シールド工法」が採用された。掘削機が前面の土砂を防護しながら掘削をし、シールドマシンを前方に進め背後では円筒内部を外圧、内圧に対しても安全に、流水に対しても凹凸ができないように内面を平らで滑らかにする新規技術が遺憾なく発揮された。

5つの各立坑は深さ70メートル、内径30メートルと大きい。第一坑には安全ネットが張られている。ヘルメットの紐をしっかり絞めてどきどきしながら階段を降りる。

夫々の縦坑は16号の地下を内径10・6メートルの導水管で繋がれ、この「調圧タンク」に集められる。送られてきた水の勢いを弱めて庄和排水機場から江戸川に放出する。地下約22メートルに長さ177メートル、幅78メートル、高さ18メートルの巨大な「調圧水槽」が造られている。放水路ではあるが「巨大貯水タンク」である。「地下の調整池」、あるいは「地下のダム」といったほうがよいかもしれない。

そこは重さ500トンもある高さ18メートルの59本の柱が天井を支えて立ち並び、「地下神殿」と称されるのも頷ける。正直なところ地上に出るとホッとする。

天気の良い日には、埼玉新都心高層ビルの背後には富士山も望むことができる。

春日部市庄和町は大凧上げで有名なところ。ここからも毎年5月に春日部市西宝珠花・江戸川の河川敷で行われる「大凧揚げ祭り」が見える。

庄和大凧保存会が2張りの大凧と4張の小

凧を揚げ、２張りの大凧が舞う姿は勇壮である。養蚕の豊作占いとして始まった凧あげには繭の値段上昇が期待されたが、現在では端午の節句に子供たちの大きな成長、天空への飛翔を期した祭りとして楽しまれている。

３　利根運河の放水路化

利根運河は明治23年に開通して、昭和17年まで52年間働いた。その後は、放水路としての役割を果たしたこともあった。同じ８・５キロの水路なのに前者は水運のためであり、後者は水害防止のため、いわゆる治水の務めである。

利根運河は明治の「水運か鉄道か」と言われた時代に誕生して徐々に鉄道が発達してきて昭和の初め、水運で栄えた利根運河も終わりを迎えたが、余生を放水路として働いていた。

水運か鉄道か

利根運河は明治14年に茨城県会議員の広瀬誠一郎が利根運河の建設を建議したのに始まる。利根運河は一説には広瀬の親戚筋にあたる少年が着想したともいわれるが、取手辺りの高瀬船船頭達のぼやきの声、「関宿廻りは布施〜関宿の浅瀬にゃ往生する。特に三堀〜関宿にゃ参っちゃう」という声を度々聴いていたに違いない。

広瀬はひたむきな人で、株式会社としての利根運河会社を立ち上げ、病を押して工事推進のために奔走したが、完成を待たずに病気（胃がん）で倒れている。だから、運河最大の功労者は広瀬誠一郎、それに人見寧の政治的な支えがあって、ムルデルの土木技術がプラスされた三重奏であった。根岸門蔵も『利根川治水考』で、「広瀬誠一郎有りて利根運河なる」と明言する。

利根川高瀬船の船頭達にとっては、利根運河の登場は遅きに失した嫌いもあったが、利根運河の完成は船頭達に喜ばれ、明治20年代は大盛況であった。しかし、やっぱり鉄道の発達に押されてきて、水路の渇水や堆砂によって航行不能に陥ることが増えた。

運河が通水したときは江戸川から利根川に流入したが、利根川の堆砂が大きく、流れは早々に逆転する。明治29年（１８９６）９月９日の台風による洪水によって運河の堤防は随所で崩れる。この時の洪水で利根川と鬼怒川の合流点の川床が上がり、運河の流れは、利根川から流れ込むようになった。

当初は江戸川河口（西深井）から流入　上流の橋は玉葉橋

加えて、昭和13年の水害、特に16年の大洪水で水堰が崩壊し、下三ケ尾、大青田、水堰南、東深井で運河堤防が決壊して満身創痍の状態に陥った。

この大洪水、船戸（柏市）の最高水位は8・6メートルにも達したという。通常の運河の水は幅16メートル、深さ1・6メートルだから、水位8・6メートルというのは大変な水量である。この水が利根川から江戸川に流れたのだから、利根川下流の水害は緩和できるはずと内務省（現国交省）は考えて買収をしたものと考えられる。

令和1年台風19号調節池化した利根運河
（江戸川から3．5キロ南堤にて「ふれあい橋」と東京理科大学を山本俊一氏撮影）

利根運河は当時の人間の生涯と同じように52年の働きで終わったのである。

運河の放水路化

利根運河は言うまでもなく運河であったが、

利根川洪水の時は放水路的な働きができるという。設計者のムルデルは運河として働くことを念頭に置いて造ったもので、昭和17年に国が買収をした時は、放水路としての働きを期待しての買収であった。

それだけでなく、国は昭和20年1月から23年11月にかけて江戸川口に閘門を造ったが、これは運河としての働きを期待したもので、交通機関が破壊された場合の輸送路としての利根運河輸送だった。それにしては、23年まで工事を続行したのは解せないが、おそらく空襲は無くても地震などによる交通機関の破損を想定したのであろう。だが、この閘門は完成したものかどうかは定かではないが、船を閘門によってパナマ運河方式で通さなかったのは地元の人々の聞き取りからほぼ明瞭である。

今でも閘門の両岸のコンクリート部分（約40メートル）は残っている。（『歴史ロマン利根運河』に詳しい）。とにかく、内務省の利根運河買収の目的は放水路化と通船の二つだったと言える。

利根運河の放水路化は利根川洪水を運河で分流して江戸川に流し、少しでも下流の洪水負担を軽減しようとするものだった。放流される江戸川は受け入れる余裕はあるのだろうか。

『洪水と治水の河川史』（大熊孝）は、「江戸川の方は、台地開削部分（上流の関宿から野田まで）を過ぎると河道断面積は余裕があり、５００立方メートル（秒）程度なら受け入れが可能であった」と予想している。だから、利根川の洪水を利根運河に通して江戸川に放流できる余裕があると言うのである。こうして、利根運河は名も「派川利根川」として位置づけられたのである。

昭和49年に工事が始まった北千葉導水路は手賀川、坂川流域洪水から守るほか、都市用水の供給や手賀沼の浄化を狙っていた。この導水路は、利根川と江戸川を結ぶ29キロの水路である。昭和50年には野田緊急暫定導水路（利根運河）の通水が開始された。利根川と江戸川が北千葉導水路で結ばれたのが、坂川放水路が完成した昭和57年だった。一方、北千葉導水路の完成によって、野田導水路としての利根運河の役割が終わり、利根運河の洪水を調整するものになっている。さらに平成18年の利根川計画から利根運河の放水路としての機能は外されている。

導水路は主に飲料水の確保を目的としてお

り、北千葉導水路は利根川下流部と江戸川を結び、東京都、千葉県、埼玉県の飲料水として利用されている。

まとめると、北千葉導水路としての野田導水路の利根運河の役割は終わり、右の放水路の役割も外され、現在流れている利根川からの水は、「環境用水」として０・５立方メートル（秒）運河の水位が下がれば流し、上がればストップしているという。

4 坂川放水路

坂川は江戸川の支流で古来水害に苦しんできた地域である。低地であったから、大雨が降ると江戸川に排水できずに内水が溜まって家も水田も水没した。口の悪い人からは「カエルがション便しても水害になる」とも言われた。それは江戸川の堤防が切れての水害とは訳が違う。坂川の水が江戸川に流れ込めないための内水による水害だった。

鰭ヶ崎村の名主だった渡辺庄左衛門は文化10年（１８１３）に一本橋から松戸宿まで掘継いだ。さらなる掘繋ぎを計画したが下流の反対に会い、怪我人死人まで出る事件も起こしながら、どうにか柳原まで掘繋ぎに成功した。これで、「逆川」は「坂川」になったと言われる。

鰭ヶ崎東福寺の「坂川治水記」には
「水の勢いは坂をくだるようによくなったので、逆川を坂川と改めた」

とあるが、その後も坂川はよく流れなかったから、水害は絶えることはなかった。坂川流域の人々の水との闘いはなおも続いたのである。

北千葉導水路と放水路

武蔵野線の開通で新松戸駅ができると長閑な水田だった場所に商店、住宅が次々とできた。降った雨のほとんどは逆川に集まったから、昭和48年の豪雨では東洋学園大学流山キャンパスの建物が海に浮かんだような写真が残っている。

昭和56年大雨で新松戸の街は浸水し、流鉄の線路も冠水して不通になった。坂川流域は内水による水害からは免れないのだろうか。

昭和40年代後半には、手賀沼や坂川の水質に対しての市民の関心が高まり、手賀川や坂川をきれいにしようと昭和49年に北千葉導水路が着工されている。『日本の放水路』は、

「北千葉導水路は坂川流域を東西に横断す

るよう計画されたから、逆川はこれに合わせて改修されることになった。北千葉導水路と坂川が交差箇所から江戸川に至るまで(1・3キロ)、北千葉導水路と兼用する坂川放水路が開発されて、坂川の洪水全量が放水路に放流されることになった」

と放水路のきっかけを作ったのは北千葉導水路だったと述べる。なお、坂川の洪水全量を放水路が引き受けているというから、これは北千葉導水路であり、坂川放水路でもある。

松戸市主水の江戸川河川事務所松戸出張所を訪ねる。江戸川は坂川よりも水位が高いのかと思っていたら、水門は2扉も開いている。主水橋から見ると向こうに江戸川が見える。江戸川河川事務所の職員が説明をしてくれる。

「放水路の水門は通常明けていますから、坂川の水は江戸川に流れます。江戸川が増水したら坂川へ逆流をするので水門を閉めます。すると放水路の水位が上がって水害が起こりますから、排水機3台で江戸川へ100トン排水できます」

樋野口、赤圦にも排水機はあったのに水害になったのは、江戸川が満杯で排水できなかったということを思い出したので、その疑問を聞くと、「出来てからは排水できなかったことはありません。江戸川と坂川の水には時間差があるからです。」と説明してくれた。坂川と利根川に降った大雨は、坂川はすぐに江戸川に出るが、利根川上流の雨は2、3日後に江戸川に達するから、この時間差で坂川の水を排水できなかったことはないという。

坂川放水路水門
(手前が坂川放水路。水門の向こうが江戸川)左には松戸排水機場がある。

橋は工事中に架ける

放水路の所を水門から上流に歩いてみると、放水路には水門橋を含めると8本の橋が架けられている。橋の竣工年はいずれも放水路の完成以前で、稲荷神社大橋は53年、仲道橋は54年、金切橋は55年である。工事は52年から57年までだから、放水路が完成してから橋を架けたのではなく、工事中に架けたことが分かった。主水新田や旭町を放水路が分断したので住民に不便なことがないようにという配慮からだろう。

その頃は農家が大部分だったから、耕地が川によって南北に分かれてしまって、橋を渡ることも多かったのではないか。これは、後で述べる新中川の橋と同じだったようである。

農家は近くの放水路から用水が取れて便利になったようである。放水路の川口近くでは水田が多く、坂川との分岐点近くとなると学校があったり住宅も多くなったりして、最近になって都市化した様子が伺える。

分岐点で上流を見るとカタカナの「イ」の字のように緩やかなカーブを描いて放水路は流れ下る。坂川の流れは見えないから地図で確かめると、これも自然にほぼ一直線に流れ下る。これは享保期に代官小宮杢之進が横須賀村(現松戸市)から古ケ崎村まで掘割り、その先は鰭ヶ崎の名主渡辺庄左衛門が松戸宿まで掘り繋いだ水路である。

杢之進や庄左衛門が掘繋いだ時、おそらく早く江戸川へ流し込みたかったはずである。もしそれをしていたら、江戸川が増水したら坂川へ逆流してしまって水害になるからできない。だから庄左衛門は松戸宿まで流してから江戸川に流しこんだ。それでも思うようにいかないので矢切から柳原まで掘繋いでいる。

もし水門、排水機場があったなら庄左衛門の苦労はなかったはずである。庄左衛門の掘継ぎの考え方は、坂川放水路の水門と排水機で完成したと言えるだろう。

5 大場川放水路

大場川は吉川市、三郷市、葛飾区に住む人以外には馴染みが薄い川かもしれない。生活圏や利用する交通手段によって川の景色は随分と異なる。水門と排水機場は川の両端にあるので意識しないと目にすることは少ない。

つくばエクスプレスに乗って秋葉原まで通勤していた頃に中川は見ていたが、三郷中央駅を過ぎて八潮駅に向かう左の車窓から、中川から三郷放水路に入る水門がこれほど大きく綺麗に見えることに最近まで気が付かなかった。

大場川は人工の川

埼玉平野は中世末には大小の沼が８０余りあった。この湖沼は縄文海進の名残といわれる。そのうち松伏沼、二合（郷）半沼など新田開発をするために水抜きをする水路を造ったのが大場川だから人工の川である。沼や湿地帯には、「におどり」（鳰鳥）は「カイツブリ」「むぐっちょ」の別名もあるが、潜りが得意な可愛い鳥がいる。

にほどりの葛飾早稲を餐《にへ》すとも
その愛《かな》しきを外《と》に立てめやも

万葉集にも登場する「におどり」にちなんだ地名や公園は東葛飾にはいくつかあるが、「におどり」は三郷市の鳥でもある。

三郷市（番匠免村）や八潮市（鶴ケ曽根村）は流山へ移って酒や味醂づくりを始めた堀切家や秋元家の故郷であり、江戸川左岸の私たちにも馴染みがある。コロナ禍がなければ江戸川堤花火大会も共同開催をしていたはずである。

大場川は中川と江戸川に囲まれた三郷市・吉川市の、かつて二郷半領を中心とした地域を流れる。『新編武蔵風土記稿』には「延宝３年（１６７５）あらたに掘割し二郷半領悪水落としの川なり」とある。江戸初期・延宝３年というから、赤堀川も何度も拡幅され、利根川東遷は着々と進行をしていたから、新田開発も各地で進んでいた頃である。

水源は吉川町皿沼の四ケ村落としと中井付近の２つがあり、三輪野江(吉川市)で合流し、江戸川に沿って南下し、東京都葛飾区と三郷市の境界を流れながら中川に注ぐ。

当初は、大場川は江戸川に直接落とされていたが、逆流を受けるようになり、江戸川への落とし口は、丹後、大膳、高須と順次、南に延長された。寛政４年（１７９２）には高杉の上流徳島で締め切られ、新たに下新田から戸ケ崎までの水路が開かれて、古利根川（現中川）に落とされた。

大場川を地図で見るとほぼ直線に近く流れ

ている。東大場川もあれば、西大場川もあり、第二大場川まである。すべて江戸川と並行に流れている。それは、江戸川へ左目でウインクしながら江戸川に合流するかとみせて、ひらりと右折して小合溜の北を流れて中川に注入する。この流れは江戸川より中川の水位が低いのを意味する。

人工の川にさらに人工の放水路というのも珍しいが、対岸の坂川放水路も根本、松戸宿、最後は柳原まで下流へ下流へと堀継いでおり、順次、南に延長をして江戸川に落しており、この点は大場川の開発経緯とよく似ている。

大場川放水路

大場川放水路の計画と通水は三郷放水路と同じ平成8年である。三郷放水路は中川から江戸川に一直線に流れる放水路である。つくばエクスプレスの架橋下を過ぎて２００メートルもすれば、三郷水門が待ち受け、東京外郭道路の下を抜けて三郷排水場に向かう。

三郷市早稲田を下る大場川は大膳橋で三郷放水路に出くわすが、三郷放水路には入らない。洪水時には右から流れてきた第二大場川の水と一緒になり、左折をして大場川放水路に入り、三郷排水機場左端のポンプ場に向かう。

大場川は30メートルを超える川幅もあり、大半は「三郷放水路の伏越し※⑧」下を通り、南下して中川に流入するが、満潮の時間帯には中川から水が遡ってきて、伏越しから北に水があふれ出る。ここまで潮の干満差があるのかと驚きである。

大場川の西にはもう一本、吉川市から第二大場川（川幅14～15メートル）が流れている。二合半領内の内水に対して、幹線排水路の大場川だけでは足りずに戸ヶ崎村からの反対もあったが、昭和13年から20年にかけて開削された。三郷放水路が建設された際には流入させず、第二大場川橋から急旋回して左折し、三郷放水路手前の低いところを平行に流れて大場川と合流する。三郷放水路と第二大場川との間には桜土手が続く。三郷放水路ができるまではそのまま旧河道を南下して大場川にぶつかった。現在、第二大場川は三郷放水路を越えた先からは下第二大場川と名前を変えて下っている。

大場川放水路は、三郷放水路の北側に並んで走る三郷排水機場までの３００メートル弱の短い放水路である。

大場川放水路で大場川橋横の水門に架かる

橋は新大膳橋である。左手には大場水門があり普段は閉められているが、第二大場川や大場川の洪水時には水門を開き、三郷排水機場に送られる。

茂田井にある埼玉県大場川上流排水機場が改修され、第二大場川沿いには栄調整池（多目的広場）、におどり公園があり、市の中心部とやや離れた番匠免3丁目には調整池と運動場と、三郷スカイパークの空間域が用意されている。最近では幸いなことに大場川放水路が活躍する場面はほとんどない。昭和22年のカスリーン台風で、市の大部分が浸水した三郷市の苦い体験が生み出した多目的な施設である。

栄調節池多目的広場
藤竿伊治郎氏撮影

三郷排水機場付近（下流から上流を望む）

令和元年台風19号による江戸川出水状況
国交省江戸川河川事務所１０月１３日 11時撮影

三郷放水路（中川から江戸川に入る）大場川は暗渠で抜ける

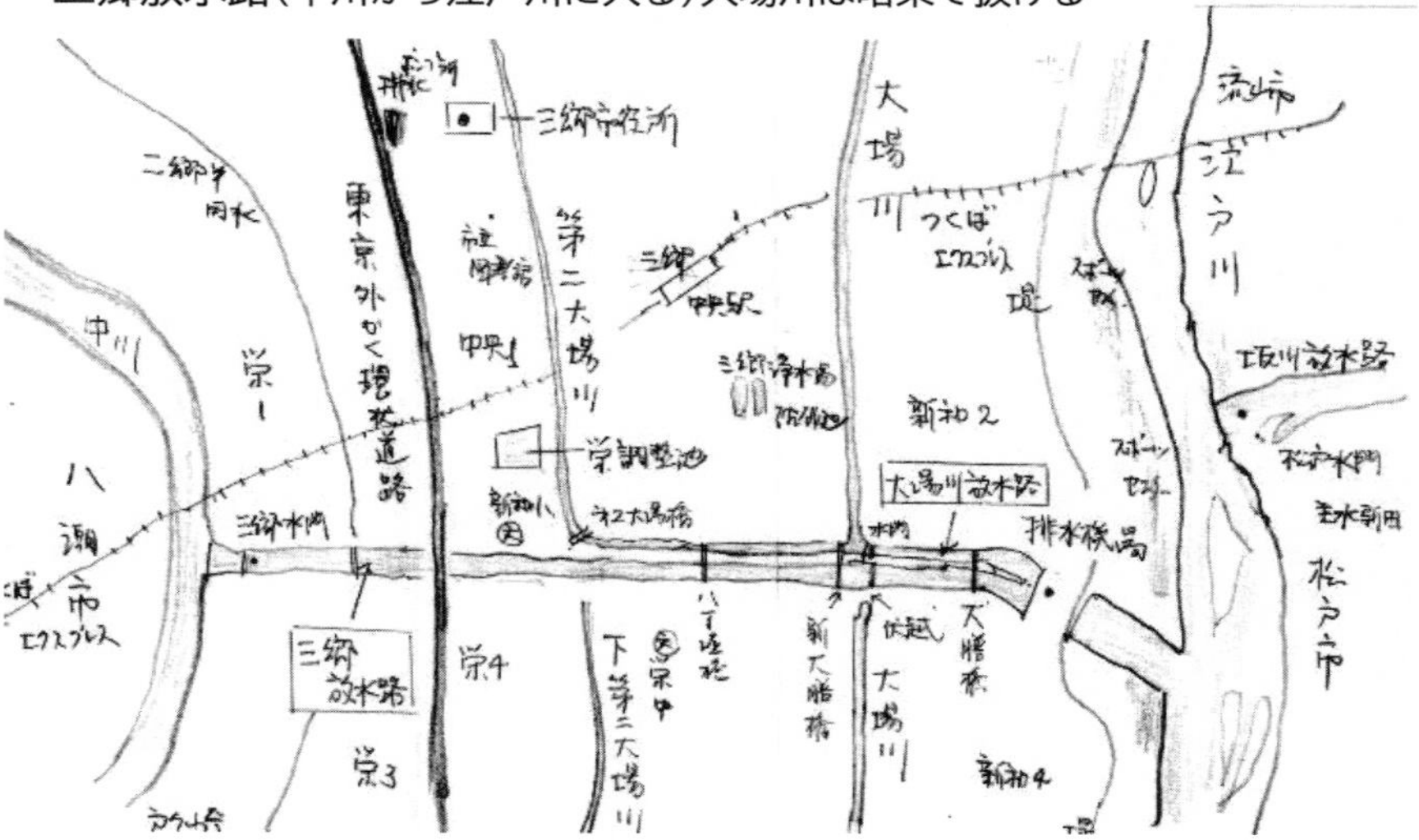

三匹の獅子舞と桜堤切り

「三匹の獅子舞」は五穀豊穣・悪魔退散を願う祭礼として、松戸や柏（西光院）などにも見られるが、戸ヶ崎香取神社に伝わる「三匹の獅子舞」は地域を大場川の水害から守るために、切羽詰まって対岸の桜堤を切らねばならなかったという故事をあらわしているという。獅子舞の刀懸りでは、土盛りの左右に茶碗を置き、水を湛えてその間に桜の枝を渡して太刀で切る様子が演じられる。

文化4年（１８０７）の大場川洪水の際にこのままでは村人が水死してしまうという事態になり、二郷半の白石茂平・岩蔵兄弟は小舟に篝火をたき、先頭に三匹の獅子頭を載せて対岸桜堤へと漕ぎ出した。堤を守っていた葛西領の農民たちは龍が襲ってくると思い逃げだしたので、堤は切られて二郷半の人たちは被害を防ぐことはできた。が、兄弟は決壊の水で流されて帰って来なかった。

三郷市南部、葛飾区北部は昔から浸水に悩まされてきた地域であり、二郷半領の人たちは水元の人たちのことを考える余裕はなく、堤を切ることが追い詰められた末の選択であった。

二郷半用水と合流した第二大場川も南に下るので寄巻橋辺りで大場川と合流すると思いきや、合流せずに中州の内側の戸ヶ崎4丁目を過ぎて、閘門橋を抜けてきた大場川とやっと出会う。第二大場川と大場川に挟まれた寄巻の吹上小学校近くは、水に親しんだ地域らしく、鶴の恩返しではないが大事にしてもらったカッパが水害から地域を守ってくれたという民話も残る。「悪さをした河童の伝七は許してもらったお礼に壺を渡したが、日照りが続いた時壺の中の水を田んぼに垂らすと水が湧き、戸ケ埼の稲はかれることがなかった」という。

河童の伝七・吹上小学校生徒作

新川通決壊点　カスリーン台風の碑

中央のモニュメントは
台風の経路と渦巻きを表す

宮澤一夫さん撮影

昭和22年9月16日深夜にカスリーン台風は利根川大利根（加須市）堤防を決壊し、溢れた水は大利根町、栗橋町の人々の命を奪い、利根川堤防を決壊させながら、中川低地沿いに南下する。幸手や杉戸に雪崩をうって避難する人たちの足をさらい、吉川など江戸川と庄内古川に挟まれた低地は濁流が一挙に押し寄せ、すっぽり冠水した。

江戸川より低地の吉川や三郷には今でも「水《みず》塚《か》」が多数見られる。命と財産を守るために、屋敷の中に土盛りをして建物をたて最上階に食べ物を保存しておく。

吉川ではさらに屋敷の周りに堀を掘って、その土で屋敷を高くして洪水を凌ぐ。「構え堀」と呼ぶが、家の屋根に上がっていたら流されそうになり、「構え堀」の屋敷の一段高い蔵に逃げ込んで助かった人もいる。関宿城博物館一階水塚模型の隣に「人間と蛇が屋根に上がって助けを求めている」大きな絵が掛かっているが、鶏も一緒に屋根にあがっていたという。

悪夢の再来堤切り

17日早朝には松伏町大川戸で古利根川が決壊し、3日目の18日午前には三郷市早稲田村、彦成村が浸水し、昼過ぎには、東和村（3村は昭和31年に合併して三郷村誕生）に流れ込み三郷市全域が浸水、13時には葛飾区との境、桜堤に達して止まり、9時間停滞する。

獅子頭故事の再来ではないが、「夜中に水元に行って、土手を切ってしまおうか。」と若者たちの相談すらあったようだ。

堤防は川に並行して築かれるのが普通だが、葛飾区水元から金町にかけての桜土手は、江戸川や中川に対してほぼ直角に近く築かれ、一旦

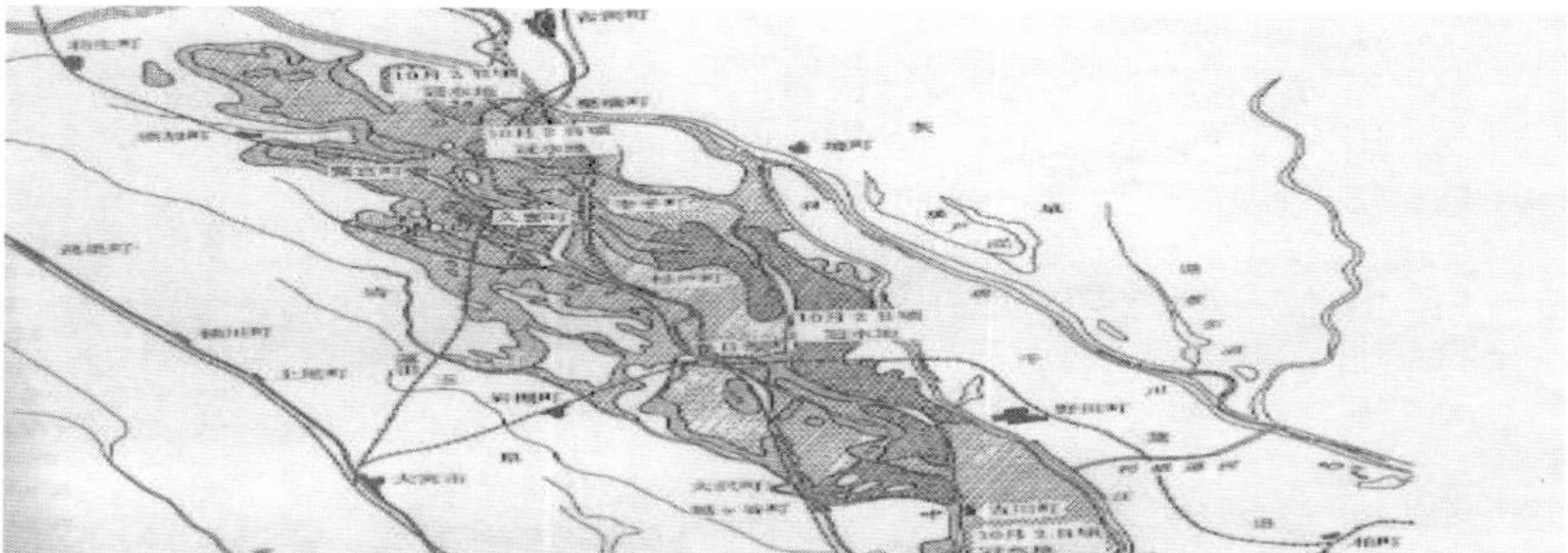

利根川東村堤防決壊浸水進路図
『利根川100年史』引用

は、停止していた。が、何とかしないとこのままでは埼玉平野は濁流に浸かったままになる。江戸川を見れば通常の水位に既に戻っているではないか。

江戸川右岸河口から19・50キロ、葛飾橋の上流約３００メートルの箇所(現在の東金ポンプ場付近)で人力で決壊させて、埼玉平野に溜った濁流を江戸川に流す計画は、千葉県の同意も得て内務省と埼玉県、東京都が協議し決定される。

進駐軍(騎兵第一師団技術中隊１００名)の支援を得て、ダイナマイト爆破を試みるが、堤防は柔らかくて効果がなかった。大学生や消防団がスコップで堤防を懸命に掘削して、何とか排水を行なった。それでも時すでに遅く、翌19日午前2時25分頃には桜堤東端、江戸川土手から約80メートル地点で桜土手は決壊し、葛飾区に流入。桜土手は、小合溜が江戸中期に締め切られる前の旧河道自然堤防跡に作られたが、桜土手の東端は江戸川に対してやや鋭角的でちょうど角地で水がぶつかっている。

決壊した土手は水元小合溜から用水を引く為に土管を差し込んで埋めた痕とか、第二次大戦中金町駅近くには大きな工場があり、労働者を空襲から守るために土手に防空壕を掘り、弱くなっていた箇所ではないかともいわれる。

金町から柴又方面を始め中川以東を浸水させた後、夜8時頃には江戸川区に入り、20日夕刻に新川堤でやっと食い止められている。地元の人たちの努力で、江戸川に水が流れたのは19日15時頃であった。桜堤の決壊口と江戸川本流に戻そうとする開削口によって、桜土手で止められた水は徐々に引いたものの、水圧は桜土手の決壊口に多くかかっており、葛飾区や江戸川区の住宅地に水は広がっていった。

自然が豊かな水元公園

大場川は「小合溜」を回りながら、水元公園に寄り添って二郷半領猿股閘門(三郷市戸ヶ崎)に向かう。小合溜の正式名称は小合溜井で、灌漑用水を溜めておく池である。窪みに自然に水が溜まったわけではなく、享保14年に8代将軍吉宗時代に造成した人工の沼である。

大落古利根川は猿ケ又村で東西に分れていたが東についていては、上流の猿ケ又村と戸ヶ崎村との間、下流は下小合村と高須村との間で堤を築いて流れを締め切って葛西用水の水源とし、西側は亀有溜井を撤去しその下流の中川を拡幅している。

吉宗といえば、紀州から呼び寄せた井澤弥惣兵衛為永であり、世に紀州流といわれるが、実に多くの仕事をしている。彼の技法の特色は従来用水源であった湖や沼を干拓、要は水を抜く代わりに新たに用水源を開削するというものである。飯沼と吉田用水、見沼と見沼代用水など成功例は枚挙に暇はない。二郷半領から流れて来た用水を溜めて葛西領中に注ぐために造成された溜井であった。小合溜については経緯、流路も複雑であり、井澤弥宗兵衛にも簡単な仕事ではなかったようだ。

小合溜沿いには桜堤に囲まれて、都立水元公園が巾着型にひろがっている。小合溜を締め切った東端の桜土手には「松浦の梵鐘」がある。明治2年廃寺になった龍蔵寺から村がもらい受けたものだが、昭和32年に今の場所にあったことは確認をしている。昔は非常時を知らせる早鐘として使われた。

締め切られたとはいえ旧河道はいくつかの沼や池を残し、格好の釣り場である。都立水元公園にはカニがはっていたり、カワセミが飛んでいたり、多種多様な生物が観察できる。野鳥が気付かないように額縁のような枠から観察もできる。

都立水元公園のオニバスの花
宮澤一夫さん撮影

ゴンパチ池は23区唯一のアサザの自生地で、夏の朝1時間だけ黄色の花をつける可憐な花である。隣のオニバス池には都の天然記念物に指定されているオニバスも３０００株あって、直径1メートルの葉を浮かべて小さな紫色のアザミのような花をつける。

埼玉県と東京都の境界については、地図を見ても線が引かれていない部分がある。この県境については、埼玉県と葛飾区の間で未だに決着がついていないそうである。それは、大場川と小合溜の北側の部分である。

首都圏外郭放水路の庄和町排水機場から江戸川に洪水の水を排出したのちは、三郷放水路まで江戸川への放水路は無い。この区間は、首都圏氾濫区域堤防強化対策が進められ、浸透や漏水による堤防崩壊を防ぐために、法面勾配を拡張している。

三郷放水路の江戸川出口の対岸左斜めには松戸水門、松戸排水機場が見える。三郷放水路は三郷市内を東西に横断して中川と江戸川を結ぶ1・5キロの放水路である。

6 三郷放水路

中川と江戸川に挟まれた三郷は、利根川水系のなかで上流からも下流からも影響を受ける位置にあり、自主独立の立場は取り得なかった。

中川河道拡幅の代替として築造

三郷放水路は中川放水路（新中川）と中川本川分流計画の行き詰まりから、代替案として生まれたものである。昭和22年カスリーン台風による被害を述べたばかりだが、昭和33年狩野川台風も埼玉、東京都に大きな内水被害を及ぼし、東京都と埼玉県にまたがることであり、国の直轄事業として改修計画が策定された。昭和38年に中川での計画高水流量※⑨は吉川で800立方メートル（秒）、綾瀬川放水路から100立方メートル（秒）を合流させて900立方メートル（秒）とした。しかし、中川放水路（新中川）と、中川本川（旧中川）の負担増は引堤《ひきてい》や浚渫で対応しようとしたが住宅密集地域であり難しく、三郷放水路が中川下流への期待分200立方メートル（秒）を背負うことになった。昭和40年に計画が変更され、三郷放水路及び綾瀬放水路が昭和44年に決定された。

三郷放水路と大場川放水路は昭和41年の水害が直接の開発動機ではある。昭和47年三郷放水路と三郷排水機場が着工し、昭和53年に第一期通水がなされ、平成8年に完成をしている。中川と大場川の洪水を三郷排水機場からポンプで200立方メートル（秒）排水し、中川、綾瀬川流域を守っている。

綾瀬川、中川と江戸川は相互に支援

令和元年の台風19号では中川・綾瀬川流域に降った雨の約3割を、三郷放水路を含めた放水路や排水ポンプで流域外に排水をしている。昭和57年9月には中川綾瀬流域浸水家屋は29457戸であったが、令和元年には2737戸に軽減させている

綾瀬川の洪水は、綾瀬川放水路を通じて中川に放出される。東京外郭環状道路が横切る所から草加北水門・草加南水門から八潮排水機場まで約4キロ先の中川まで流れる。放水路は東京外郭環状道路の下、国道298号線に沿って南北二本造成されている。中川の水位が低ければ自然流下し、水位が高ければポンプで100立方メートル（秒）排水をする。綾瀬川の水質悪化の際には中川からの取水も行われる。

三郷放水路は排水量で50メートルプールに換算して約22000杯分も排出する。1号、4号、5号機は昭和54年に運用を始め、5号機は平成8年に完成して3台あわせて200立方メートル（秒）の排水能力を備えている。

洪水の排水だけでなく、水質の悪化時には江戸川の水を最大20立方メートル（秒）導水して、中川下流部の水質浄化を図っている。江戸川の流量が減少した際には、都市用水等の取水が難しくなるため、今度は中川の水を10立方メートル（秒）送る。

平成30年度には53日間の導水運転を行い、2719万立方メートル（50メートルプール・18100杯分）の河川水を供給している。水位と流量を踏まえて役割を変化させる多目的な放水路だ。

7　国分川分水路

国分川は、松戸市南部から市川市へ流れる都市河川である。1級河川なのだが、千葉県が管理する川となっている。この国分川は春木川となり、堀の内で春木川と分かれて国分川、その下流は真間川となる。とにかく、流れも複雑だが、呼び名も錯綜している。が、真間川の上流は国分川、春木川であるのは確かで、これらを真間川水系とする。

この地区は昭和40年代に人口が1・7倍に増加したから、いわゆる都市型水害の頻発地となっている。雨水が地下に浸透しないで、8割から9割までもがどっと川に流れ込む。だから夕立があって道路に水が溜り、住宅にまで水が入り込むのである。

ところで国分川を分水している地点（水門がある所）は地図によって春木川だったり国分川だったりしている、国分川分水路なのだから国分川の方が分かりやすい。また、春木川は準用河川で市が管理していて、分水路も県の予算で整備しているから、ここは国分川なのだろう。

その上流は春木川である。

犠牲者は出稼ぎの人たち

国分川分水路のトンネル入り口に7人の慰霊碑がある。平成3年9月19日、台風18号の影響で国分川が氾濫し、トンネル工事中の作業員7人が水責めにあって溺死した。トンネル工事は貫通していないので、作業現場には水が溜ってしまったからである。

慰霊碑には出身地と名前が記してある。出身地を見て私は息の根が止まった。地元の松戸や市川の人たちかと思ったら、北海道南茅部町、同釧路町、同札幌市、山形県金山町、福井県福井市，高知県南国市、鹿児島県伊集院町の人たちである。地元の人たちは一人もいない。出稼ぎの人たちばかりで、恐らく、現場近くの飯場で暮らしていたのであろう。昔から治水対策はどこでも地元の人でやってきている。

慰霊碑の前に生花、お茶、ビール缶、ワンカップが供えてある。慰霊碑の裏にはビールジョッキ等以前に供えた物がある。土地の人たち(と言ってもお年寄りたちか)感謝の気持ちが30年以上続いているのだ。

出稼ぎの人たちの犠牲によってこの土地は水害から守られている現実に、私たちはやるせない気持ちになる。

国分川分水路入口の記念碑右と慰霊碑左
国分川トンネルは写真の台地を貫いて坂川に注ぎ
江戸川に流れる

越流堤※⑩の東で釣り人がいて、釣ったのは亀に見えたが、

「これ、スッポンです。エサが豚のレバ、何日か泥抜きをしないと食べられません」という。こんな都会の川でスッポンが生息しているとは驚きである。

トンネルの入り口に水門がある。水門の上流にコンクリートの越流堤があって、水が増すと越流堤からこぼれ落ちて国分川分水路へ流れ、トンネルを抜けて坂川（松戸市）へ注ぐ。

「水門は開けっぱなしで、洪水の時は（1時間に50ミリ以上降れば）閉めます。だから洪水の全量は国分川分水路へ流れます。それで下流の国分川、真間川の水害を防ぎます。」

と東葛土木事務所は説明する。

それにしても、分水路へ流れる水の流れを越流堤で分けるというのは素朴な仕組みである。分水路の仕組みは土木技術の粋を集めたものかと思ったが、拍子抜けするほど単純な仕組みである。国分川の流れが少ない分量なら分水路へは流れない。水量を増せばそれだけ分水路に落として流すということで越流堤と水門を効果的に使っている。水門の開閉は坂川下流の柳原水門で遠隔操作をしているという。

国分川越流堤から分水路へ
（国分川右に越流堤上部が見える）

国分川分水路は放水路

国分川、春木川、真間川は普段は小さな川なのに大雨が降るとたちまち暴れ川となる。急激な都市化によって降った雨は地面に浸透しないでほとんど全部川へ流れてくるから、特に和名ヶ谷大橋地区を中心にこれまで浸水騒ぎが絶えなかった。

昭和56年の24号台風は雨台風で、真間川が増水して床上浸水が広がった。市川市八幡地区の住民たちは腰まで浸かって富貴小学校へ避難する騒ぎだった。このように繰り返されてきた浸水事故を繰り返さないように、国分川分水

路工事が行われたのである。

国分川分水路は越流堤から400メートルでトンネルに入ってしまう。トンネルの上部は矢切の台地で、20世紀梨が生まれた20世紀が丘梨元町などである。その台地の下約25メートルを掘り抜いてトンネル部分は2555メートル、中矢切の低地へ出ると暗渠の水路407メートルとなり、計3362メートルの分水路である。道路のように見える水路（蓋かけ）は駐車場になっている。そこで直角に坂川に合流したら坂川の堤防を決壊させてしまうので、柔らかくカーブして坂川に合流する。

ここにも水門があって平成6年竣工とある。水門は開けてあるが、もちろん水に流れはなく、むしろ坂川から分水路へゆっくり流れているように見える。坂川の川幅は分水路の水を受けるために拡げたそうだが、それよりも分水路の幅は倍以上広い。国分川、春木川、真間川の水害を防ぐためだから、直径7メートルの水路一杯に流れてくればかなりの水量になるはずである。なお、この分水路と放水路は同じ意味だというから、ここは国分川放水路と名乗れるはずである。

すぐ下流に矢切高校生が自転車で渡る中矢切橋がある。北総線の矢切橋もヤギリ、京成バスも上ヤギリ，中ヤギリ、下ヤギリと放送をするのにこの橋ばかりは「なかやきりばし」と清音で名乗っているのが微笑ましい。演歌で「矢切の～渡し～」と鼻濁音で唄われて以来、矢切は猫も杓子もヤギリ、地元の人までヤギリと言うようになったが、昔の名前を守っているのが建気である。近代的な国分川分水路の水門近くに昔の文化を守る頑固者を見たようで微笑ましい。

国分川分水路の坂川へ繋がる所
トンネルの水は右の水門から手前の坂川に入る

トンネル事故は人災か

平成3年9月22日の朝日新聞は「水没6人遺体で発見　なお1人不明　大雨になぜ工事を続行したか　人災と叫ぶ遺族」という見出しが事故の生々しさを伝えていた。本文を読むと、「なぜ大雨の中で工事を続けたんだ、これは人災だ。変わり果てた肉親の姿に遺族らは悲しみに包まれ、やり場のない憤りをこらえた」とある。トンネル入り口の頼みの水留はなぜ崩壊をした？ともある。そのことについては、「かなり離れた本流の水も溢れ、仮堤防を越えた。このため、水位が想定外の高さに達し、周囲が冠水して仮堤防が決壊したうえ、頼みの水止めも崩壊し、トンネルへ濁流が流れこんだ」と事件の原因まで報道された。

この事故は後に千葉地裁、東京高裁、最高裁でも争われる裁判になった。争われたのは作業中止を指示し、緊急避難をすべき義務を怠たった県職員（課長）の罪が問われたのである。トンネル掘削作業は飛島建設が請け負っていたから、作業中止命令は飛島建設がだすのかと思っていたら、工事を発注した県の職員であった。県は危険が発生した場合は建設会社に危険を伝え、作業員らを緊急避難させる業務上の注意義務があることになっていた。

ポイントになる事件の経過をたどると午後5時頃、千葉県真間川建設事務所国分川建設課長は、「まだ大丈夫だから切羽のコンクリート吹付作業を続けてください」と現場に指示した。5時7分頃作業所から課長に「堤防が切れてトンネルに水がかなり入ってきています」と報告をすると、課長は土嚢を積んで止められないかと応じた、現場は「水の勢いが強くて止められません」と報告。被告は仮締切の強度がYP※⑪＋8メートルであるのを忘れていたと指摘された。5時14分頃、清水建設作業員はトンネル内に水が流れ込んでいるのを目撃して、飛島建設へ電話して作業中止と緊急避難を指示したが時既に遅かったという。

最高裁は「分水路トンネル杭内作業を中止させ、作業員の緊急避難を指示すべき義務に違反した」として元課長に対して有罪（禁錮1年6カ月）の刑を言い渡した。これによって元課長は失職した。

新聞で報道されたように現場に駆け付けた遺族が「これは人災だ」という叫びは最高裁でも実証されたことになる。

8 境川(真間川)放水路

真間川に放水路があるとは、私たちは知らなかった。市川の地図を眺めて、京成線の北を西から東へ流れる真間川がもしかして放水路か?と思ったが、とんだ見当違いだったと分かった。

文人を惹きつけた市川の景観と暮し

古代には真間、国府台の南には市川砂洲が東西に細長く堆積して、真間の台地の南は、江戸川から船が出入りする湊であった。

「万葉集」にも「葛飾の真間の浦廻《うらみ》をこぐ船の船人騒ぐ波立らしも」と情景を伝えており、真間の里には井戸水を汲みに来ていた手児奈は多くの男たちに求愛されたが、誰にも心を寄せることなく、ついには真間の入り江に身を投じたと伝えられる。市川には下総国の国府が置かれ、山部赤人が訪ねてきて以来、多くの文人墨客を惹きつけた。

山部赤人や高橋虫麻呂が手児奈の悲話を聴いて尋ねて来た位であるから、手児奈は相当古くから土地に伝わる伝説であった。「真間」は「がけ、斜面、くぼ地」を表す東国の方言のようだが、手児奈がいた国府台地斜面が真間のがけの地であった。

京成線市川真間駅の北側を走る「市川真間通」(千葉街道)沿いの旧家には立派な枝ぶりの黒松がみられ、かつては海岸近くの防砂林であったことを物語る。

江戸時代には芭蕉や一茶、明治以降は幸田露伴、永井荷風、北原白秋、水原秋桜子など実に多くの文人が水と緑の景観を愛して筆やペンを走らせた。

中国から亡命をしていた郭沫若と家族を受け入れ、天才画家の山下清も式場病院で育ち、全国に浮浪の旅に出た。人を受け入れまた新たな社会に送り出す伝統は変わらない。

市川は水と闘う

市川市北部には下総台地が広がり、国分谷・大柏谷が北方向、北東方向に延び、中心部には中山の台地の裾から西から東に向けて市川砂洲が横たわり低地を分断している。台地の裾と砂洲北側の間は標高2メートル程度の湿地帯であり、低地には台地からの湧き水も染み出した。砂洲は5メートル前後、7メートルと高い所もあるが、現在では砂洲の上を京成線と国道14号が走っている。

「北総台地から南に落ちる国分川は、北から南に下り東京湾に入ると思われるが、市川砂洲に妨げられ、須和田から右折して、真間川として真間の手児奈の舞台となる低湿地帯を進み江戸川に出口を求めた」（『日本の放水路』岩屋隆夫著）。

砂洲を越すと南はかつて水田が広がり、東の船橋市、船橋海神の台地から二股、原木《ばらき》、高谷、行徳にかけて成田街道が西南に伸びていた。

江戸時代に入り新田開発が始まると水が必要となり、市川砂洲を開削して水路が南北に開かれた。今はなくなっている内匠堀もその一つであるが、現在の大柏川の水源から、浦安市の当代島まで延長約5キロの水路として、行徳、浦安まで潤したとも伝わる。江戸川放水路開削により市川市は田尻・高谷と妙典・行徳とは分断をされ、内匠堀は消滅している。（高谷から江戸川左岸沿いに流れを変えた小さな水路は残る）。

市川市内は北からは国分川、北東からは大柏川からの水が落ちてきて、真間川は西の根本橋に向けて流れるが、江戸川が洪水の時には江戸川が逆流し、南の東京湾からは高潮被害とまさに「四面楚歌」、四方から侵入する水と闘った。

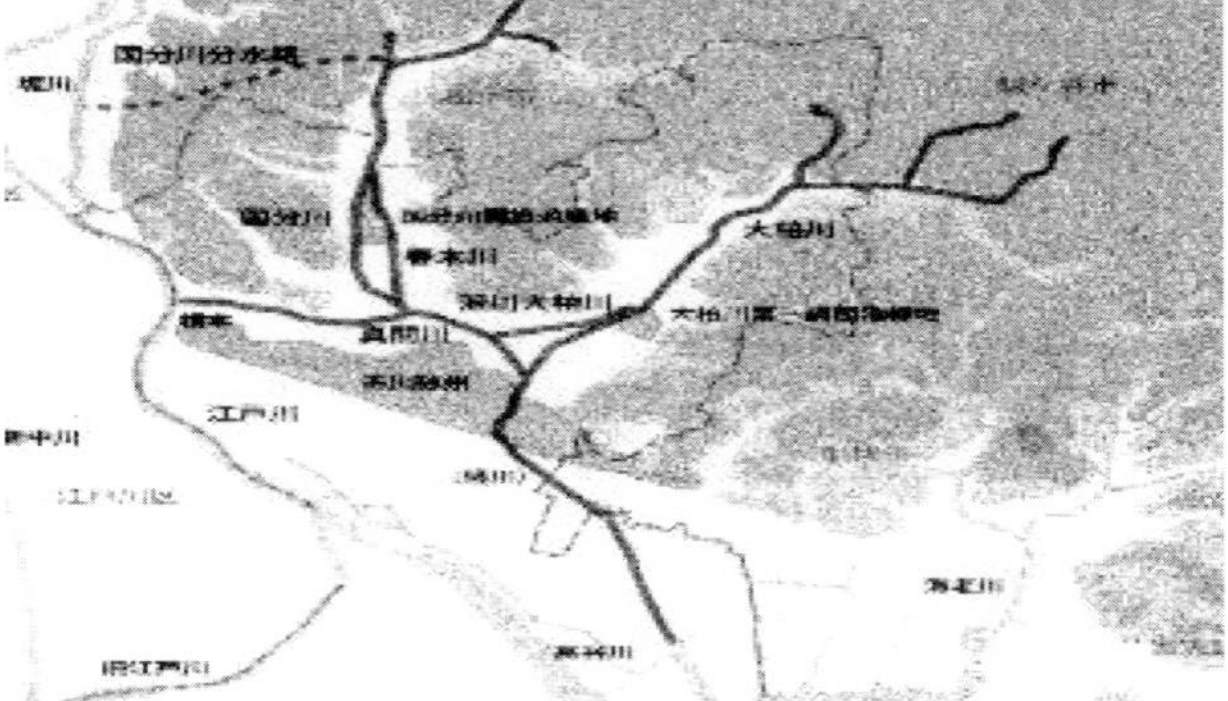

真間川水系図

市街地化は都市型洪水を誘発

昭和16年真間川氾濫して市内の罹災者4551人、昭和33年狩野川台風、昭和58年台風24号と被害は続く。昭和55年には真間川流域の総合治水対策協議会も発足し、県主導で流域市が集まり、上流から下流までの総合対策が実施される。昭和56年台風24号により真間川は激甚災害対策特別緊急事業が実施され、昭和61年台風10号でも国分川、海老川で被災、激甚緊急事業が適用された。

雨水が浸透する土と緑

市川市の鈴木恒男さんは『緑と水と暮し』(平成3年台風18号、真間山シンポジウム、市川みどりの市民フォーラム発行)において「松戸台地の多くは、宅地化が進み、保水効果が期待された緑と雨水が浸透した土が失われ、暗渠化された水路は一挙に幹線水路に流れ出す。降水量の減少にも拘らず、鉄砲水が発生しやすくなっていた。こうしたことが急速に水位を上げて分水路に押し寄せ、短時間に仮防水壁を乗り越えたのではないか。」と指摘され、自分たちが関与できる自然保護の大切さを呼びかけられた。

台地の畑や低地の水田は次々と宅地建物となり、雨水を吸収しない土地は乾燥し、子どもたちがかつて遊んだ小さな水路はコンクリートの暗渠に隠れて消えつつある。国分川上流に限らず、市街地が広く拡大し、治水施設建設もより難しくなっている。

林や緑、小さな水路、井戸水などが保水治水面で果たしている役割を認識し、自然を生かした街つくりを進めていきたいものである。

平成16年に「真間川流域整備計画」が見直されているが、流域を保水地域、遊水地域、低地地域に分けて基本方針が定められている。また、雨水貯留施設整備、浸透舛設置、盛り土確保(残土処分の確保)、高床式建物奨励など特性に応じた対策が実行されている。

平成6年「国分川分水路」通水後も、春木川と国分川との間に調整池(上、中、下)も整備され、下流での護岸工事も進められて、真間川への流下水量も減少し、市川市民が経験した水害は著しく減少している。

江戸川と東京湾への備え

松戸市国分川からの水は、須和田橋を越えたところで二股に別れて真間山の南麗を西に流れを変えながら府中橋、笹塚橋、麓橋、手児奈橋、入江橋の下を流れて、根本排水機場から江戸川にゆっくり流れる。距離にして、2・2キ口である。一方、東南に流れを変えた「境川放水路」は、新菅野橋から富貴島橋まで10の橋を1・6キロ流れて浅間橋直下の大柏川（北方）に合流し、真間川として、6・5キロを流れて、原木から東京湾に流れる。

千葉県では、管理上は「真間川は上流端を江戸川分派点として、下流端は（原木で）東京湾に注ぐ8・5キロの一級河川」としている。川の流れに関係なく、昭和28年に全部を一つながりとして、一級河川・真間川としたのである。「上流端」を文字通り読めば江戸川から東に流れると思われるが実際には、須和田橋から根本橋まで東から西に流れて江戸川に入る。

干満差のない時間帯を確認して当日は午前8時に、市川根本水門手前根本橋の上と、江戸川への水門出口に立つと真間川は東から西に江戸川に緩やかに流れていた。

根本水門は、東京湾河口から12・5キロの分岐点であり、満潮時には江戸川から真間川に水が入り、干潮時には江戸川への流れが勢いを増す。江戸川洪水時には水位が大きく上昇するので油断はできない。江戸川への出口、根本には国が直轄事業として、「根本樋菅」と「根本排水機場」を設置し、東京湾原木には、千葉県が高潮対策として真間川水門、地盤沈下対策として真間川排水機場を設置している。

真間川は根本橋（松戸街道）を抜けて江戸川に入る。満潮時には東京湾からの水が逆流する

洪水対策と耕地整理のために放水路

明治43年には利根川未曽有の大洪水が見舞い、江戸川の水位も6メートルあがり、真間川流域も甚大な被害を受けた。耕地の大きさも

様々で、一旦雨降れば形もかえ、整理の必要もあった。

明治45年には、「八幡町外九カ町村耕地整理組合」が洪水対策と耕地整理のために結成され、境川の開削が開始される。開削は大正の初めに行われ、大正8年には完成をする。

『東葛飾郡誌』によれば、

「真間川には二つの水源、東方高地の鎌ケ谷村北初富の西方に発し、法典村や馬込沢に発するものを合わせて西南に流れて、大柏村、中山村を経て2派に分れて、一つは、真間川の上流となる。これを大柏川という。一つは南流して内匠川となる。

もう一つは日暮《ひぐらし》（松戸市）および五香、六実に発し、八柱村新橋付近から発するものと併せて、矢橋村大橋に至りて水勢大となり、国分村の中央を貫き国分村須和田の東方にて真間川に注ぐ。その流れは、実に3里強、真間川は上流は南流し、下流約一里は西流し、市川町根本に至りて江戸川に入る。」

とある。真間川については、現在も目視できるので理解はできるが、内匠川は現在見えないだけに文献が貴重である。

「真間川の上流より国分、中山、八幡の三町村の境界より分れて、内匠川《たくみがわ》となりて南流す。この川、もと自然の川流にあらず、伝え云う、当代島新田に内匠重兵衛なる者あり、行徳領耕地の陰湿なるを憂い、灌漑の目的を以って開削したるものにして、一名、浄天堀とも称す。江戸川（放水路）開削前に通じせしものと、明治45年以後の耕地整理に際し、水路を変じて屈曲を直し直線となし、更に宮久保より溝を穿ちて、真間川の水をひき、一朝洪水有れば、この溝渠に依り、真間川の氾濫を東京湾に直瀉せしめて、水田湛溜の憂を免れしむ設計なり」

と『東葛飾郡誌』は内匠堀の設計について説明する。『東葛飾郡誌』からは、内匠川なる水路が境川放水路の水路として生かされたことと、宮久保から南に溝（放水路）が掘削され、東京湾に放水することが実現したことが明確に読み取れる。

放水路掘削時点では、今の真間川に対して勾配は1・65倍と急ではあるが、境川放水路に流れる量はそれまでの3割弱と少なく、上流部における国分川分水路の出現を当初から必要としていたともいえる。

放水路はいかに造られたのか

境川は、富貴嶋橋を過ぎて、北方、浅間橋の直下で大柏川と合流しており、ここ辺りからは、内匠川の旧河道とも考えられる。内匠川の東に湾曲している部分を直線的に結んで放水路とし、西に湾曲する部分を新たな内匠川としたのではなかろうか。千葉街道を越えた南で砂洲は終わるが、内匠川から東南に分かれた水路があり、境川放水路はその水路を利用したと思われる。

昭和２年の地図には八幡から大和田に落ちる内匠堀が流れる。かつては江戸川左岸に沿って、行徳への用水路として使われたものの、新たに掘られた「江戸川放水路」左岸にそって流下し、東京湾に出口を変えられた。

現在の真間川は、砂州を越えた後、南の低地の用水路を使い、東南へ下りながら、原木妙行寺・三重塔の東側を過ぎて、原木の真間川水門から東京湾に南下する。

桜並木と木橋の境川放水路

市川市内には桜の綺麗な所が多いが、境川放水路両岸は整った桜の散歩道である。両岸は木柵、橋桁には鉄板とコンクリート上に板が敷かれ、柵の上部には行燈を思わせる街路灯が、等間隔で新菅野橋から富貴島橋まで全区間につけられ、木材と落ち着いた古彩色で統一されている。

この桜並木は大正の掘削時に植えられたものではなく、昭和24年市制施行15年、昭和29年・20周年記念に植樹されたが、国分川分水路の工事でも触れたが、昭和33年の狩野川台風で、５０００戸を超える浸水被害が起こった。そのため、昭和36年から河道の拡幅と護岸工事が始まり、桜並木は昭和40年頃に根本橋から菅野橋までは伐採をされた。

昭和56年台風も経験して、真間川の拡幅だけでなく、上流も含めた総合治水対策が実施され、治水と環境を両立させるために、地域住民と行政が話し合いを重ねて、桜並木を復活させた。夜桜が水面に浮かび、花筏がゆっくり流れる風情は見事である。真間川は宮久保と東菅野の間を東南にぬけ、昭和学院を経て大柏川に合流する。昭和63年に慈眼橋、北谷原橋、平成２年３月に宮久保橋、得栄橋、谷原橋、富貴島橋、平成４年３月に宮下橋、八幡橋、同９月三角橋（派川大柏川と合流）が竣工している。

市川市は地域の特性に応じて景観づくりを進めている。「自然と歴史の住宅地」ゾーンは、地域の斜面林の緑や神社仏閣を生かしてふれあいのある住環境を目指している。

9　中川放水路

新中川は昭和38年に竣工した人工の川だが、その時の新聞には中川放水路としたものが多く、新中川放水路や中川運河（見出しだけで本文は新中川放水路）もあった。中川放水路は、その後に「新中川」と呼ばれるようになり「新中」という名で土地の人に親しまれている。私（青木）はその頃高砂5丁目に住んでいたので、新中川放水路竣工式の花火の音を覚えている。何の花火かなと思っていて、後で新聞を見たら中川放水路の完成祝いだと分かったのである。

中川は高砂から西新小岩までは、大蛇がのたくったように曲がりくねって流れている。これは、高低差がない土地だからで、ゼロメートル地帯の九十九曲がりの特徴である。だから、流れが悪く洪水を引き起こす川となっていた。中川は昔から「九十九曲がり泥田の中を暴れて通る利根の落とし子」と歌われてきた。それは暴れ川、水害の多い川だった歴史を語り、歴史を辿れば利根川だったことを意味する。中川を上流へ辿れば大落古利根川や庄内古川になるが、いずれも利根川東遷前の旧利根川なのである。それで、「中川は利根川の落とし子」としたのだろう。落とし子とは高貴な人の隠し子と辞書にはあるが、とにかく中川は利根川の子と昔の人はみたようである。

蛇行部分の中川流域は度々水害に見舞われ、農業被害はもちろん住居まで浸水で苦しんできた。そこで、蛇行部分を避けてから真っ直ぐに南へ放水路を掘って江戸川へ流し、洪水を和らげようとする工事は、昭和13年から始まったが、第2次大戦で中止になっている（昭和放水路と同じような歴史を持つ）。

荒川放水路の完成によって、東京の大部分は水禍から解放された。荒川放水路の成功が中川下流の洪水を解消するための中川放水路へと繋がったようである。この中川放水路の完成によって、足立区、葛飾区、江戸川区は中川堤防の決壊による水害から免れることができたのである。

湧き水とヘドロで苦労した工事

カスリーン台風による洪水は栗橋（加須市）の利根川堤防右岸が決壊し、水元（葛飾区）の桜土手も切れると、葛飾区はもちろん下町一帯は泥沼と化した。それで、やっぱり放水路工事を再開しようということになり、24年に工事は再開されて38年3月に完成した。

放水路は高砂から江戸川区今井まで約8キロ、真っ直ぐに南へ伸びる。中川本流のS字をかさねたような蛇行と比べてすっきりした人工の川で、江戸川へ注いでいる。工事は新しい川を掘ることで、掘った土は両側に堤防を築く土とした。馬トロ（馬によるトロッコ運び）の写真も残っているが、それは平地の運搬だったし、人力でのトロッコ押しもあったようである。近代的な機械による作業は、エスカベーターやパワーシャベルによって掘削は能率が上がったと写真をみて感じる。

川岸の堤防は水路を掘った土を利用し、高さ2・9メートル、天端幅6メートルにした。それでも余った土は爆弾池（B29による爆弾で掘られた池）や洪水によるオッポリ池が散在していた所の埋め立てに使われた。

新中川の工事
電動ウインチトロッコで土を高いところへ運ぶ
「東京都江東分水事務所事業誌」

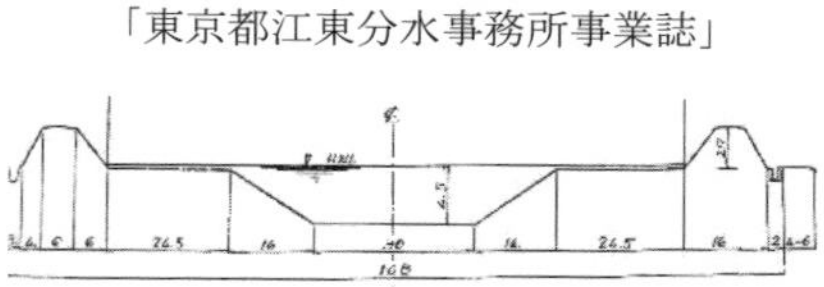

新中川水路開削の標準断面図

さて、最も難工事だった所は、放水路下流の瑞穂大橋だった。ここでは杭打ちの時に、打っても打っても杭が浮き上がってしまう。軟弱な地盤でシルト層※⑫が40メートルも続いていたからである。杭は松材で、ある深さまでは打てるがシルト層で浮き上がってしまう。

この難工事は、石灰を主とした凝固剤を注入してどうにか成功した（この泥炭層は印旛沼の堀割でもあって工事は難航したのは後で述べる）。水路の開削工事は下流から上流へと進めて行く。プールを並べて掘って、水が溜ったらプールとプールの間の土を崩せば一本の川となる。

戦時中に掘った所は沼になっていて増水で江戸川から魚が入り込んで来たのだろう。江戸川漁師の知恵を借りてカイボリ※⑬をすると大漁だった。漁師が「８００貫もあるかな」と冗談を飛ばすと、「それを嘘八百というんだよ」と返されて大笑いをした話が工事記録に載っている。土木作業は泥まみれの作業になるが、このカイボリ作業は息抜きになったであろう。

行儀の悪い橋たち

地図を見ても、新中川には橋が多いのに気づくはずである。８キロの川に（鉄道の鉄橋を含めて）16本架かっているから５００メートル間隔で橋を架けた計算になる。それは、放水路掘削反対運動を鎮め、土地買収をしやすくするためと言われてきたが、住居と耕地が川で隔てられる不便さを、橋を細かく架けることによって解消するためとも言われた。

「橋は多く架けて農家さんにご不便はかけさせませんから、どうぞ安心ください」と言う買収説得の言葉があったと、細田地区のお年寄りから聞いている。

川が流れていれば昔は渡船場があったが、そこへ橋を架けるようになった歴史がある。中川放水路では道路と川が交わる予定の所に、まず橋を架けてから川を掘るという順序になる。橋は直角にかければ安く上がるが新中川ではそうはいかない。元々道路がある所では、多くの橋は川を斜め横断になる。

新小岩～金町の新金線（貨物線）の鉄橋は極端な斜め横断になったから、線路を敷き直して（奥戸中学校の西を通っていたのを東に付け替えて）．それでもかなりの斜め横断になっているのは地図で確認できる。だから、多くの橋は川と正面から向き合わず，あっち向いたりこっち向いたりして不揃いで、とても行儀が悪いように見える。だが、元々川があるところへ橋を架けたのではなく、道があるところへ橋を架けたものだから、川に対しては直角になっていないのはやむを得ない。これも放水路に架かる橋の特徴であるが、同じような橋は半地下を走る高速道路の橋（天井橋）でも見ることができる。

新中川で分断された町

高砂、細田、奥戸地区は新中川の工事で右岸、左岸に分断されてしまった。高砂は1丁目だけ右岸に、細田も2丁目だけ右岸に、奥戸は9丁目だけ左岸に分断されてしまった。区役所は高砂、細田は左岸に奥戸は右岸にまとめた方が分かりやすいから高砂1丁目や細田2丁目は奥戸に、奥戸9丁目は細田にすれば住居表示として分かりやすいとしたが、住民側はそれぞれ今までの地名に強く拘り、特にお年寄りはお祭りの関係で断固譲らず、役所の分かりやすい住居表示案は引き下げたという。

地名は単なる名前ではなく、宗教や生活と直結している。だから、住民感情は役所の合理主義だけでは押し切れないようである。

田畑の新中川になる土地は買収され、川の敷地になる住居は移転した。細田の東覚寺の墓地の移転もスムースに行われたが、工事中に人骨が出てきて困ってしまった。お花茶屋の火葬場ができる前は土葬だったので土葬時代の骨だったようだ。ブルドーザーで掘り始めていたので、隣の墓か家の墓かはっきりしない。しょうがないから、「ご先祖様には申し訳ないけど」と言い訳して、出てきた骨を2等分して新しい墓地に埋葬したという話である。

東京オリンピックの前だったから、農家は少なくなったがまだ残っていた。だからカルチベーターに乗って住居の対岸の水田に稲刈りに行く光景も見られた。男は勤めに出る時代になっていたから、麦わら帽子をかぶった女性が颯爽と運転をする。

この地区もそんな農村風景から急激に都市化していく時代だった。水田も畑も東京オリンピック以降、この新中川流域から姿を消していった。

井上靖の記念碑碑文

新中川のほとり、奥戸8丁目に宝蔵院という寺がある。しばらく鐘がなかったが、新中川落成に合わせて和光の鐘も鋳造され、鐘楼も再建された。それを記念して、作家の井上靖が一文をよせた記念碑が建立された。井上靖の自筆を刻んだもので、詩情豊かな碑文は鐘楼と共に長く後世に伝えられるだろう。

宝暦の頃、国事に勤む男女この寺に逃れしが捕吏の襲うところとなり、当時の住職と共に討たれしという哀史伝われり（中略）　時あたか

も新中川放水路開削に当たり　宝蔵院はその
流れの岸に臨めり
晨夕（朝夕）水底に没せし農家　耕地のため
に　また新しき供養の意味を持つというべし
井上靖

この井上靖記念碑文の他に宝蔵院には柳原白蓮の歌碑も建っている。歌碑は「畢生（畢生）」の呼声が高い。歌の由来は井上靖碑文前段にある通りである。

衆生あり　祈願成就の喜びを　代々に　伝えし　御仏ぞこれ　白蓮

いつとはなしに「この里は　情話に悲し　縁故寺（えんこてら）」の句も伝わる。新中川のほとりの宝蔵院は文学の香り高い寺である。

江戸期の放水路庄内古川の江戸川への合流

庄内古川の水は下流へ下流へと合流点を移動した。それは低地のため流れが悪く、江戸川へ流れないためやむなくそうしたのである。

『利根川現近代史』（松浦茂樹）に「庄内古川から江戸川への合流」が出ている。合流点は図（合流点図）のように享保15年（１７３０）から弘化４年（１８４７）まで上流から６か所、南に順次下ってきている。庄内古川は悪水落としで、江戸川に排除しなければならなかった。

江戸川への放水路

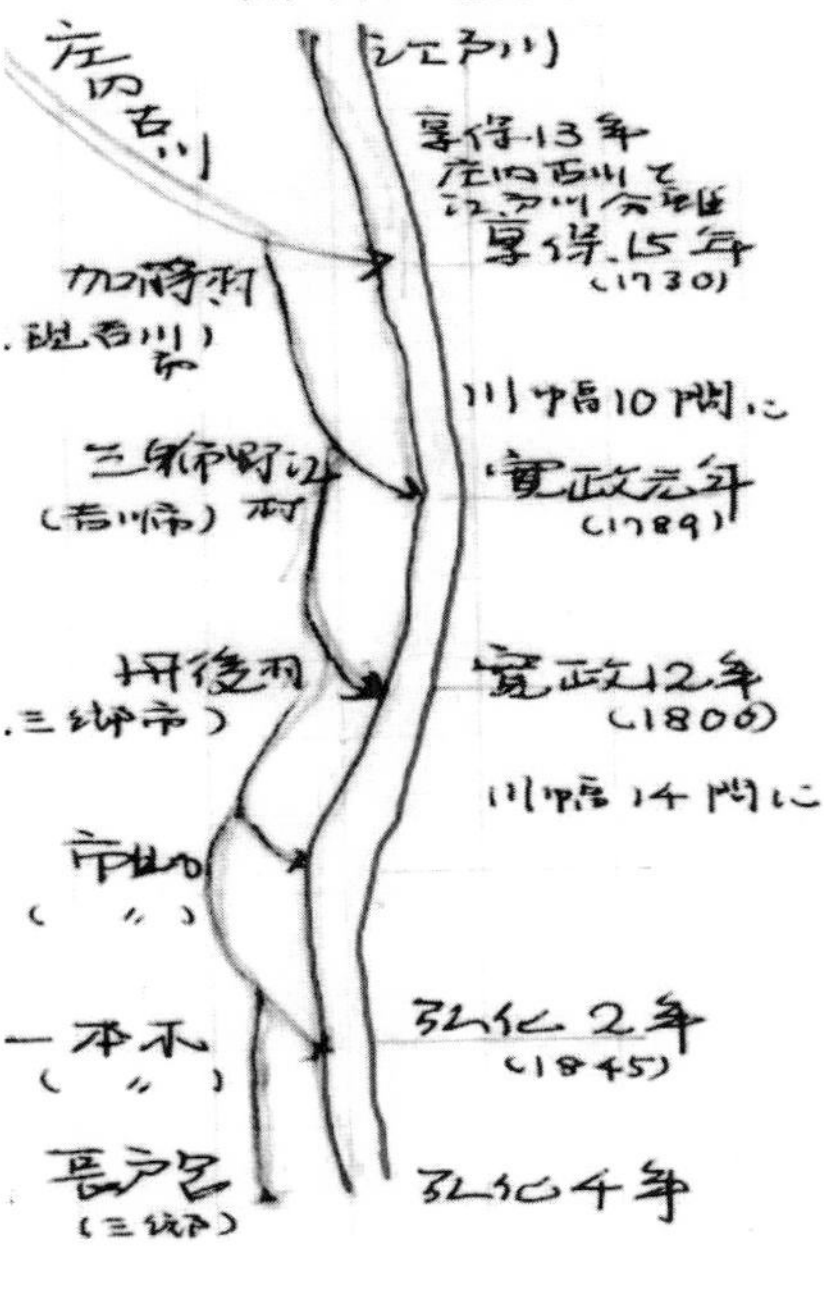

なぜ6か所も変えたかというと天明３年に浅間山の大噴火によって江戸川の川底が高くなってきたから下流へ下流へと合流点を移し

たのである。

『新編武蔵風土記稿』の丹後村（現三郷市）では、「村内似て江戸川に合す。古は上内川村（現吉川市）にて落合しに水路不便なるをもて享保年中、一旦北の方加藤村（現吉川市）にて江戸川に流入せしめしに年をへても是も不便となりしかば、寛政の初め水路を当村まで疎通せり。同12年また川幅を掘り広め、今は14間（25メートル）に至る。」とあり、「水路不便のため」とは江戸川の水位が高くなって流れにくくなったという意味らしい。

庄内古川から江戸川へ

現代の地図では庄内古川は消えているが、明治13年の地形図には明記してある。川幅は三輪野江村、丹後村で25メートル（註『新編武蔵風土記稿』）、2本の川は接近してきて、間に芦原があったり、沼があったりした。それでも高さ5メートル程の川除土手があったという。

昭和初期はどうだったか。利根川俊作さん（吉川市平方新田）は「古川と呼ばれる廃川だった。」という。沼のようにオニバス，ヒシが茂っていた。戦時中の食量増産で両岸の堤防は壊されて水田になったという。

庄内古川は幸手、庄内、松伏、二合半領の水田の排水を受け持つ川で、江戸川に付かず離れず流れていた。土用には田の水を一時落とし、稲刈りの前は水を一斉に落とすから、そのたびに庄内古川は溢れてしまう。それで江戸川へ排水をするのだが、先に述べたように排水できない。更に江戸川から逆流してきて、庄内古川下流は穀倉地帯なのに排水不良地区だったという。

こんな水害常襲地を解消するために昭和3年松伏町大川戸から赤岩まで水路を掘って古利根川へ排水した。江戸川よりも水位が低い古利根川（中川）へ付け替えられたのである。

これらの水路（庄内古川から江戸川へ、庄内古川から古利根川へ）は洪水を流す主目的ではないから放水路とはいえないが、水田からの排水を受け持つ放水路的な働きをしていたというべきだろう。が、大雨の時は排水もしたはずである。現代の三郷放水路、大場川放水路に繋がっていると考えられる。

註 ※

① **可動堰** 固定堰は水量が調整できないが、可動堰は必要に応じて位置や高さを調節できる。

② **スーパー堤防** 予想を上回る大洪水が発生しても耐えられる高規格の堤防。(天端)も広げて斜面(のり面)も緩やかに盛土を行う。江戸川や荒川など住宅隣接地に造成をされ、野菊の丘浄水場、柴又寅さん記念館など川裏地域として一体開発されることが多い。

③ **日光御成道** 五街道と同様に整備された脇街道中山道の本郷追分を起点として北上し、岩淵宿、川口宿、鳩ケ谷宿、岩淵を経て、幸手宿手前の上高野で日光街道に合流する。

④ **縄文海進** 最終冷期の直後から始まった温暖化により、現在より海面が高くなり、関東奥地まで海水が進んだ。6500～6000年前と言われる。

⑤ **土羽打ち**《どは》 土板や土棒でのり面をたたき締める作業

⑥ **月の輪工** 堤防の住宅地側のり面から水の吹き出しが始まった際に半月状に土嚢を積み上げて、浸透水の勢いを抑えようとするもの

⑦ **棚牛**《たなうし》 竹や鉄線で組んだ籠に石を入れたもの。水の勢いを抑え、堤防を守るために使われた伝統的な水制工法の一つ。聖牛、竹蛇籠とも呼ばれる伝統的な水制工法の一つ。

⑧ **暗渠(伏越し)** 水路や川の底を暗渠(サイホン)などで通過させる工法、技法をいう。

⑨ **計画高水量** 河川整備計画上で洪水量を流すことができる最高水量。基本高水流量は流域に降った雨がそのまま川に流れ出た場合の流量であるが、計画高水量は、ダムや調整池で低減された流量のこと。水位についていえば計画高水位の方が氾濫危険水位よりも高い。

⑩ **越流堤** 洪水調整のために堤防の一部を低くしたもの。超えた水は調整池や放水路に流れる。

⑪ **ＹＰ** Yedogawa peil の略江戸川河口・堀江を０ｍとした利根川水系の水位基準面を表わす。一般的には東京湾平均海面ＴＰ (Tokyo Peil)を使う。東京湾基準中等潮位とも呼ぶが、流域によって異なることがある。Peil はオランダ語で水位、基準面をあらわす。

⑫ **シルト層** 砂よりも小さく粘土よりも粗い(沈泥)。通水性は低い。

⑬ **カイボリ** 池や沼の水を汲みだして泥を浚い、魚などの生物を生け捕りにすること。

二章　利根川上流の放水路

利根川上流にも放水路があった。私たちは『日本の放水路』（岩屋隆夫）で知ったが、すべて利根川への放水路で利根川本流の放水路ではない。

「令和元年台風19号　出水状況」について

令和３年６月２９日国土交通省関東地方整備局は、

「利根川中流部・江戸川において，軒並み過去最高水位を記録した。鬼怒川合流部付近や河口部などで計画高水位を超過した。利根川の河口から１４５キロ付近から１７５キロ付近で計画高水位を超過した。江戸川は比較的に低い水位で流下した。」

と利根川と江戸川との分流点や鬼怒川との合流部の写真を示し、令和元年台風19号についての実状と評価を示している。

八斗島《やったじま》上流域には平均３日雨量は３０９ミリ、大正15年の統計開始以来最大であり、１１０年に１度の確率レベルであった。

江戸川との分岐点手前が中之島公園と水閘門
令和元年 10 月 13 日 13 時撮影
国土交通省利根川上流河川事務所

春の関宿水閘門

鬼怒川合流点付近（下流から上流を望む）河口から97キロ
右上が菅生調節池）
令和元年１０月１３日１５時３０分ごろ撮影・利根川上流河川事務所

活躍するダムと調整池

戦後の相次ぐ台風被害は、利根川上流でのダム建設を利根川河川改修計画の柱とさせた。藤原ダム（昭和33年）相俣ダム（昭和34年）、矢木沢ダム（昭和42年）、奈良俣ダム（平成3年）薗原《そのはら》ダムの5ダム、烏川流域神流川《かんながわ》上流には下久保ダム（昭和44年）、渡良瀬上流には草木ダム（昭和52年）が完成。普段は利水ダムであるが、豪雨の際には貯留をして、時間をおいて放流を行ってきた。

令和元年19号台風は、戦後間もない時期の台風よりもはるかに雨量も多かった。それでも利根川河口部無堤防区間（神栖市、銚子市）家屋浸水被害184戸を除いて、関東地域は大きな被害を免れている。河道浚渫、スーパー堤防整備、放水路など総合的な流域対策の効果ではあるが、特に上流部のダム群と中下流部の調整池群の働きが大きかった。

川俣観測所では計画高水位を4時間に及んで越え、栗橋観測所では最高水位は9・62メートルと昭和57年の9・16メートルを超えた。計画水位9・90メートルに迫り、氾濫危険水位8・90メートルを超えた。利根大堰直上の堤防はあと1メートルで超えるまで水位が高まった。芽吹橋観測所でも7・87メートルと計画高に7センチと迫ったが、海から95キロ付近の鬼怒川合流点や河口付近では計画高水位を超えていた。住民だけでなく、観測に携わっている国交省の人たちも避難を余儀なくされた箇所もあり、人々は各施設が機能を発揮することを願わずにはいられなかったことであろう。

江戸川流域も三郷など天井川の低位にある地域の緊張も高まったが、スーパー堤防に守られ、中川や綾瀬川の内水を排水する放水路などの施設も機能を発揮し、何とか洪水被害発生を免れた。

利根川下流域の心配はより高いものであった。下流域の被害が打撃的なレベルに達しなかったのは、ダムや調整池群の働きによるものと思われる。

令和元年10月12日からの利根上流ダム群の洪水分貯留量は1・45億立方メートルに及ぶ。なかんずく一旦工事が中断されたこともあった八ッ場《やんば》ダム（吾妻川中流、吾妻郡長野原川原湯地先に建設）が活躍し、7500万立方メートル貯留している。

藤原ダム、矢木沢ダム、奈良俣ダム、相俣ダムも相応の役割は果たしたが、神流川（烏川に流下）の下久保ダム１０４５立方メートル（秒）と八ッ場ダムの活躍が大きかった。 ダムは本来の利水量もあり洪水容量を定めているが、台風が近づくと「予備放水※①や事前放水」を行って洪水貯留能力を高めるためのオペレーションがなされる。八ッ場ダムは台風到来時管理開始前（令和3年3月31日完成）であり、低い水位から湛水を行ったので１０００万立方メートル多く貯留できた。現在は計画高（最大流入量）３０００立方メートル（秒）を前提に２５００立方メートル（秒）の能力を持たせている。が、計画洪水調整容量６５００万立方メートルを越えた場合には、緊急放水という事態も予想されるので過度な期待は禁物かもしれない。ダムには上流からの土砂や流木が溜りやすいので除去する努力が欠かせない。普段の入念な維持作業があって始めて機能が発揮される。

同台風では、渡良瀬調整地は約1億７０００万立方メートル、田中、菅生、稲戸井調整池は合わせて９０００万立方メートルの洪水を貯留している。渡良瀬遊水地はほぼ満水であったが、田中、菅生、稲戸井については本来期待していた貯水量には１７００万立方メートルほど足りず、現在改修を行おうとしている。特に田中調整池については、治水容量を６１００万立方メートルから７２００万立法メートルに高めるのが当面の整備目標であり、越流堤を上流・船戸寄りに移すことで調整量（最大入流量）を高めようとしている。

利根川上流の洪水を誘導した中条堤北西一帯の「中条堤遊水池」（約49平方キロメートル、貯水量1億2千万立方メートル、明治43年の破堤を機に利根川右岸は連続堤防の整備が進む）。渡良瀬川を受け止めて来た「渡良瀬遊水地」、浄流力の高い鬼怒川の水を一旦貯水させ、英気を鎮めて利根川に放流した「田中、稲戸井調整池」などを抜きにして、利根川改修計画による治水はありえなかったのである。

さて利根川への放水路に入ろう。利根川に直接流れ込む第一次支流以外の支流の数まで含めると国交省（平成17年12月）によれば支流数は８１４にも及ぶ。が、「利根川水系において、支流が利根川を洪水の直接放流先とする放水路」は、意外と少なく、群馬県においては、

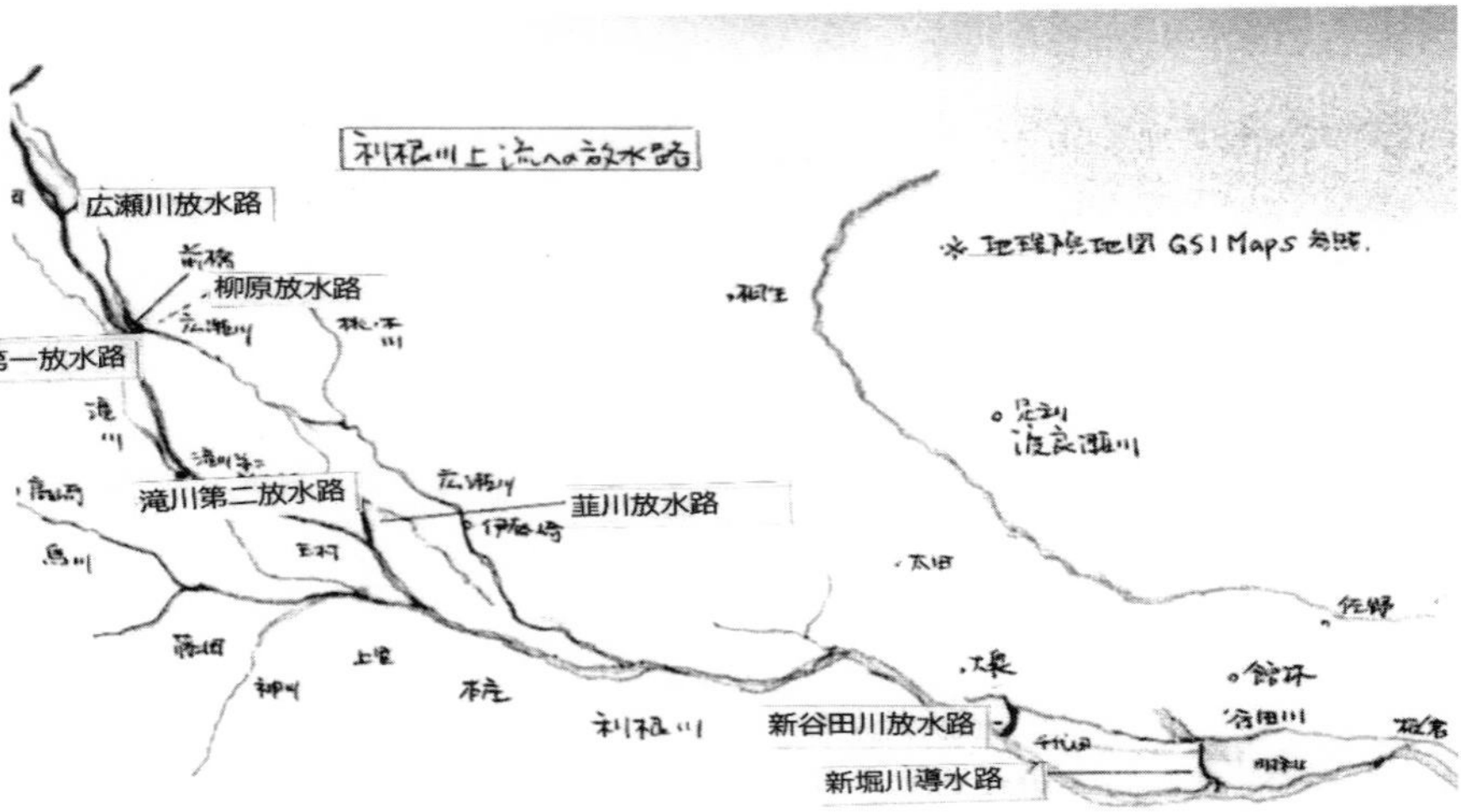

次の放水路だけ（谷田川導水路と鶴生田導水路を含めれば８つ）である

台地もしくは自然堤防高地を越えてより近い利根川本流に排水しようとした。滝川放水路、滝川第二放水路は火山砕屑物が堆積した高崎台地、韮川放水路は前橋台地を開削したものである。

１　滝川第１放水路

群馬県の利根川は私たちにとっては馴染みが薄い。だから、支流の川も初めて聞く名である。だが、利根川上流は清流であり、川の風景も素晴らしいだろうと胸が弾む。

天狗岩用水や広瀬川の取水口坂東大堰

利根川は榛名火山・火山扇状地と赤城山火山扇状地の間を抜けるが、坂東橋の辺りから氾濫原（扇状地）が始まる。関宿城や利根大堰から見ていた赤城と榛名も、利根川上流、渋川伊香保近くまで来ると、随分違った表情を見せる。

赤城の北西に伸びる裾野は長く穏やかだ。一方の榛名は険しい峰々が屹立する。

坂東大堰　利根川左岸・坂東橋直下の崖から撮影

八幡川は榛名白川とともに榛名火山南麓を下る。滝川は榛名を水源とする八幡川と天狗岩用水が合流する所（前橋市総社）を上流端として、高崎市東北部、玉村町中央部を南に流下し、川曲橋辺りから東に向きを変え、利根川支流の烏川に入る。

天狗岩用水は、利根川右岸の洪積台地を人工的に開削したものだ。坂東大堰の取水口を昭和26年に左岸坂東橋の直上に移動し、広瀬川、百木（桃ノ木用水）との合同取り入れ口としている。大堰の直下では陣取った大きな岩に水が散り、山間部から降りてきた水が威勢よく流れ始める。

明治14年には利根運河の調査を行ったオランダ人技師デ・レーケが榛名山の八幡川上流奥地に踏み入れ、巨石の砂防堰堤群造築を指導している。デ・レーケは、妻沼から銚子まで「利根川改修計画」を提案しているが、交通手段が乏しい明治の初期に渋川から榛名の沢まで踏み入れている。

天狗岩用水は暗渠を潜り、天狗岩沈砂池をへて、吉岡で地上に出た水は天狗岩水力発電の働きも行い、榛名山に見守られながら下り、総社にて八幡川と出会う。

対岸の出口発電所や関根発電所も水位落差を利用して、電力を競って出力している。群馬県にはこれらの水力発電所を含めて現在33か所の水力発電所があり、群馬県企業局が管理をしている。

群馬県企業局天狗岩発電所
（北群馬郡吉岡町漆原）

吉岡温泉の足湯を楽しむ90歳前後の男性は「右岸の方が相当高いが、それでも戦後3回くらい、高敷きも水に浸かった。確か伊勢湾台風の時には左岸の県庁の駐車場では車が流された。ダムができてからは吉岡辺では、水に浸かったことはない」と話してくれた。

岩盤を開削した先人たち

関ヶ原合戦の後、総社に入った領主秋元長朝（6000石）は、慶長9年（1604）東の端の利根川から水を西側の荒れ地に引こうとするが、利根川より10メートル近くも高く、「雲の上に梯子を架けるようなものだ」と、隣の領主からは失笑される。

それでも領主秋元長朝は農民たちに3年間の税金を免除し、働きに応じて水利用を優先することを約束して頑張らせた。農民たちもまだ米が出来ないので払いようもなかったであろうが、将来を信じて手弁当でひたすら硬い台地掘削に汗を流した。農民総動員で掘削に当った。が、「最後の取水口には大きな岩が立ち塞がって砕けない、そこへ天狗の化身といわれる山伏が現れ、岩の上で薪を焚いて熱いうちに冷水をかけて岩を砕いた」と伝わる。

天狗岩用水は慶長9年（1604）に完成し、米の取れ高も3～4倍に増える。完成の翌年には地元の江原源左衛門重久の提案で伊奈備前守忠次が、玉村地方にも水路を20キロも延長をさせ肥沃な土地が広がる。地元で終始、努力をした江原は名字帯刀を許される。

生産性が上がった農民は領主への感謝の気持ちを忘れず、生活が落ち着いた段階で領主と自分たちの先祖を想い、宝永5年（1776）、光厳寺（前橋市総社町）に力田《りょくでん》遺愛碑」（田に力めて愛を遺せし碑）を百姓たちが米を一握りつつ持ち寄り建てている。

光厳寺は、天狗岩用水左岸、総社小学校と宝刀山古墳の間にある。天台宗の名刹、「一隅を照らす」と刻まれた大きな石碑が訪れる人を待ち受ける。領主秋元家の菩提寺であり、御廟所内に件の「力田遺愛碑」が建立されており、後に領主は1万8000石に加増されている。

下流は滝川用水路（代官堀）だが、上流部の天狗岩用水路を合わせて、「天狗岩用水」と呼ばれる。玉村町も含めて流域一帯が江戸時代から今日に至るまで400年を超えて、天狗岩用水の恩恵に浴している。

「天狗岩堰土地改良組合」を中心に流域が一体となって伝統を守り、新たな課題解決を図っている姿勢が評価され、令和3年5月20日には群馬県では3番目の「世界灌漑施設遺産」に登録されている。コロナ禍にあり、発表だけにとどまったのが惜しまれる。

群馬県第1号の滝川放水路

滝川第一放水路の場所は少々分かりづらい。群馬県民も、利根川左岸中央大橋の傍にあるヤマダグリーンドームや32階建ての県庁なら、高くて誰でも知っている。上石倉、群馬県庁の対岸、前橋中央高校野球場のライトフェンス沿いにあって、萱の背に隠れて見えない。滝川放水路の半分は暗渠で街中は蓋がされていて、利根川右岸の河川敷に沿って利根川自転車ロードを走った人が、下に空の水路らしきものが有るのかなと思うくらい。

前橋の戦国史には欠かせない長尾一族の城があった所、石倉城二の丸公園のすぐ南側と言えば理解されるのかもしれない。距離的にも、石倉城を防御した堀の一部を活用したのが滝川放水路と思われる。

石倉町4丁目にある城址公園には、石倉城の石碑が建てられ、裏面には城を取り巻いた掘割概略図が刷られていた。東側の外堀である利根川は、戦国時代には「久留馬川」と呼ばれ、広瀬川から利根の本流が幾度かの洪水により移ったようだ。

「滝川放水路」は榛名に発する八幡川と利根川から取水する天狗岩用水の二つの洪水を市内中心部で、利根川に落とすという洪水調整施設である。

滝川放水路は昭和22年のカスリーン台風や昭和34年の伊勢湾台風の影響を受けて、石倉町に掘削をされた群馬県第1号の放水路である。

利根川右岸側は昔から左岸より高く、滝川の浸水は想像しがたいが、戦後間もない時期は上流にはダムもなく榛名の八幡川からの水も溢れることがあったのだと思われる。

この辺りは前橋の中心地であり、水が溢れないように深く掘削されている。普段は固定堰、ゲートは締め切られて八幡川からの水は滝川を自然流下する。洪水で水位が上がった場合に限り、東に横切って利根川に流す３５５メートルのバイパスである。

上越線に架かる手前から暗渠となり、開水路に出ると利根川自転車道路を潜ってから右斜めに下り、国道17号線・群馬大橋手前で利根川に合流する。そこは前橋市大友町２丁目〜石倉町４丁目である。

滝川放水路は昭和35年に完成し、42年から改修をされている。90立方メートル（秒）から１５０立方メートル（秒）に排水能力を高めている。しかし、「群馬の風景を魅せる土木施設」群馬テレビ・鳥の眼の表現を借りれば、放水路は高い壁に囲まれた水のない非日常の空間であり、水の無いことがこの地が平穏な証しとなっている。

２ 滝川第2放水路

滝川は前橋市内を利根川と関越自動車道の中間を南に下り、西横手町に来ると利根川との距離が狭まる。滝川第二放水路は、滝川放水路を約２・５キロ下った利根川との距離が狭まった東部工業団地の間を抜けて、滝川の水を利根川に排出しようとしている。

天狗岩用水土地改良組合の磯田事務局長に伺うと、

「江戸初期に天狗岩用水が完成した後、伊奈備前守忠次は滝川下流部の水田に利根川から導水しようとし、掘削を試みたが段差があって上手く行かなかった所が、現在の滝川第２放水路の所」だそうだ。滝川を三山公園の南から、西横手町から東にほぼ一線に横切って利根川自転車道路を抜けて利根川に注ぐ。

広瀬川は利根川本流だった

「利根川は、広瀬川の支流であり、支流の利根川が本流になった」のだという。『利根川治水史』（栗原良輔）に限らず、この見方は一致しているようだ。『前橋市史第一巻』はその理由を次のように説明する。

「中世では、現在の利根川は、前橋台地の上を流れる河川、灌漑用水路であった。沖積低地を流れる利根川が比高（河床からの高さ）15メートルにも達する台地に流入して、新流路を築くのは甚だ不自然なので、それ以前にあった河川、あるいはこれを利用した用水路が洪水、もしくは人為的に掘削されて「ひとねかわ」あるいは「車川」とも呼ばれたが、現在の利根川を形成したのではないか」

群馬県の歴史家澤口宏さんは『前橋台地の利根川その2』（群馬県立自然史博物館）において、「上武国道利根川橋」断面図を以って地質を説明される。

右岸漆原側は崖、左岸（田口側は河岸段丘、右岸は左岸より約4メートル高い段差がある。右岸の基底部は礫岩、その上に前橋泥流堆積物層（10～15メートル）さらに広瀬川礫岩層が上部に堆積し、自然堤防堆積物が覆っているのに対して、左岸は礫岩層6メートルだけであり、前橋泥流堆積物を浸食してしまっている。

流路の変更は断面図からは判断できないが、右岸は高く硬質な段差が残ったことは確かであり、天狗岩用水の際、岩の掘削に苦労をし、代官伊奈忠次が利根川からの導水路開削に手を焼いたことは容易に想像される。

さて、前橋台地における利根川の位置であるが、変流前に榛名山に発する八幡川が、台地内利根川に接続をしていた。また、石倉城の要害を兼ねて利根から引水しようとして城主の長尾は運河を掘ったが、数回の洪水で運河、久留馬川（車川）が本流になったという伝えも残る。前橋台地の上を流れていた変流以前の吉岡川は、牛王頭川、八幡川、滝川、染谷川が合わさりながら大きな河となり、洪水を機会に利根川が吉岡川の流路を奪ったという。

澤口宏さんは、「変流が自然、人工どちらにしても流入した利根川の排水路はあるはずで、それは位置からして、八幡川を延長するのが妥当」と考えておられる。

尚、現在の広瀬川は、柳原発電所の手前にある広瀬川制水門から南下し、桃（百）木川が合流し、前橋の中心街、伊勢崎市を27キロ流れて、平塚で利根川に戻っていく。榛名に発する八幡川は、天狗岩用水路で合流して滝川と名前を替えているが、それ以前は、利根川を形成する西側の川の一つであったと考えてよさそうである。

代官堀は農民を救い、今は若者にも夢を

「滝川」は滝川一益から名前を貰ったのであろうが、関東郡代伊奈忠次が手掛けたこともあり「代官堀」（滝川用水路）とも呼ばれる。八幡川の河道を活用したものでもあり、滝川が直下したところは、八幡原《やわたばら》である。

バイパスでない方の13号線（前橋東瀞線）を滝川（天狗岩放水路）沿いに下ってみる。滝川では利根川と榛名の水を生かして新田開発が行われた。田畑を作れないところは、現代ではサッカー、野球、ソフトボール練習場となっていて、若者たちが鍛錬される場所としても大いに活用されている。利根川左岸は扇状地が広がり、河川敷も広いだけにゴルフ場、公園、スタジアム、ドーム球場と多目的に生かされている。

玉村宿を過ぎて県営グランド北側を東に向きを変え、県道１４２号線（日光例幣使街道※②）の南を進み、戦国時代には滝川一益が神流川合戦で軍配を振ったといわれる軍配山古墳や梨ノ木古墳を回り込みながら烏川へ吸い込まれて行く。

滝川放水路、滝川第二放水路とも、上中流部で利根川が近づいた箇所で、前橋台地を、利根川に直角に開削して、放水出口を求め、滝川下流の人々を守った。二つの滝川放水路も延長は３００メートル余りと長くはないが、地質的にも固い地盤の深い掘削が必要であり、技術的にも昭和を待たねばならなかったと思われる。

3　広瀬川放水路、柳原放水路

利根川はかつて広瀬川の辺りを流れ、洪水を繰り返すうちに西に移動した。広瀬川用水は、広桃用水口から取水をしていたが、カスリーン台風による被害を受けて昭和25年に坂東橋の直上で天狗岩用水と共同して利根川から取水する。

広瀬川は、坂東橋の取水口が上流端であったが、昭和39年に佐久発電所の放水を受け入れ、隧道を北に伸ばしており、利根川からの分派・上流端は、渋川市北橘に移動している。

坂東橋堰で取水された用水は、広瀬川と桃ノ木川に分かれて扇状地を下るが、広瀬川の水は、標高差・水位差を利用して水力発電に利用される。同じく板東堰で取水された天狗岩の用水も、漆原に於いて「天狗岩発電」として使われ、対岸・利根川左岸に沿って流れる広瀬川は５か所で水力発電がなされている。

広瀬川放水路

一番北にあるのが、渋川市北橘の佐久発電所（昭和29年1月、東京電力ホールディング）、佐久発電所の放流水は水路式の「広桃発電所」昭和29年1月３６００kW）だ。

以下の４発電所は群馬県企業局が管理している。発電後、広瀬川に放流をされ、次は前橋市田口の田口発電所（昭和41年1月・最大出力６０００kW）。田口で使われた水は一部が、「広瀬川放水路」に分かれる。田口町の県スポーツセンター手前から南西に分かれて、吉岡ケイマンゴルフ場の南端近くで利根川に入る。「天狗岩発電所」からもそう遠くはない。

関根町の関根発電所（昭和42年７８００kW）、小出町の「小出発電所」（昭和42年5月８４００kW）と利用されながら前橋の中心地、大手町へと落ちていく。

柳原放水路

広瀬川から前橋市岩神、前橋公園の角で「柳原放水路」が分派する。柳原発電所（昭和42年5月７５００kW）には最大90立方ｍ（秒）の水が流れ込む。取水位標高は１０８・15メートル、放水位標高は95・93メートル、有効落差※③は10メートルである。

群馬県柳原発電所の建物から西に向かって「ヤマダグリーンドーム前橋」の大きなドームが見える。ひと仕事をした水は勢いよく、「柳原放水路」から、前橋公園を流れ、高浜橋を通り、親水公園を右に、左には県庁の高い建物を見ながら、「雲の橋」から利根川に流れて行く。

柳原放水路は勢いのある澄んだ水が堂々と流下している。

柳原放水路　広瀬川から取水され、発電をした水は勢いよく流れて利根川へ
宮沢一夫さん撮影

岩まじりであった利根川もここまで下ると川辺に砂地が見える。

　前橋は萩原朔太郎だけでなく多くの詩人を生んでおり、交友を求めて北原白秋や与謝野晶子らが滞在している。室生犀星にとっては金沢犀川が色彩感覚を織り込んでくれたように、朔太郎たちにとっては赤城おろし、吾妻川からの流水、広瀬川の澄み切った水色と水音のすべてに感性が研ぎ澄まされた。友人たちに時代に悩む者たちの連帯感と温かさのようなものを感じたのであろうか。文学館の周りを散策すると、「水と緑と詩のまち」の魅力が肌に感じられる。

　多くの詩人、文人たちは前橋から扇状地が広がっていくつもの川筋に分派するように、旧友の行方を案じながらもそれぞれの道を歩んでいく。利根川に戻ってきた広瀬川、韮川もあれば、東の渡良瀬川に注いだ谷田川もあった。

4　韮川放水路

　広瀬川は前橋市を南東に流れ、市内中心部は天文の昔（１５３２〜５４）から疏水路として整備され、川の透明度は際立っている。農業用水、水道、水運と用途は時代によって変化をしてきたが、前橋と伊勢崎に豊かさを運んだ。文京町を過ぎるとほぼJR両毛線に沿って南側を流れて、韮川を分派し、桃ノ木川を受け入れて、伊勢崎市境平塚（旧境町）上武大橋の手前で利根川に戻る。

倭文神社と火雷神社

　韮川は前橋市広瀬町の吉原堰で広瀬川から分流し、伊勢崎市南西部で韮川や大川を分流させ、茂呂大橋手前で再度広瀬川に合流をする。昭和４４年３月に１級河川として告示された「韮川放水路」は韮川から分派して、利根川の合流点まで、２・５キロの放水路。

　韮川放水路が分岐する上端は左岸宮古１の地先、右岸稲荷８６７の６、韮川は低地を緩やかに東南に下るが、分派点は地元では「三又」と呼ばれて３本の川が流れていたといわれる。

　１本はもちろん東に流れる韮川であり、２本目は「宮川」と呼ばれる現在よりも幅も半分くらいで浅い川であったという。３本目は韮川と宮川の間に小さい水路のようなものがあったそうだが、霊園がみえるだけで確認できない。

　昭和42年ころに土地改良と併せて、宮川を

韮川は左に進み、韮川放水路（宮川）は南下し、利根川に流れ込む

放水路として広げて掘削をしている。倭文《しどり》神社前の「明神橋」の竣工も昭和42年1月である。

「韮川放水路」は洪水の時に越流させるのかと想像していたが、韮川も宮川（放水路）ほぼ同じくらいの水量である。が、宮川は南東に東上野宮を下って利根川に出る。

右岸には新義真言宗宮川山慈眼寺夢想殿、左岸東上野宮３８０番地には倭文神社、仏と神が仲良く鎮座し、ともに人々の心の拠り所となっている。田植え前には村人は神社の境内に集まり、田植え歌を唱和しながら踊りの輪を作ったという。

倭文神社は古くから機織りの祖神「天羽鎚雄命」（あめはのづちおのみこと）を主祭神、農耕、養蚕の神様として崇敬されている。「倭文」は「しず」「しつ」とも呼ぶが、「しどり」は「しずおり」の音変化だそうだ。この辺りでは稲作と養蚕の二つの仕事を年間周期に上手に織り込んでいる。5月に田植えが終わると夏場には蚕を育て秋に米の収穫がすむと、冬場は織物と休む間はない。夫婦を中心に家族が協力してこそできる仕事であった。慈眼寺の門前で夫婦墓石に花を手向けている男性はしみじみと語ってくれた。

屋倉と避雷針が大棟に

2階建ての屋根棟には、蚕を室内で育てるために喚気する「屋倉」（たかまど、やぐら）が付いた家も残っている。さらに二つの「屋倉」中間には避雷針が付いている旧家もある。雷も山によって発生時期ともやってくる経路が異なる慈眼寺辺りは藤岡の方向から発生し、早い時期の雷が来るそうだ。

屋倉と避雷針が付いた旧家
庭先には赤城山の噴石

梶の木や麻などで筋や格子を織り出したことからも倭文は始まるようだ。

倭文神社は貞観元年（８５９）官社に列せられ、「延喜式神名帳」※④にも載せられている上野国九之宮でもある。徳川氏の入府と共に厚遇され、家光からは御朱印地10石を賜り、吉宗の庇護も得て慈眼寺が倭文神社の別当を務めている。明治の神仏分離により、神職によって祀られ、現在は上之宮町の鎮守様として祀られている。神々に見守られながら、宮川（韮川放水路）は利根川に吸収される。

川を挟んで、伊勢玉大橋を潜れば、対岸の玉村町下之宮には火雷《からい》神社が鎮座する。群馬県南部は雷様の通り道、火雷神社は火雷神（おのおかのかみ）を祀り、崇神天皇あるいは景行天皇から神代にも遡るという。火雷神社も、延喜式に八之宮として数えられ、学問の神様菅原道真公の天満天神も祀られている。利根川は両岸を分かつというよりも玉村といい、利根川地続きの一つの村であったことを感じさせる地域である。

韮川放水路から利根川に出た水は日光例幣使街道（五料橋）を下るが、左に上武大学伊勢崎キャンパスが見えると、烏川が鏑川や神流川を引き連れて合流してくる。合流するといっても、坂東大橋までは大きな中島（群馬県と埼玉県の県境）が横たわり、しばらくは一本の流れにはならない。

重要性を増す烏川流域対策

今回は利根本流の放水路を追っているので、烏川流域について誌面を割く余裕はないが、烏川には高崎市の高松で碓氷川が合流する。

碓氷川は信越本線沿いに安中、磯部、松井田を遡る。修学旅行で横川駅では「峠の釜飯」を食べ、益子焼の釜を持って帰った人も少なくないであろう。現在では上信越自動車道が上を走って、随分谷が深そうだと感じさせるところが碓氷川の最深部である。

烏川は榛名の山々の西南に発し、東南流して倉賀野の南で鏑川、鮎川を合わせ、次いで井野川を含んでから上里町で神流川を受け入れる。これだけの河川を集めて流れる烏川だから、利根川本流と合流した直後八斗島《やったじま》水量が少ないはずがない。カスリーン台風は利根川上流の降雨の影響が大きいが、令和元年台風19号では烏川流域の降雨量も大きい。烏川流域の対策強化がより重要になっている。

八斗島町上流域の流域平均3日雨量２００ミリを超えた要因はすべて台風であり、この流域は関東平野東南に向かって開かれており、関東平野東南から襲来する台風によって影響を受けやすい点は基本的に共通しているが、八斗島における洪水の「ハイドログラフ」（流量や水位が時間的に変化する様子を示す）も、奥利根流域、吾妻川流域と烏・神流川流域の降雨量とは地表への出方によって異なっている。

この辺りから川幅も1段も2段も拡がるが、利根川の流量が最も大きくなる。合流点（利根川左岸河口から１８４キロ）・伊勢崎市八斗島乙９１３水位観測所にはライブカメラが備え付けられ10分毎に静止画が配信されている。利根川基準点としての八斗島流量観測所（計画高水位５０・５１２メートル、危険氾濫水位４７・１３２メートル）に接近する。利根川の河道建設の際の基本的な流量目標が決定される極めて重要なポイントである。ちなみに坂東大橋の左岸直下は海から１８１キロメートル。

八斗島《やったじま》から見た坂東大橋

坂東大橋は、群馬県伊勢崎市八斗島と埼玉県本庄市沼和田を結ぶ斜張橋、長さは９３６メートル、塔の先から橋桁に直接ピンと張ったケーブルは、オオハクチョウの羽のようで背筋が伸びて美しい。韮川放水路は八斗島・坂東大橋上流3キロに位置し、利根川上流への最後の放水路と言えよう。

5 新谷田川放水路

新谷田川放水路は利根川へ放水する。その放水口は、利根大堰の少し上流である。大堰はダムのような役割をしているから、川幅も利根の上流とは思えないほど太い流れである。

多くの支流を伴い渡良瀬川へ

谷田川は群馬県邑楽郡千代田町舞木付近を上流端として千代田町から、舘林市、明和町、板倉町へと利根川の左岸に沿って東に流れて、渡良瀬調整池に入ってからは流路を南東に変えて約3キロ流れ、渡良瀬川右岸に合流する延長約24キロメートルの川である。

谷田川は渡良瀬川と利根川にはさまれた低地を、左岸から新谷田川、新堀川、近藤川など多くの支流を集めながらゆっくり進む。洪水で利根川の水位が高く渡良瀬川や利根川に自然には合流できない場合には、谷田川の排水機場からポンプで利根川に排水を行っている。流域の地形は南に行くほど低くなっており左岸が高く右岸が低く、左岸から流れ込んで右岸から分派する。

谷田川排水機場

北の渡良瀬川や南の利根川のように大きな川幅もなく目立たない川であるが、

「古くは明和町須賀あたりから大佐貫、南大島を通り、谷田川に利根川の本流が流れたのではないか」（澤田宏さん）という見方もある。いわれてみれば、昭和橋の直上には大きな中洲があり、現在の利根川も北東に食い込んでいる。谷田川下流部のボーリングを行うと、古墳時代に榛名山が大噴火した際に噴出した水に浮かない軽石が出てくる。群馬県ではこの岩石を角閃石安山岩と呼んでいる。

大河とは比べようもないが、谷田川も下流の板倉町まで下ると、川幅も広がり、多くの地沼を形成している。川幅もそれほど広くも深くもない谷田川であるが、邑楽・舘林地域の水害を減らすには欠かせない存在であった。

谷田川の勾配は緩やかなので、千代田町、明和町、板倉町へと下るにつれて水害が増えた。板倉町では盛り土をした上に「水塚《みずか》」を建て最上階に食糧を蓄えた。軒先には避難用の舟をつるした「揚げ舟」が物語る。板倉町岩田辺りは「群馬の水郷公園」として整備され、揚げ舟に乗って谷田川観察を楽しめる。

現在の谷田川は、渡良瀬川に飲み込まれるが、谷田川が渡良瀬川に合流後、文化6年の赤堀川掘削前には利根川に流さずに、渡良瀬川と谷田川の洪水を古河中田新田から大山沼や長井沼を繋いで境町の手前・下小橋で利根川に洪水を流すことも考えられた。

その前の宝暦期にもそうした声があがっており、江戸の文化期にもあり、明治4年この経路には用水路が造られている。

（「利根川文化研究会」会報　原淳二氏参考）

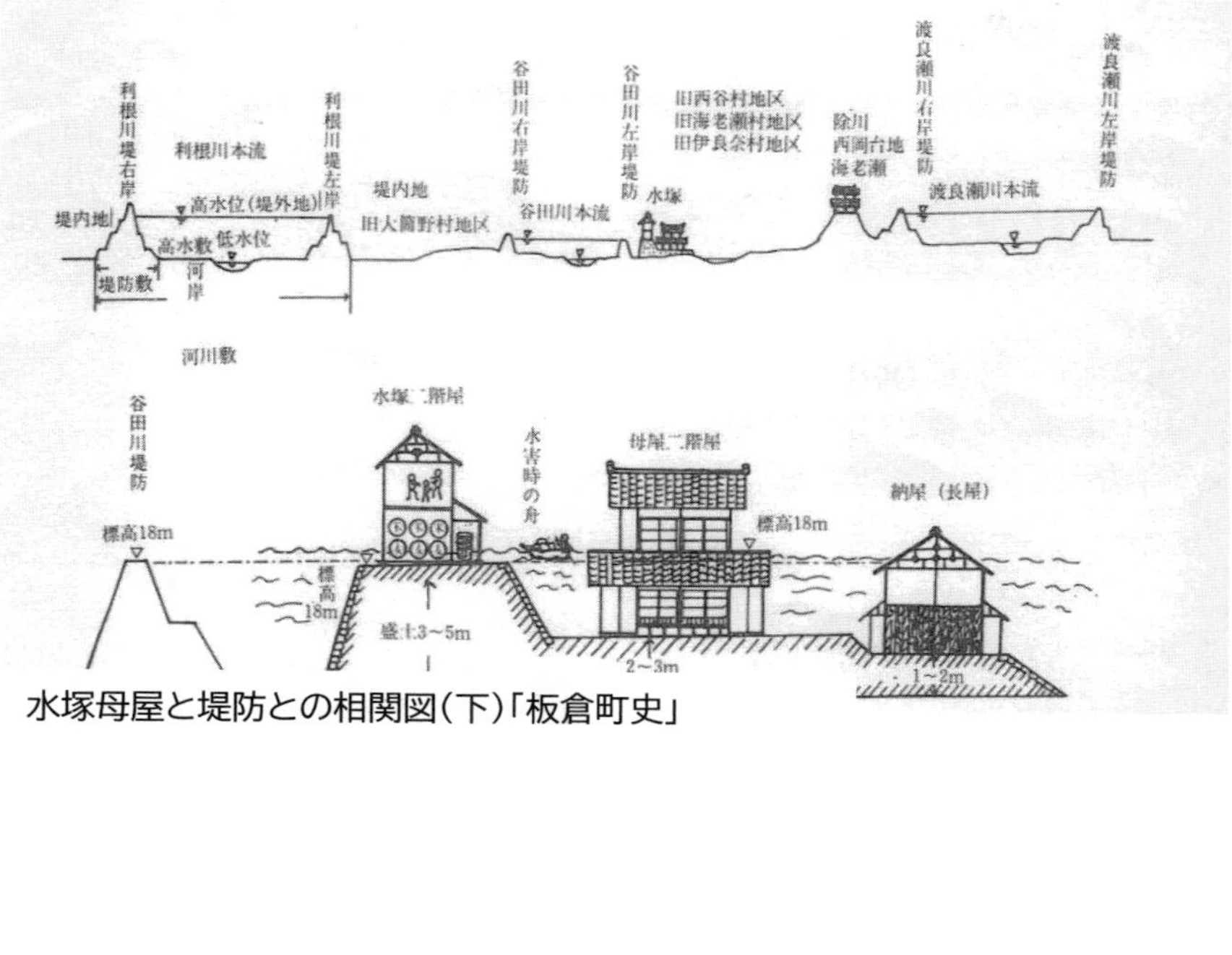

水塚母屋と堤防との相関図（下）「板倉町史」

田中正造
足尾鉱山事件田中正造記念館提供

田中正造の遺骨は6か所に分骨

「舘林市北部から板倉町に至る渡良瀬川下流部右岸堤は、宝永元年（１７０４）から明治43年まで、２０７年間に49回破堤をしている。特に浅間山噴火以降は、破堤や越水が４倍も増加している。江戸時代から明治まで渡良瀬遊水地が出来るまで板倉低地は渡良瀬川の遊水地の役割をしていたとみることもできる」（『利根川東遷』澤口宏）。

令和元年10月台風直後に流山市立博物館友の会が舘林城と田中正造記念館を訪問した際、「台風19号で渡良瀬川が溢れて佐野が浸水し、舘林も肝を冷やした。」と伺った。

渡良瀬川と利根川が合流する埼玉県加須市北川辺（利根川左岸地区）は、明治29年洪水が渡良瀬川の堤防を決壊させ、足尾鉱山からの鉱毒を含む洪水が氾濫した。

明治23年第一回の衆議院議員に当選をした田中正造は公害問題を取り上げ、谷中や北川辺を遊水地に改修する計画に反対する運動の先頭に立った。明治34年議員を辞めて明治天皇に直訴した際には、通運丸を一漕借り切って江戸川を下っている。

明治43年8月の関東大洪水の後、中条堤も連続堤防となり、公害問題の解決のためにも、国は渡良瀬川の大量の水を利根川で受け入れる方針に転換をする。しかし、利根川の施設がすぐに受容できるわけではなく、渡良瀬遊水地を必要として明治43年に着工し、大正15年（１９２６）に竣工する。

利根川に渡良瀬川改修工事のために北海道栃木開拓移民団が組織され、常呂郡サロマベツ原野に66戸、翌年の22戸を含めると88戸が入植する。

「谷中村は西南を渡良瀬川が流れ、東北には思川、巴波川の二つの川が流れ西北には赤間沼が控えて、洪水があれば山間の肥土が流れ込むので無肥料でも作物も倒れるくらい繁茂した。」（『利根川　場所の記憶』日高昭二）という。漁獲の収入も多く、実に豊かな村であった。故郷を離れざるを得なかった人たちの惜しさや無念によって生まれた渡良瀬遊水地である。

　田中正造は晩年利根川治水問題にも奔走し、大正２年（１９１３）に亡くなり、享年73歳だった。本葬は佐野市の惣宗寺で行われ、彼を尊敬した人々で溢れた。人々の強い希望により、郷里の旗川村（佐野市）だけでなく、舘林雲龍神寺、谷中遊水地、麦倉（加須市）北川辺西小学校敷地内及び足利市野田町寿徳寺に分骨されている。

豊かな湿原渡良瀬遊水地

　渡良瀬川は足尾鉱山の北側・皇海山に端を発し、南西流し、いくつもの渓流を合わせて、山渓の地を離れて、大真間々町で向きを東に変え、桐生市、足利市から南東に向かう。

　かつては、除川《よけがわ》の先、藤岡町で南向きを変えて、今の渡良瀬遊水地の下側から古河まで流れていたが、大正12年に藤岡台地を掘削して放水路を造り、河道を赤間沼の周囲堤沿いに変えてからは渡良瀬遊水地内に流れるようになった。昭和22年カスリーン台風を機に遊水地を３つに分割し、調節池は周囲堤や囲堯堤で囲み、本川の水が増えた際には囲堯堤の越流堤から調整池に流入させて下流の水量を調節するなど、その後も整備が重ねられている。

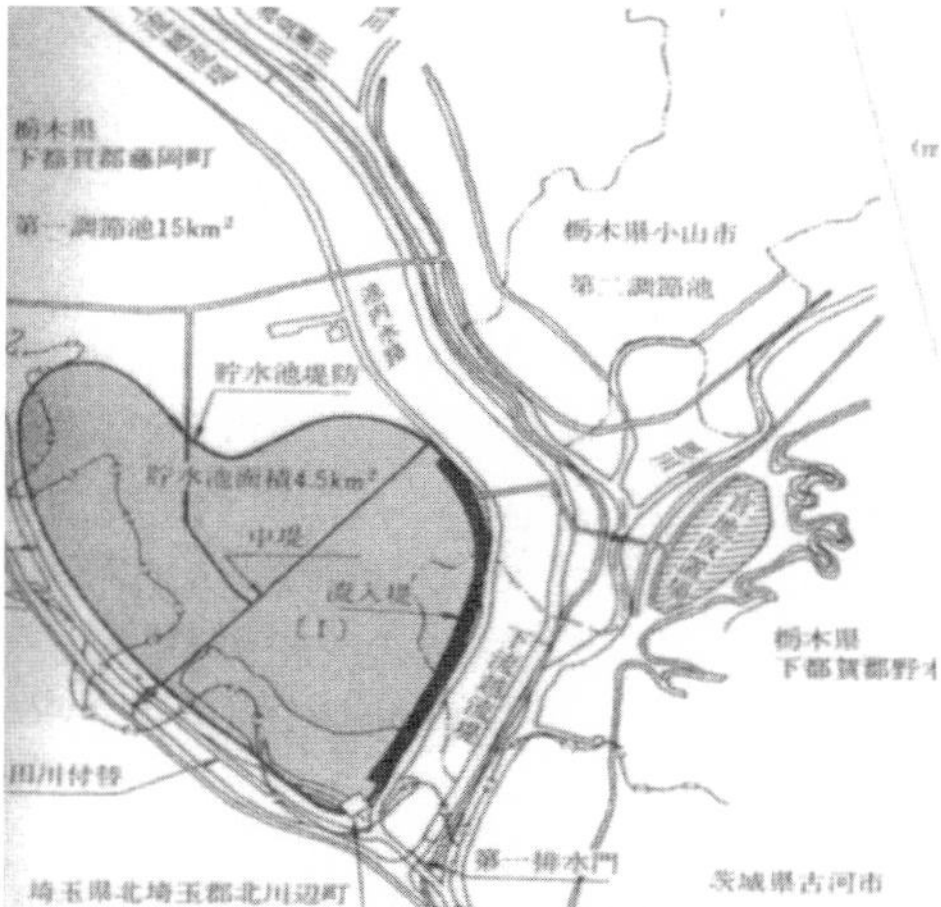

『利根川100年史』渡良瀬遊水地

　公害問題に終止符を打った今、渡良瀬遊水地（谷中湖）は広い渡良瀬川流域だけでなく、利根川流域にとっても大きな役割を果たしている。多様な鳥類や植物が命を謳歌している。遊水地には１５００ヘクタールのヨシ原が拡がり、高い地下水位により豊かな湿原が涵養されている。多様な鳥類や草花が命を謳歌している。

2012年にはラムサール条約(湿地の保存に関する国際条約)にも登録をされ、水鳥やそこに生息する動植物たちの湿地環境を保全するための取組が継続されている。

洪水から逃げ場のない北川辺地区

北川辺や板倉、舘林、古河は渡良瀬川と利根川の大きな河川、両方からの洪水被害を受ける可能性がある。北川辺地区(加須市)は東西に6,5キロ南北に栃木県に突き出したこぶのような形であり、会の川を堰止めて新川通の開削がなされて、その新川通が利根川本流となった。

北川辺は想定浸水水位が7~8メートルを超えると想定される地域であり、浸水は板倉町、舘林あるいは下流の古河へと広がる恐れがある。関東平野は盆地状の構造をしており、関東造盆地運動※⑤が継続しているといわれるが、加須低地は沈降の中心と考えられている。

カスリーン台風による堤防決壊点・新川通(加須市)河川防災ステーションの対岸が北川辺地区。北川辺は最悪の場合、逃げ場がなく、令和元年台風北川辺の加須市民は館林市内の避難所で受け入れてもらった。これをきっかけに加須市と館林市は令和2年7月に「災害応援協定」を結んでいる。

354号線に沿って古河から、渡良瀬川にかかる新三国橋を渡り、北川辺、板倉町に入り、谷田川を遡上してみる。谷田川に流れ込む支流の洪水を、新谷田川放水路、新堀川導水路、谷田川導水路、鶴生田導水路が、それぞれのポイントで「文禄堤」※⑥から利根川に逃がしてきたことが確認できる。それぞれが地域を守るとともに下流の人々の命を守る大切な役割を果たしていることが伝わってくる。

休泊川を富士堰で分け、利根川に落とす

新谷田川放水路は休泊川から太田頭首工で取水した農業用水や流域の都市化による排水を集めて太田市や大泉町の市街地を流れて、利根川に排水する流路約7キロの河川だ。

新谷田川放水路は洪水の水を「富士堰」(統合堰)で分流させ、利根川へ放流しようとしたものだ。この辺りは古くからの水田地帯であり、沼から取水がされていた。延宝8年(1680)に最初の掘削計画があり、現在の放水路は昭和23年に計画され、昭和48年に完成している。

起点は新谷田川からの分岐点、群馬県道足利千代田線38号線沿いに南に下り、中島を過ぎると右に旋回し、中里公園手前から南下して水質浄化センターを左に見て水門と休泊排水機場から利根川に放水される。

右休泊排水機場
左が水門
（対岸は妻沼河川敷）

一方、放水路の方に水が落ちやすく、冬場には新谷田川の水が少なくなり、環境維持面でも問題が出ており、放水路への流れを止める試験も行われている。そうはいっても雨が多い時には放水路から利根川に流すのが役割であり、現在休泊排水機場のポンプ2台、20立方メートル（秒）の修繕を行っている。

普段水門は開放されており、利根川の水が高い時は閉められ、ポンプ2台が稼働し排水する放水路である。令和3年秋には整備中であったが、近く能力増が図られるようだ。

論所堤といわれた中条堤

ここでは利根川左岸、北側の谷田川流域についても専ら触れており、文禄堤は利根川中流左岸を守っているが、右岸には旧福川沿いに中条堤が築かれて、ジョウゴのような形で「一大遊水池」（49万平方キロ）を形成した。中条堤は利根川の洪水だけでなく、南西は荒川、西からは福川の水を受け止めた。

中条堤は「論所堤」といわれ、維持管理をめぐっては堤を挟んで争いは絶えなかったが、中条堤が果たした役割は大きなものがある。徳川幕府による利根川東遷政策も、この遊水地があればこそ実施が可能であった。その意味では明治43年の水害で、利根川右岸が「連続堤防」とされてから、利根川下流対策が本格化したともいえる。

連続堤防といっても切れ目がないわけではない。福川は熊谷市（旧妻沼町）俵瀬と行田市酒巻の間から抜ける。明治の末に利根川右岸は連続堤防となるといっても、福川は俵瀬と、行田市北川辺の間から利根川に注ぐ。俵瀬は妻沼町の東端にあり、近代日本における最初の女医となった荻野吟子（１８５１～１９１３）を生んだ町でもある。

赤岩渡船場は葛和田からの船を待つ

休泊排水機場を左岸沿いに天端を1キロ位下ると、赤岩渡船場（千代田町）では葛和田（熊谷市）から利根川を渡ってくる船を路線バスが待っている。「赤岩渡船」は、埼玉県道群馬県道熊谷館林線の一部である。利根川の空には、グライダーも高度を下げていて、対岸河川敷には妻沼グライダー滑空場が見える。一部は千代田町である。日本学生連盟の練習場及び大会拠点になっていて、河川敷の幅が広くて橋の間隔も長く風もある妻沼河川敷は格好の滑空場。

赤岩対岸は葛和田、江戸往来の河岸であるが、古代の利根川は葛和田あたりから南流しており、徐々に南東に流れを変えたとも伝わる。

現在の谷田川は、邑楽町と千代田町の間を東に向かって流れているが、

「利根川が須賀・川俣から北東に流れを変えて、大佐賀、南大島から、現在の谷田川河道を流れていた可能性が高い」と澤口宏さんは『利根川の東遷』で述べる。谷田川の河道を掘削すると榛名から放出された角安石（軽石の一種）が出てくることが根拠のようだ。

大田道灌は長禄元年（１４５７）江戸城を築城した際、石材を星川・見沼代用水路に沿って綾瀬川に入り、草加から江戸湾に送ったとも伝えられる。中世ではこの川筋が「江戸川本流」とされている。

寛保大水害とお手伝い普請

浅間山噴火による水害（天明の飢饉）以上に洪水被害が大きかったのが、寛保2年（１７４２）関東甲信越地方で発生した水害である。利根川・荒川の随所で堤防が決壊している。

利根川右岸堤防を切った激流は、北武蔵の低地を下り、江戸にも流れ込み、荒川上流も氾濫、

関東平野を水没させた。江戸市中の死者だけでも４０００人は超えたと伝えられる。幕府は惨状に鑑み、細川越中守（熊本藩）ほか西国外様大９藩に「お手伝い普請」※⑦（復旧工事）に当たらせている。

上利根川右（南）岸一帯の破堤被害は特に多く、毛利（萩）藩が命じられたが、支藩の吉川（岩国）藩は妻沼低地とその周辺を担当している。元小屋※⑧は妻沼に置き、出張所を葛和田と出来島村においている。周防岩国藩は江戸初期から江戸城や大阪城の普請など20件を超える賦役を課せられ、この寛保2年の後も木曽三川の築造工事にも関わっている。

寛保の普請に出向いた技術者の中には、錦帯橋の架け替えを行った作事棟梁の長谷川十右衛門が含まれており、妻沼聖天山（埼玉県熊谷市妻沼にある高野山真言宗の寺院）大工の林正清との交流により、長谷川は帰国後貴惣門の図面を送り、子孫の林正道が嘉永４年（１８５１）に完成させている。

お手伝い普請には外様大名の財政力を弱らせる目的があったにせよ、岩国藩には大きな河川工事には欠かせない高度な技術があったものと思われる。

妻沼聖天山貴惣門

山口県岩国市の岩国徴古館にはこの時の災害復旧にかかわる絵図や元小屋の図が多数残っている。杭出、柵や切り返し土手※⑨の長さ、新規に作った水溜など吉川家資料の資料から、利根川において用いられた水制工（伝統的な河川工法）が確認できる。「お手伝い普請（大名普請）」の実状と河川工法を伝える貴重な資料である。

利根大堰がドンと待ち受ける

新谷田川放水路の先には「**利根大堰**」(利根川河口から１５４キロ)の12基のゲートがどんと待ち受ける。

利根大堰の横、右岸には取水口が並ぶ。「武蔵水路」は利根川から導水し、糠田から荒川へ流す。見沼代用水路は埼玉の農業と、東京の飲料水を支える。

邑楽用水路は群馬県の千代田町、明和町や板倉町を流れる農業用水路である。取水口は埼玉県側にあり、利根大堰の土手から見れば一番左側で見沼代用水、武蔵用水と並んで取水している、沈砂後、川底に導管を通して群馬県側の「邑楽用水路」に戻している。

享保12年(１７２７)８代将軍吉宗の時代に幕府勘定吟味役井澤弥惣兵衛によって北埼玉、南埼玉、北足立郡１５０００ヘクタールに灌漑をしている。見沼溜井を干拓するには、見沼溜井の北から利根川の水を引く必要があった。

行田の須賀に懸けられた最初の元圦(用水取水口)は木造であったが、明治39年に煉瓦つくりとなり、昭和13年、34年に一部改修し、昭和43年に利根大堰からの取水開始に伴い、元圦は廃止された。「見沼代用水」記念石碑が「水資源開発公団利根導水総合管理所」の建物西隣の見沼代用水元圦公園に昭和53年見沼土地改良区によって建立されている。

利根川下流河口には、海水の逆流を防ぐために利根川河口堰があるが、利根川河口堰を建設した際に、東京都が「河口堰の水利権※」の７割を取得し、水資源公団は漁民への賠償金に充てたという話もある。東京オリンピックを前にした水不足を東京都は、「武蔵水路」で何としても確保したかったのであろう。

放水路にもなる武蔵水路

武蔵水路は南に流れ、星川の下を上星川伏超（サイホン）で進み、埼玉古墳群を左に見ながら、埼玉緑道沿いを下り、糠田（鴻巣市）で荒川に入る。星川水門は大雨で星川の水位が上がった際には増水の一部を武蔵水路に流す。

武蔵水路はもっぱら東京の用水路としての機能が強調されているが、武蔵水路は「放水路」としての側面を持っていることも忘れることはできない。『日本の放水路』岩屋氏は武蔵水路を「放水路とは呼ばないが、元荒川等（現川名）から荒川を放流先とする、河川水路」として定義している。星川は荒川を源泉として、熊谷市から行田市に流れ、見沼代用水に合流する。

※水利権　河川や湖沼の水資源を排他的に取水し利用することができる権利。具体的には「水利用規則」で定まっている。占有の場所によって優先順位が異なり（上流は下流より優先、右岸左岸は場所で異なる）、取水口毎に最大量が日、年間で必要に応じて立法メートル（秒）として定められる。

6 新堀川導水路

新堀川は群馬県の東南端、邑楽郡の大部分を流域とし、緩流谷田川の最上部に位置する流路延長9・4キロ、流域面積15・30平方メートルの利根川左岸小支流である。

入ケ谷で新堀川が平面交差する

休泊堀鹿島分水堀を水源と邑楽町赤堀地先において多々良沼を水源とする逆川を合流した後、流域の南にある丘陵地帯を横断して、素掘りの水路により谷田川に入ケ谷で合流する。新堀川は、矢島大島線沿いに、邑楽町から明和町に向かって落ちてゆく。

川といっても、上流の赤堀橋の直上では20メートル近い幅もあるが、ほとんどが3メートル前後の水路そのものである。流域を持たないと言えばよいのか、河川敷が全くない。この水路は通水能力が不足しており、逆川との合流部も狭いことから、出水時には上流の水田は何日も、1メートル程度の湛水を起こしている。水田被害が毎年のように発生することから、長年の懸案であった。

昭和34年から新堀川上流の湛水被害軽減と、谷田川下流部への堤内湛水をも軽減させる目的で、谷田川との合流点を平面交差する「新堀川導水路」開削を始めている。昭和42年に利根川河口須賀の排水機場（15立方メートル（秒）排水）まで約1・5キロの導水路を完成させている。

導水路と調整池は谷田川下流も守る

明和町の角地から交差部に立ってみた。東に緩やかに流れる谷田川に対して、北西から新堀川が落ちてくる。新堀川の方が段差もあるせいか水に勢いを感じる。

新堀川が交差した直ぐの谷田川右岸は新たに堤防が拡幅され、広い「調整池」が出来ていたので、てっきり谷田川と新堀川の越水に備えたものかと思ったら、この調節池は明和工場団地誘致に備えて整備したものだそうで、確かに越流堤らしきものが見当たらない。

埼玉県館林土木事務所と明和町都市企画課も同じ回答であったが、国や県が管理者として管理する河川の恒久的調節池とは別に、「工場団地など民間の宅地開発の場合には、規模に応じて雨水の流出抑制のために、貯留浸透施設や調節池の整備が義務付けられている」。最近では川裏でインターチェンジに近い場所が、工場団地や物流センターとして開発されるケースが増えているが、大型河川に近接する「河川保全区域」の場合は、更に安全措置を講じることが必要となっているようだ。

新堀川導水路は名称こそ導水路だが、谷田川の放水路であり、谷田川が流れにくい時に新堀川や谷田川の水を利根川にポンプを使って放流する。

「邑楽・館林（太田市を除く）」地域では昭57年9月、昭和61年10月、平成10年にも洪水による床下浸水被害などが発生している。

谷田川が、明和町を出て板倉町に入った所で谷田川や鶴田川の水が洪水で増加した際に谷田川の河道断面では排水能力が不足するため、谷田川導水路や鶴生田（つるうだ）導水路から設けられた派川である。新堀川導水路と同様に、自然排水が出来ない場合はポンプでもって強制的に利根川へ排水される。

これらの導水路は板倉の水郷地帯や渡良瀬や利根川からの影響を諸に受ける北川辺への影響も考慮して作られたのであろう。

もちろん、谷田川中流部にも備えはある。「群馬の水郷公園」の入り口にある蛭田橋《ひるたばし》（地元では、びるだはし）・出口の「藤ノ木橋」を見る限り、堤の幅は300メートル近い所もあり、河川敷内で水を受け止められるように思われる。水郷全体が調節池のような雰囲気も持っていて、最近まで川漁をしたのか、釣り船が浮かび、公園の一角には邑楽漁業共同組合事務所もある。台風時には、渡良瀬川に注ぐ前に「群馬の水郷」が緩衝地になることが想像される。

新堀川導水路は改修中

谷田川と新堀川は平成23年6月の台風でも上流が浸水し、谷田川との合流点も浸水している。もともと低地で水はけのよくない地域であり、最近では平成29年台風21号の際に農耕地や宅地に浸水被害が発生している。

令和3年12月現在、新堀川放水路は交差部上端から拡幅工事を始めていた。利根川河口の「新堀川排水機場」で聞くと、普段は流れが少ないものの、水量が多い時に備えて5，6号機はいつでも動かせる状態で改修工事をおこなっている。

「休泊排水機場」のように水門と、排水機場が並んでいるわけでもなく、出口は排水機場だけである。それで大型台風の際は新堀川周辺、上三林町、下三林町一帯（国道354線南と谷田川左岸に囲まれた地域）は湛水リスクがある上に、下流部の住民からも川幅が狭く地元住民から、「台風の時には川が溢れそうで怖い」という声があり、現在、河道拡幅、浚渫、橋の架け替えがなされているところ。

令和8年までには、排水機場も毎秒25立方メートルに能力増強の予定であり、下流の新堀川改修工事に目途をつけてから、上流の新堀川・逆川合流点～谷田川合流点（3890メートル区間）の拡幅工事がなされる予定だ。

利根川本流の河道を探る

新堀川導水路の利根川への出口は、利根大堰を下って「昭和橋」も近くなった明和町須賀である。利根川総合運動場を通って利根川本流に出ていく。本流に違いないが、埼玉県羽生市との間にある大きな中洲を挟み、左岸に回り込んだ利根川に流れ込む。

昭和橋は明和町川俣と羽生市上新郷との間に架かる橋だが、江戸時代には利根川渡河の河岸としても機能しており、川俣関所も置かれていた。川俣関所跡は河川改修により利根川に沈み、現在は関所の碑が昭和橋付近に移されている。この関所は行田から川俣を経て日光に通ずる日光裏街道の要所であり、忍城（行田市）を出た家康の遺骸もここで渡っている。

忍領は北に大利根、西に荒川、東に会の川に囲まれ、常に水害と隣り合わせであった。

文禄3年（1594）忍城藩主忠吉（家康4男）は家老の小笠原三郎座衛門に上川俣で利根川からの流入を締切り、利根川の川筋を浅間川筋とした。「会の川の締切り」が利根川東遷事業の嚆矢とまでは言い切れないにしても、東流のきっかけになったのは確かだと思われる。

川俣は利根川がそこから東に流れるか（浅間川）、南に流れるか（会の川）の分岐点であった。

忠吉や伊奈忠次が会の川締切りを利根川東遷という遠大な構想を掲げて始めた工事とは思えない。なぜなら一旦北に流したとしても浅間川はまた古利根川に落ちてくるので、会の川から古利根川への出口を閉めない限り、東の権現堂川には流れない。後ほど、赤堀川掘削の顛末をのべるが、当初から利根川の東遷を考えていたのであれば、赤堀川は長く細流にしておかれており、利根川と常陸川との接続に時間がかかりすぎていると思われる。

私たちは会の川河道跡には、大きな河畔砂丘（志多見砂丘・加須市）などが連続して残っているのを確認しており、葛和田から星川を経て元荒川・綾瀬川を流下する河道から、会の川・古利根川筋が、中世から近世にかけて利根川の本流であったことは確かだと考えている。『利根川は東京湾へ戻りたがる』（青木更吉さきたま出版会）を参照されたい。

7　佐伯堀（茨城県五霞町）

「利根川上流の放水路」として次に紹介するのは茨城県五霞町の北西部に江戸初期に作られた佐伯川（佐伯堀）のことである。利根川と江戸川、両川右岸に位置するので埼玉県と間違われやすいが茨城県の町である。

五霞町北西部に佐伯堀

五霞町は北を利根川、東は江戸川、南は中川、西は権現堂川に囲まれ、江戸時代には関宿藩では「五ケ島村」と呼ばれた四方を水に囲まれた島状の町である。

江戸初期における利根川の河川工事の大半、権現堂川、江戸川、逆川、佐伯堀の開削がこの五霞町を舞台にして行われたと言っても過言ではないであろう。佐伯堀（佐伯川・佐伯渠）は寛永18年（1641）、五霞町北西部、利根川と権現堂川の川妻村の角地に、権現堂川の小手指《こてさし》から常陸川の流頭に当たる釈迦新田に通ずる流路として開削されている。

文化6年（1809）の赤堀川開削後も使われたようであるが、明治11年に権現堂川口と赤堀川口は締め切られている。現在佐伯堀の河道跡を確認するのは難しい。

近世以前には渡良瀬川は下流を太日川と呼ばれて独立した川であり、五霞村中央を東南に流れて江川にいり、庄内古川を下り、金杉から江戸川を下った時代もあったといわれる。が、五霞町中央を流れたという点については記録がなく、もし、それがあったということであれば、権現堂川を回り込ませる必要もなかったと言えるし、なんとも判断が付きかねる。

佐伯堀についてはいくつも絵地図が存在を証明してくれる。

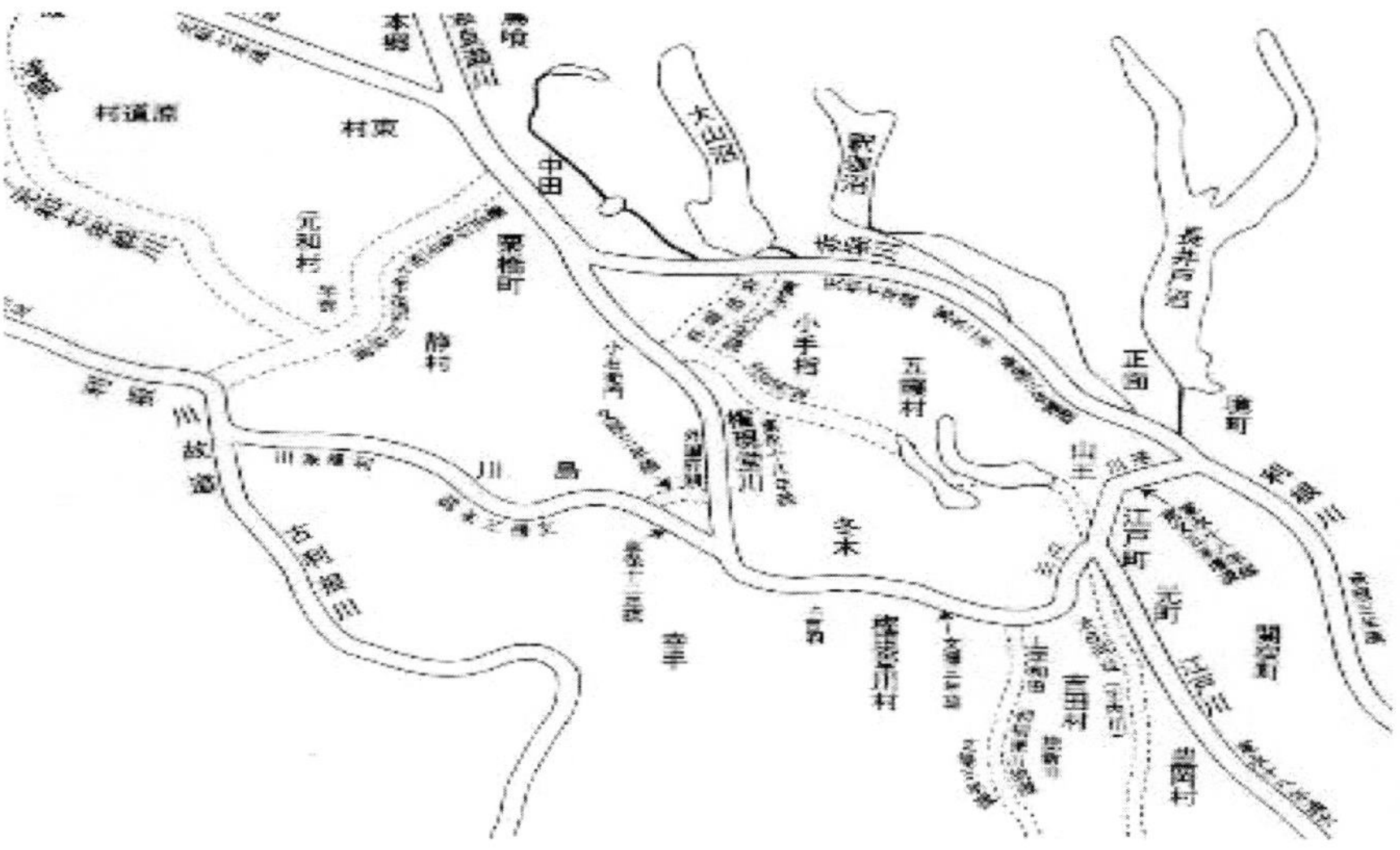

五霞町付近の利根川「利根川治水史」栗原良輔

「赤堀川切広場所併川筋絵図」（小沢佳男家文書（文化6年）（１８０９）推定）や、赤松宗旦の『利根川図志』１８５８年絵地図にも権現堂川左岸の佐伯沼から、関宿領を囲む新幸谷村の堤に沿いながら、前林・釈迦村と前林・釈迦の飛び地の間を抜けて大山沼の南で赤堀川に水が流れている様子が描かれている。

『利根川１００年史』（昭和62年建設省関東地方整備局）にも、

「佐伯渠は権現堂川に流下する水の一部を常陸川に放流する目的で、幅30間（約54メートル）で開削をされたが、地形上十分排水することが出来ず、自然廃川となった」と書かれている。

佐伯堀河道は確認ができたのか

1月14日小正月に近い風が強い日、五霞町教育委員会内田和明さんをお尋ねした。明治18年五霞町が作成をした「絵地図」には佐伯堀はない。川妻村と小手指村の境界線であった低地には用水路は湾曲しながら流れている。釈迦も赤堀狭窄部と離れておらず、猿島（下総）台地（関東ローム層が乗った洪積台地）の裾であるため、赤堀川の掘削同様掘削は大変であったと思われる。低地部は沖積平野の湿地であった。

川妻村と小手指村との境に用水路が流れているが、これは戦後の土地改良によって整備されたものであり、旧河道は確認の仕様はない。が、明治19年の「五霞町全図」を頼りに旧河道を想像すると、小手指側には田んぼとは2メートル位段差（比高）がある台地が繋がっていて、関宿藩領囲みの北側に沿って開かれていたようにも思える。

小手指の町水道施設の一角に「佐伯堤碑」が明治18年に建立されていた。明治11年に佐伯堀が締め切られ、新たに佐伯堤碑を建立して、これまでの五霞町が受けてきた長年の水害の苦難を偲び、将来の五霞水土の発展を期して石碑を残したようである。

石碑がある場所北20メートルから、北西の権現堂川に向かって幅10メートルくらいの道が伸びている。幅と形状からも佐伯堀の権現堂川取水口部分であったことは内田さんの口ぶりからも、間違いはなさそうだ。

川幅が50メートルを超えていたというのは絵図における赤堀川や権現堂川との比較からしても想像はできない。権現堂川の掘削は寛永

18年（１６４１）といわれるが、赤堀川がまだ通水をしていない時代、常陸川に繋ぐ期待は大きかったのであろう。赤堀べりは高地であったので水は流れにくく、失敗をしたのではないかと思われる。

江戸後期にも佐伯堀は文化３年「日光道中分間延絵図第２巻」（東京博物館所蔵）にも「斉木堀」として記載され、細い細流のように描かれている。水路としての姿は留めており、締め切られたのは明治11年のことである。

新川通開削、赤堀川掘削が行われても常陸川は細流であり、利根川の本流と権現堂川に分れて流れていたころ、権現堂川の方が洪水のリスクは高く、佐伯堀は権現堂川の水勢を減殺するために洪水を常陸川に流すことを考えていたのではと思われる。

寛永18年（１６４１）と言えば、赤堀川２番堀・寛永12年（１６３５）と３番堀・承応３年（１６５４）の中間である。

五霞町は水害の常襲地

江戸の初期には川妻村西北の隅にあった河岸に千本の杭を打ち、土出（手）を起工して、杭をふやしながら、赤堀川が徐々に本流となる

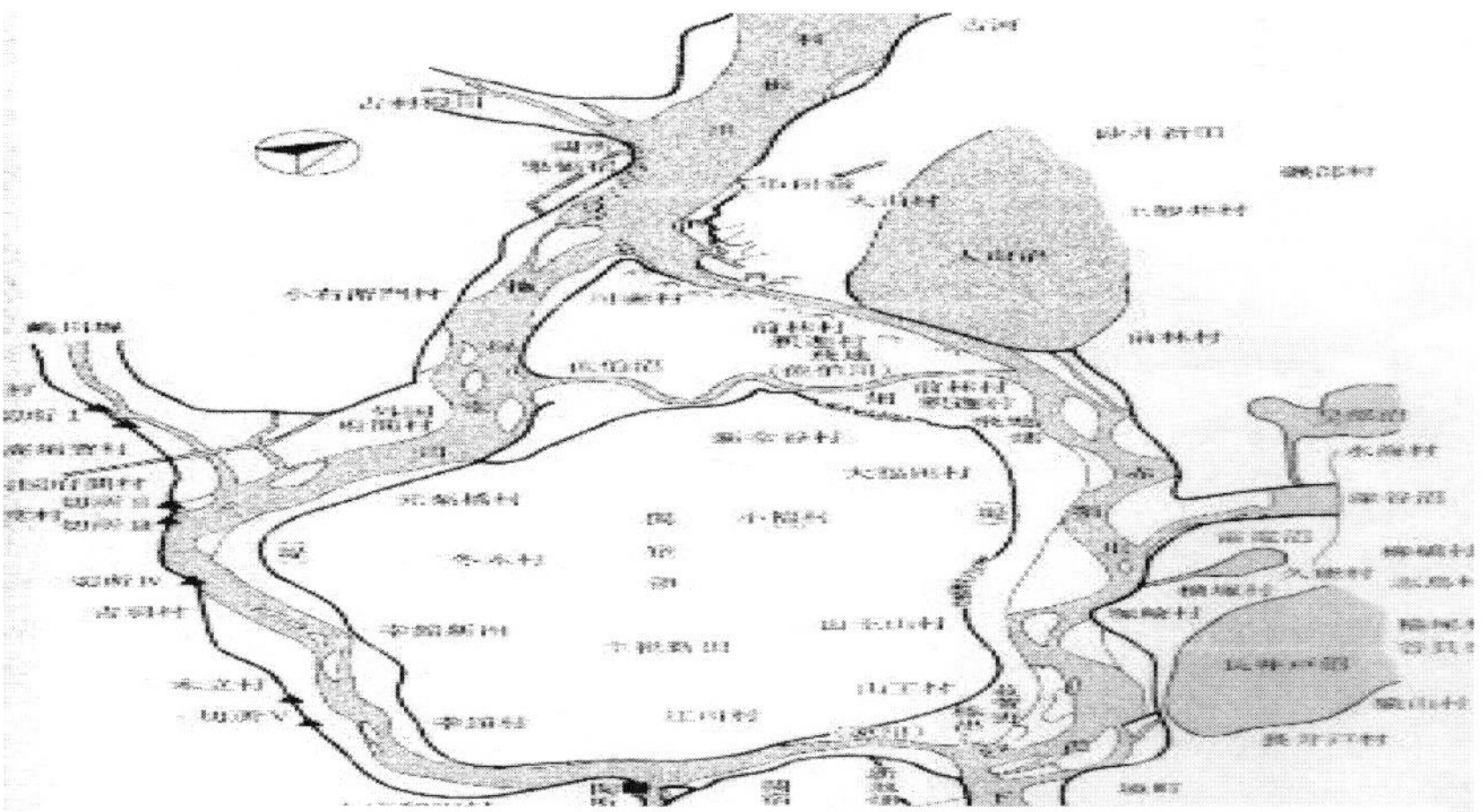

江戸後期の「川筋絵図」五霞（関宿領）は利根川、権現堂川、赤堀川、下利根川に囲まれている

ハクレンのジャンプ
久喜市と五霞町の境あたりの水上から撮影
後ろは東北新幹線の鉄橋（久喜市提供）

ための努力が始まった。ちょうど４００年の歳月はこの川妻地先を大きく変容させて、暴れた権現堂川も締め切られ、権現堂調整池への取水口が設けられている。

水がぶつかる利根川（赤堀川）右岸では梅雨明け前後には大魚ハクレンが集団でジャンプする姿が見られる。体長90センチ、重さは10キロもある大魚なので迫力がある。

ハクレンは明治期に中国からタンパク質確保目的で持ち込まれ、昭和18年にも全国で放流された。長くて大きな利根川水系とは相性が良いのか、唯一生き残り、霞ケ浦や北浦から１００キロ上流の栗橋・川妻あたりまで産卵のため上ってくる。

大魚の図体からは想像しづらいが、音に敏感に反応をする繊細さも合わせもっている。近くを走る東北新幹線の音が川底に伝わるとよく跳ねるようだ。細流であった赤堀川・常陸川が、「坂東太郎」といわれるまで大きくなった利根川をハクレンが一番喜んでいるのかもしれない。毎年、集団が上がってくる時期も微妙に変わっていて、待ち受けても必ず見られるものとは限らない。町の観光資源化には努力が必要なようだが、それはそれでたまに遭遇できれば感動的だ。

　五霞の北側は猿島台地（北総台地）で古河と繋がっており、渡良瀬川の洪水はあっても、利根川の水は江戸の海に自然に流れ、水害は少なかった。ところが、赤堀川の掘削開始で五霞の人々は水害に悩まされることになった。家康が赤堀の掘削を指示したと考えていた五霞の村人は水害を被り、「川妻村文書」（「町史五霞町の生活史」に記載）には「末代までも権現様をお怨み申し上げます」という言い伝えも残る。

　江戸時代もそうであったが、明治に入って水運が盛んな時には高堤防工事がなされず、度々水害に見舞われている。小学校では子供たちは夏休み前には一人10メートルずつ縄を持ってきて、机や椅子を柱に結ばないと流されるのでその作業が終わらないと夏休みに入れなかったという。

　明治29年日清戦争終結の翌年と、明治39年日露戦争終結の翌年に洪水被害に遭っている。明治39年に茨城県では視察に出向くが、11の大字の内浸水を免れたのは1大字だけ、土地の上に顔をだしている植物は茶樹のみ、大概の樹木は枯死してしまっている。尋常小学校は欠席の児童ばかり。分校はお寺を借りていたが鴨居まで浸水し、教室には器具も教材もなかったという。高等小学校は出稼ぎに行って退学者も多数出したという。

　翌40年も洪水が襲い、やっと復旧工事が終わりかけた思った矢先、明治43年にも中条堤の破堤と埼玉平野の惨状が見舞う。五霞町も権現堂川左岸幸主の堤防が３６４メートル、元栗橋の堤防が２１８メートル、赤堀川沿いの山王の堤防が13メートル決壊して、村中が床上浸水し、蔵の2階に上がって2日2晩飲まず食わずで救助を待ち続けた家々もあったという。

　五霞町は明治43年の破堤を最後に、昭和22年カスリーン台風で南部が影響を受けてからというもの幸いなことに直接水害に見舞われたことはない。利根川、江戸川のスーパー堤防もほぼ完成をし、今では災害に強い町となり町の中央部に圏央道が走る。五霞インターチェンジ近くの道の駅に早朝は都内への荷を届けたトラックが仮眠をする。権現堂川左岸、中川左岸の工業団地には食品、印刷会社が増えて近隣の雇用も拡大し昼間人口が多い。中川に近い土《と》与《よ》部《ぶ》あたりも工業団地となり、旧河道を想起させてくれた川畔砂丘はもう見えない。川砂が高く売れた時代も戦後の昔話になったようだ。

8　赤堀川は初め放水路だった

利根川東遷は江戸時代初期の幕府の一大事業であった。まず会の川が締め切られて，利根本流が南から東に流路の方向が変更された。東へ新川通が開削され、次の工事は栗橋(埼玉県)から境河岸（茨城県）までの7キロの赤堀川の開削であった。新川通、赤堀川と利根川の東への瀬替えであった。赤堀川を開削して常陸川に繋がれば、利根川東遷の道筋ができるが、ここは利根川と常陸川の分水界がある。

この赤堀川を利根川の水が流れれば、120キロ先の銚子で太平洋に注ぐ。今まで南の江戸湾に流れていた利根川が、東の太平洋に注ぐことになる。これが利根川東遷の雄大な計画であった。

五霞町（茨城県）川妻の北に1キロにわたる台地がある。ここを開削すれば利根川と常陸川は繋がるはずだが、低地なら訳はないのに台地である。ここは関東造盆地の中心であるから、台地と低地の差は2～3メートルだが、台地は土質が固くて掘るにはやっかいである。

台地の部分も開削して、元和7年(1621)に赤堀川と常陸川は一応繋がった。その時の赤堀川の川幅は、13メートルだった。細流だった常陸川に合わせたのだろうか、高瀬船を通すにしても狭すぎる。松浦茂樹は、「出水時のみ洪水を流す放水路として赤堀川は開削された」(『利根川東遷』)とはっきり述べている。だから、18メートル（寛永12年）(1635)、24メートル（承応3年）(1654)、49メートル（元禄年間)、72メートル（文化6年）(1809）と徐々に拡幅されて行く。

この拡幅については下流の花野井村(現柏市)からは拡幅反対の陳情(拡幅すれば下流は水害に遭うから)、上流の羽生領からは賛成（拡幅すれば水害が少なくなる）の声が寄せられた。赤堀川の上流と下流では利害が真っ向から対立したのである。

数字で示したように徐々に拡幅したのは予算の不足だったのだろうか。いやそうではなく少し拡幅して流れの様子を見る。洪水の具合を確かめる、という試行錯誤だったと考えられる。

文化6年(1809)川幅72メートルで権現川を超える水準に達したようである。ここで私たちは、赤堀川は初め放水路として掘られたが、利根川本流になったと考える。

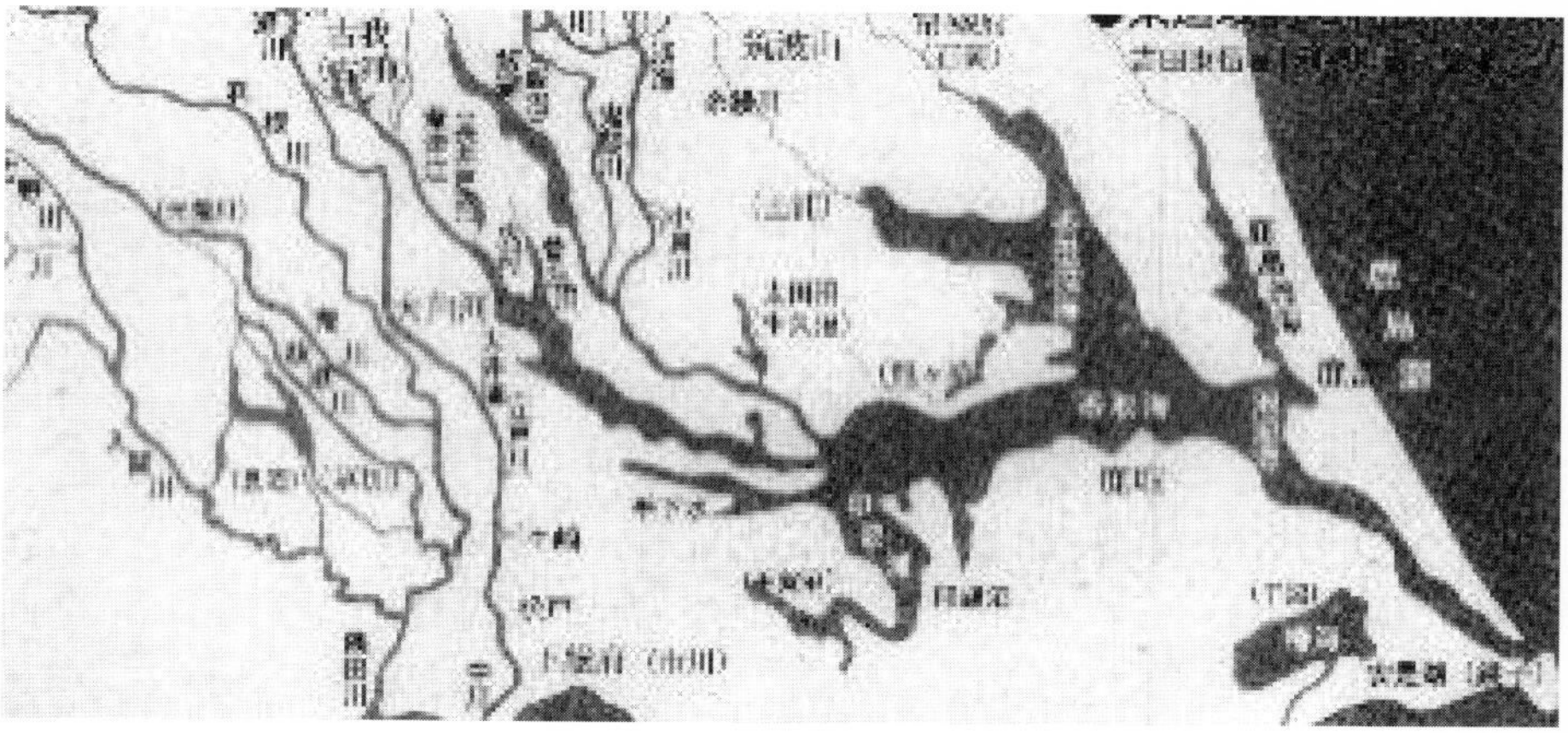

東遷以前の利根川水系
「利根川治水論考」吉田東伍

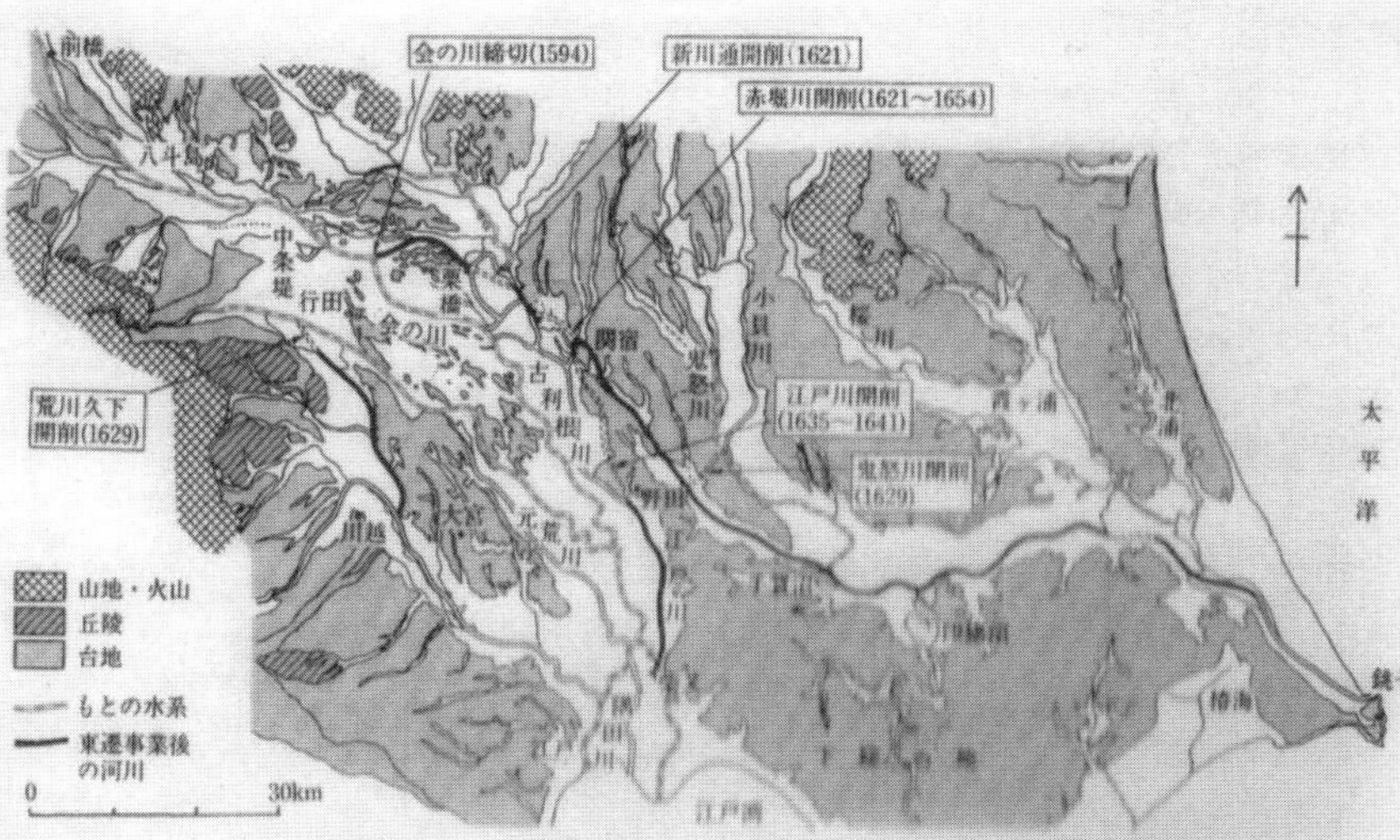

[利根川東遷事業[大熊、1981aを簡略化した大矢、1993に加筆]日本の地形4関東・伊豆小笠原、2000(部分)]

それは幕府がそう考えていたかどうかは置いといて(恐らくは放水路とは想定していなかった)、拡幅の結果を見るとそう考えられるということである。

深さは不明なのだが、川幅13メートルや18メートルでは水は流れなかったのではないか。しかし、洪水の時はよく流れたであろう。狭窄部のために赤堀川は制限され、権現堂川へ水量は多いはずである。赤堀川の通常の水はゼロかごく僅かだが、洪水の時はぐんと水量を増す。

というのは放水路の特徴であるから、赤堀川の初期の水路は放水路だったと断定できる。

赤堀川は文化6年に利根川の本流となった。が、これで利根川東流に成功したと言えるだろうか。利根川の東遷が完成するのはもう少し先になるだろう。

水運が水害防除に優先した

赤堀川の川幅49メートルをさらに広げて欲しいという要望書が上流の羽生領から出た。羽生領は洪水で困り抜いていたので、領主や農民からの切実な要望だった。これに対して幕府は、「赤堀川を広げると、常陸川への流れは良くなるが、江戸川が少なくなって、水運を阻害する。権現堂川を掘り割ると、江戸川は良く流れ過ぎて、常陸川が少なくなってしまう。だから、現状維持で行く」(宝暦治水調査より)

と、判断を保留している。つまり、どっちにしても水運を元にして利害を判断している。上流の水害よりも、江戸川の水運の方を重視したとも見られる。その後、文化6年になると72メートルに拡幅しているから、これも利根川水運を考慮したのだろう。

まとめると、これまで放水路だった赤堀川が文化6年に利根川の本流となった。同じような例は江戸川にもあって、江戸川放水路は後に江戸川になるが、名前はそうであっても実質は放水路だから意味合いが違う。赤堀川は放水路だったものが、実質的に利根川本流になっている。そうなったら、赤堀川という名は捨てて利根川と呼んだ方がふさわしいと考える。そうすると赤堀川時代は放水路だったと呼ぶべきであろう。

註※

① **予備放水**　洪水調節の必要が想定される場合、前もって放流して治水容量を確保すること。それに対して、「事前放水」は近年頻発している計画を上回る洪水に対

して利水に支障を与えない範囲で事前放流により容量を確保すること。ただし、事前放流により確保される容量はダム計画における治水容量には含まれない。

②　**日光例幣使街道**　江戸時代の脇街道の一つで徳川家康没後、日光東照宮へ毎年京都の朝廷から幣帛（へいはく・お供え物）が奉納されたが、その勅使が通った道を呼ぶ。正保４年（１６４７）から慶応３年（１８６７）まで２２１回行われた。

③　**有効落差**　水力発電所放水面と取水口の落差から水圧管による摩擦による損失を引いたもの

④　**延喜式神名帳**　延長５年（９２７）にまとめられた神社と祭神名を記した、全国の神社一覧表。官社として２８６１社が指定されている。

⑤　**関東造盆地運動**　関東平野の中心部は同心円的に盆地状に沈降しており、新第３紀以降・約４０万年前から継続しているという見方がある。

⑥　**文禄堤**　文禄４年（１５９５）に利根川左岸・古戸地先(妻沼の対岸)から下五霞(板倉町)にかけて作られた堤防(約34キロ)のこと。高さは４．５～６メートル，敷幅27メートルという大規模なものであり、利根川における最初の大規模築堤といわれる。中条堤と一体となって利根川右岸・酒巻から妻沼一帯を調節池とするために築造された。

⑦　**お手伝い普請**　地域の農民や商人が行う土木等は「自家普請」と呼ばれたのに対して幕府や藩が行う普請を「ご普請」とよぶ。幕府が全国の大名に対して行った復旧工事のことをお手伝い普請あるいは大名普請と呼ぶ。

⑧　**元小屋**　江戸時代工事現場に作られた宿泊施設。飯場とも呼ぶ。

⑨　**切り返し土手**　狭いカーブや曲がり角で水が流れにくい場合、一度に流さず徐々に流れを変えること。曲がり角での車の切り返しと同じ要領と思われる。

三章　利根川中下流の放水路

利根川中下流への放水路はある。しかし、中下流から東京湾や太平洋への放水路は無い。もともと利根川は江戸湾へ注いでいたのを、無理やり太平洋へ注がせた歴史がある。そんな歴史に立ち返って下流の放水路は考えるべきだろう。

１　2代将軍秀忠の小金掘割構想

徳川秀忠は関ヶ原の戦いに遅れたということで家康からの覚えは良くなかったが、とにかく2代将軍に指名されたのだから家康の信頼を取り戻したのだろう。その秀忠は利根川の放水路という視点から見ると、刮目すべき提案をしている。

秀忠を動かした江戸の台所

徳川秀忠は天正7年（１５７９）生まれ、慶長10年（１６０５）に将軍職を継ぎ、元和9年（１６２２）には家光に将軍職をわたしている。大御所秀忠は寛永8年（１６３１）春4月1日頃に江戸神田堀開削に成功した阿部正之に対して「常陸川と太日川との間に下総小金の野山を掘削しての水路開削」を命じている。原文を示せば、

「7月よりして、下総小金の野山を掘削、下総、常陸、下野，陸奥より運送の水路を開くべしと命ありしが、御不予によって停廃あり」と出ている。

この注目すべき記載は、『徳川実紀』の記述であるが、厳密には「大猷院《だいゆういん》殿御実紀」家光の記録である。大猷院輪王寺は、三代将軍家光の廟所である。（「台徳院殿御実紀」が秀忠の記録である）。

秀忠が「小金牧掘割の命」をくだした半年間の出来事を、「国史大系」から見てみよう。

寛永7年（１６３０）12月13日江戸地震八丁堀より火災、寛永8年（１６３１）3月13日浅間山噴火・その灰江戸にも降る。4月18日絹、紬、布、木綿の寸法を定め、定尺に不足の物を売った場合に没収、7月幕府物価騰貴により人馬賃銭を改定、9月16日江戸大雨洪水、9月18日畿内大雨洪水、9月19日下総・上野・下野・洪水「これ秋関東大水。人畜の溺死加増

に暇あらず」(「大猷院殿御実紀」より)。

江戸への人口集中が進む中にあって、江戸は地震、火災、洪水、物価高騰と容易ならざるものであった。

江戸の台所は火の車、常陸川から小金牧を掘削して、江戸へ東北諸藩の米を速やかに運ぶ水路の確保は急がれたのである。

秀忠はどこで着想したのか?

そもそも秀忠はこの小金掘割の着想をどこで得たのか。江戸城にいたのではこのような現実の政治と離れた政策は、大名たちの話題にはならないはずである。だから大名たちと接触をしていたのでは小金堀掘削のような着想は浮かばなかったと思われる。

父家康は鷹狩りを好んだのを秀忠も受け継いでいる。家康にとっては、鷹狩りは武芸であり、スポーツでもあったが、庶民の生活を見る(見方によっては反徳川を探る)という目的が大きかったと思われる。

元和4年(1618)秀忠は葛西(今の江戸川区や葛飾区の一部)へ鷹狩りに出かけていが、元和2年(1616)2月にも秀忠は古河、下妻へ鷹狩りに出かけている。利根川、江戸川の高瀬船が利根川の渇水で苦労をしたという話を聞いているかも知れない。馬に乗って行けない距離ではないが、鷹狩りは獲物を追って歩きまわるから、体力を温存する意味で船に乗ったと考えられる。

船は将軍、専用の中型の船だったろう。秀忠は少数の従者を連れて鷹狩りに出るが、船頭は船に残ったはず。船頭は、利根川~江戸川が通いの高瀬船の船頭から、

「利根川から関宿に向かって江戸川に出る利根川中流が浅瀬で苦労する」という情報をつかんだ。あるいは秀忠自身が高瀬船の船頭から、直接右の話を聞いた可能性もある。

秀忠の時代、文禄3年(1594)利根本流の新川通、元和7年(1621)赤堀川は開削されて、寛永6年(1629)鬼怒川と小貝川が分離され、利根川は守谷から下流の浅瀬は解消した。それより上流(野田市瀬戸~関宿)の浅瀬は依然残った。その浅瀬で困り抜いているという話を聞いたのである。

秀忠は米の輸送の重要性は常に考えていた。つまり利根川水運の重視である。その頃、高瀬船の船頭から浅瀬の世迷言を聴いたのである。更に利根川の布施河岸(柏市)から加村加岸ま

で浅瀬を避けて陸船道があるというではないか。

「何？陸船道？当然船で送るところを馬で送る陸船道か。それだよ、そこに船を通せばいい話ではないか。新川通や赤堀川のように水路を掘れ、小金の掘削だ。そうすれば利根川の浅瀬があっても困らない」

このようにして、小金掘割の構想が生まれたと私たちは考える。早速阿部正之に命じて小金掘削の調査準備に入ったが、秀忠は間もなく寛永9年（1632）に病没して折角の小金掘削は沙汰止みになってしまう。

関東郡代3代目伊奈忠治が直前に新鬼怒川道や岡堰を完成させており、彼が担当をしてもよさそうだが、命を受けたのは阿部四郎衛門正之であった。江戸の街づくりに辣腕を発揮し、水道を所管し神田下を掘削して堤を築き、江戸城の石垣奉行も務めていた。「小金牧掘削事業」は江戸への大動脈を形成する幕府の直轄事業であり、阿部正之こそ適任者であった。

秀忠も進めた利根川東遷事業

秀忠は12歳の時に秀吉に預けられ、「秀」一文字をもらい受けている。秀吉による天正10年（1582）の備中高松城（岡山市北区）の水攻め、天正18年石田三成が忍城（行田市）を浮き城としたことを学んでいた。「堤切り」は洪水後の緊急対策であるが、「戦の高等級戦術」であることも知っていた。当時は「放水路」という概念こそないものの、洪水の怖さ、制御の方策については見識があったと思われる

寛永8年（1631）秀忠に小金牧掘割の着想が生まれた時は、

イ　大河川利根川（旧隅田川筋）は江戸前の海に流れていた。

ロ　渡良瀬川も利根川の支流ではなく、太日川と呼ばれて、現在の江戸川筋を流れている。

ハ　鬼怒川や小貝川も全く別の水系であった。

天正18年（1590）に入府した家康は伊奈忠次に命じて利根川の幹川を東に誘導する。

文禄3年（1594）には会の川を締め切らせ、浅間川、元和7年（1621）新川通（加須市）～栗橋を開削し、赤堀川一番堀が開削される。

寛永6年（1629）には会津方面からの動脈である鬼怒川は水海道の細代で小貝川に合流していたが分離し、大木台地を開削し、新鬼怒川道を野田市野木埼で利根川に落とした。

鬼怒川新道により、佐原や布川からの水運は、

これまでのように小堀から艀を呼ぶ必要もなく、境や関宿への遡上も改善をするが、それでも米俵を積んだ高瀬船が廻るには常陸川上流部には浅瀬が多かった。そこに船頭の世迷言が起こる原因があったのではなかろうか。

鬼怒川の合流点引き下げ

明治政府は利根川下流から始めて段階的に「利根川第３期改修工事」を行い、明治33年から、鬼怒川の合流点引き下げを計画していた。

茨城県下総国北相馬郡内守谷村及近郊村落

現在の鬼怒川は大木の西側を南下していて、木野崎を分けて、東に回りながら、利根川と出会う。利根運河の利根川河口対岸を数百メートル遡上した辺であるが、大正時代までは上流約２・２キロで利根川に入っていた。

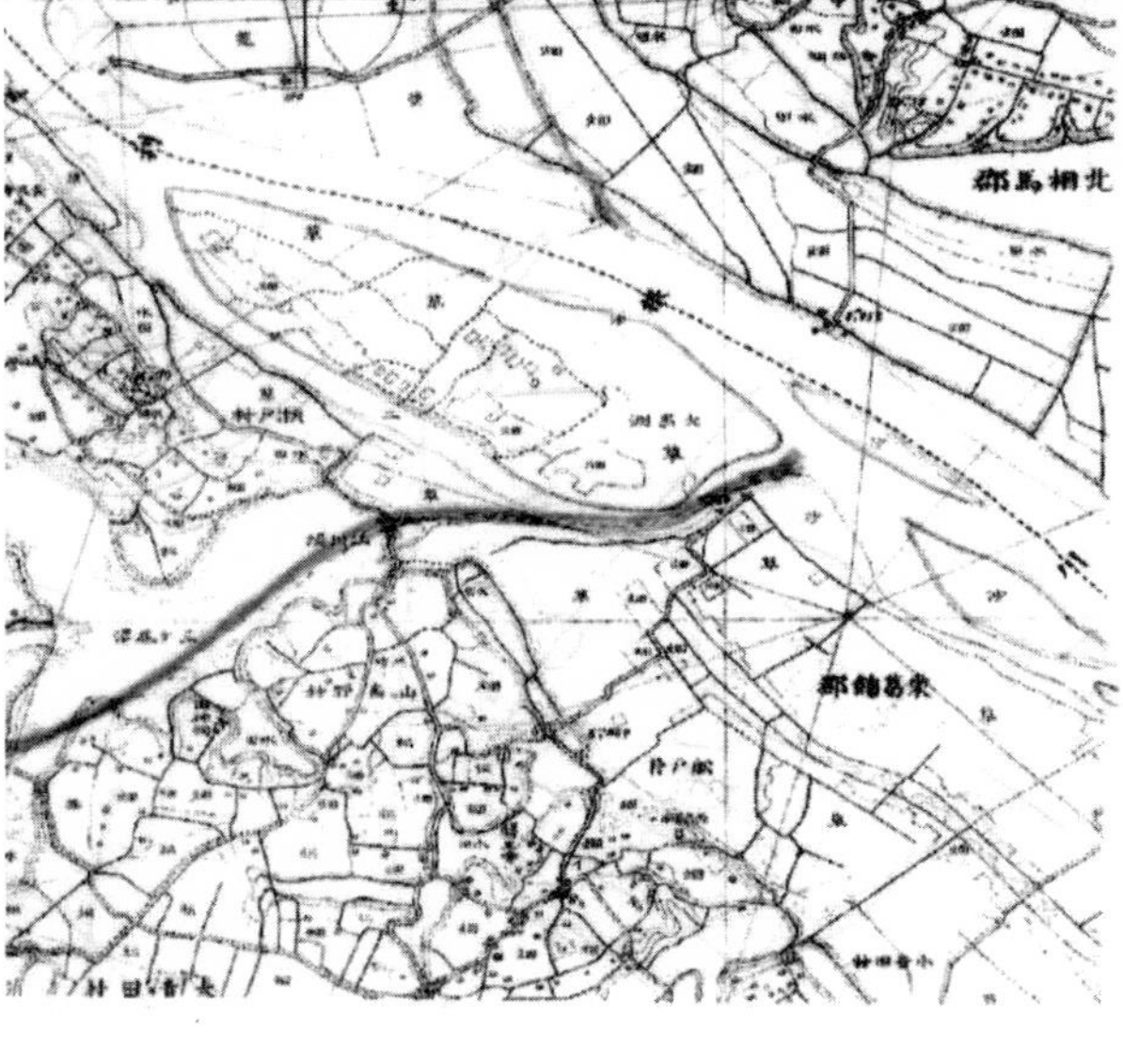

千葉県下総国東東葛郡船戸村および茨城県同国北相馬郡野木崎村および近郊村（太線は後の利根運河）
明治14年第一軍管区フランス式彩色図

滝下橋の下流約400mの鬼怒川

江戸時代の新鬼怒川は現在の守谷市の北西部市滝下橋を過ぎて、板戸井の清瀧香取神社を右に見ながら南南西に流れて、利根川に合流した。ほぼ直角に福田村（三ツ堀）にぶつかっており、対岸堤の破堤の心配もあり、利根川本川の水が逆流することもしばしばであった。

明治43年稀に見る大洪水は、鬼怒川河口の引き下げと菅生調節池増設の早期改修実施を迫まることになった。

新たな河道は滝下橋下流５００メートル、菅生用排水機場辺から築堤が始まり、沈床、護岸工事が行われて大正5年に通水する。大黒洲と呼ばれた中州は現在ゴルフ場になっている。

昭和8年から鬼怒川改修計画改定により、田中調節池工事、昭和10年からは菅生調節池工事が着手される。

一方、当初の鬼怒川が流れ込む利根川は木野崎では大きく湾曲しており、川幅も１２０メートル程度と狭く、直線化して利根川は約１，８キロ短縮される。川は木野崎を分離し、渡し船で柳耕地（流作場）に出向くことになった。

合流部では２０４万立法メートル、木野崎で１４４万立法メートル浚渫される。利根運河築堤では使われなかったドコービル（敷設・撤去も簡単な鉄道）も使われた。

鬼怒川合流部の改修完成以降は、利根川3期工事の仕上げとして、利根川と江戸川の分岐点、関宿地先の浚渫にその主力が投入されることになる。

鉄道の時代は始まっているが、水運の役割はまだ大きかったのであろうか。もう一度秀忠の時代に戻ろう。

利根川東遷の影響を考えぬいていた秀忠

秀忠が小金台地掘割工事を命じた時点では、

関宿を回る内回り航路※①は完成しておらず、小金掘削は、東北や北関東の米を江戸に運ぶ直接的に水運を確保することが主な狙いであった。

赤堀川掘削を開始して10年、利根川の水量が増すのは、後年のことではあるが、秀忠は利根川東遷進行により、下流域への洪水被害が及ぶことも考え始めていたのではなかろうか。普段は舟運の水路であっても、一旦利根川に大きな洪水が発生すれば「小金運河」は「放水路」に転ずることは想定していたと思われる。

利根運河を設計したムルデルも洪水が発生すれば、確証はないとしても「運河」は「放水路」や「遊水池」になることを想定して、築堤したと思われる。

寛永12年（1635）赤堀川の2番掘でも川幅は10間（18メートル）であり、とても利根川の洪水を飲み込むことはできない。承応3年（1654）に権現堂川掘削、赤堀川3番掘により、常陸川への本格的な通水は実現する。

内回り航路の完成は没後10年

伊達藩は江戸初期には那珂湊に陸揚げし、涸沼、北浦、霞ケ浦、常陸川の湖沼を使って、搬送をしていた。秀忠が「陸奥」と呼んだのは、福島県、宮城県一帯の陸奥各藩、白河の関を越えた諸藩、その一つが福島県浜通りの陸奥磐城平藩であり寛永16年（1639）、参勤交代や江戸城のお手伝い普請のために2万俵の江戸廻米が必要となり、水戸藩の了解も得て内川廻しのルートを開発している。

江戸川の上流部・関宿～金杉間も開削は未着手。現在の江戸川上流に回るのではなく、西関宿から権現堂川に入り、一旦古利根川（現在の中川の一部）を経て江戸川を下っている。

千葉県立関宿城博物館尾崎学芸課長は、「1631年には船の大きさはわからないが、新川

近世の鬼怒川と小貝川河川処理状況図
『湖辺の風土と人間』出典

通りの開通もあり、関宿を高瀬船は回っていた」といわれる。

寛永10年（1633）には土屋利清が川船奉行に補任され、同年の幕府廻漕に関する資料は、佐原河岸から江戸への廻漕が記録されている。

正保4年（1647）に小名木川の大川出口万年橋近くに設けられていた船番所が、承応3年（1654）には中川入口に移動している。中川船番所資料館で伺うと

「明暦の大火を受けて、大川対岸、深川に人が移動し、小名木川沿いに問屋や蔵も、江戸川を下る船が増え、入り口で検閲をする必要が高まったためでもある。「高瀬船が運んだものは米と酒が多かった」という。中川船番所資料館では、つくば山麓、石岡の酒を積んだ高瀬船を展示している。酒は行徳で小舟に積み替えられて日本橋川に入ったようだ。

寛永8年（1631）には高瀬船は関宿を回り始め、江戸川を下り、両国の蔵や日本橋河岸に荷が揚げられ、承応3年（1654）が内廻り完成年と考えられる。参勤交代制度（寛永11年（1634）〜（1635））の確立と内回り航路の開通とは、ほぼ軌を一にしていると言える。

銚子沖や房総沖は黒潮と親潮がぶつかる難所であり、伊豆半島で風待ちをして、江戸湾に入ることも少なくなかった。日程が確かな水路の確保が必要であり、それが利根川、江戸川、小名木川の航路であった。

水の道は塩の道、そして米の道

家康は江戸に入府すると来るべく西での戦いに備えて自力で江戸のインフラ整備を急ぐ。飲める水の確保が最優先課題であった。葦が茂る低湿地であり、現在の皇居近くまで海水が入り込んでいた。小さな川や、湧き水、沼も利用せざるをえない。江戸前島に囲まれた日比谷入り江が和田倉門近くまで迫り平川が流れ込んでいた。

まずは1590年大久保藤五郎に命じて小石川に水源を求め、神田方面に通水する「小石川上水」を作り家臣団の水を確保する。秀忠の時代にはさらに水源を井の頭池や善福寺池に求めて「神田上水」に発展する。

平川を目白で分けて東の本郷や駿河台向けて流し、新平川となる。城郭内飲料水の確保のために千鳥ヶ淵も築造している。南下した平川は道三堀に流し、後に日本橋川を流れる。家康

が将軍になって後には、西国大名達を現在の霞が関に住まわせ、赤坂溜池が利用される。

行徳からの塩を運ぶために隅田川と旧中川を結ぶ「小名木川」を掘削している。当時の利根川は東京湾に注いでおり、隅田の湾口は浅瀬、砂洲であって船が座礁した。小名木川堀割により、「利根川、江戸川、中川、小名木川、墨田川」水路「奥川筋」（内回り航路とも呼ぶ）が実現する。

小名木川西口で荷を艀に積み替えるものもあれば、万年橋から大川（隅田川）を下った船は日本橋川に入り、日本橋小網町を目指した。小網町あたりの問屋で戻りの荷が積み込まれた。上った船は両国の御米蔵堀で米をおろした。現在であれば永代橋と両国橋の下を遡上することになるが、当時はまだ橋はなかった。

想定される小金掘割コース

秀忠の掘割はどのコースを想定したものか具体的には示されていないので、既に先輩たちが想定していた案と私たちが想定をしている案を提示してみたい。

古くは北浦、霞が浦、利根川、印旛沼、手賀沼は一つの海であり、秀忠の時代までは手賀沼は「手下浦」と呼ばれていたようで、もっと広く利根川にくっついていたから、利根川を遡るより布川の手前で高瀬船が手賀沼に入る方が自然な航路であったと思われる。

手賀沼西部の戸張河岸は大津川河口にあるが、寛永13年（1636）、手賀沼弁天落とし（木下〜利根川）が疎通し、沼の水は利根川と繋がっている。手賀沼西岸・戸張河岸は潮来や、佐原などからも船が荷をおろして活気づいていた。

手賀沼・大津川説

柏市（旧沼南町）の歴史家中村勝さんは「柏の歴史・創刊号」・「東京湾運河構想と手賀沼開発」に、江戸中期に手賀沼南岸の農民たちが、洪水対策として手賀沼から船橋あるいは市川に抜ける運河掘削について願書を準備していたことを紹介されている。

享保13年（1728）農民たちには、手賀沼の排水は悩みの種であり、「平塚浦辺両境より船橋海表、大積り四里二拾町余り掘割御普請」（手賀沼より谷津沿いに富ケ澤村まで、そこから東京湾との分水界の鎌ケ谷の原を掘削、夏見の谷を利用して船橋に至る）を願う文書を用意していた。この年は、紀州商人高田友清が千間堤を着工していた年であり、農民は工事にあまり期待はしていなかったのではないか」と中村勝さんは推察される。

我孫子市相馬新田、井上基家文書によれば、享保19年（１７３４）、洪水により千間堤が破壊された後、37人の名主たちが「手賀沼の悪水を除くために恐れながら書付をもってお願い候」と井澤弥惣兵衛宛に要請している。「戸張谷口から大津川沿いに増尾、酒井根、小金台地、金ヶ作請地、日暮、和名ヶ谷、大橋、国分、諏訪田村、市川で江戸湾に流す」そうすれば１万４，５千石の田地ができると期待した。

「平塚村から白井谷津、神々廻村、神崎橋、平戸一旦印旛沼に悪水を流して、島田，桑納、金堀、高根谷、夏見と船橋で東京湾に注ぐ」手賀沼・印旛沼連結案も付記されている。

この水路は昭和13年の「利根川放水路」ルートに類似している。

宝暦10年（１７６０）戸張の名主浜島家に残る資料では、「戸張村―名戸ヶ谷村―増尾村―酒井根村―日暮村―大橋村―和名ヶ谷村―国分寺村行徳領川原村まで四里半」ルートが指示されている。（この径路は、現在では、柏市、鎌ヶ谷市、松戸市から市川市を抜ける径路であり、春木川、国分川と国分川分水路、真間川や、「江戸川放水路」（現江戸川）掘削で消えた「内匠堀」までが想起される）。

中村勝さんは、いずれの案も米を運ぶ高瀬船を通す運河としては吃水※②レベルには届かなかったのではと評価されている。

戸張、呼塚河岸は流山への物流中継基地

田中則雄さんは『醤油から世界を見る』の利根川治水・利根運河とオランダ土木技術編の中で、秀忠の小金牧掘削」の経路は「手賀沼西端から江戸川東岸の流山付近を結ぶ運河開削の計画であったと考えられる」と述べている。このコースであれば、大堀川も利用でき、台地を掘削する部分は少なくて済む。

『柏市史・近世編』の「市域の街道と水運」は、陸揚げ時点としての布施加岸、呼塚加岸と戸張河岸についての役割を浮かび上がらせる。呼塚は手賀沼西端に近く、成田詣で出かける旅人の乗船場所でもあったが、大堀川を秋には新米を積んで高瀬船が上ってきた。

手賀沼、利根川、銚子方面からの魚類や茨城東北方面の物資を流山の河岸を経て江戸に運

んだ道を「ウナギ道」とよび、呼塚、布施からのウナギは高田の水切り場で蘇生させ、馬の背に載せ運ばれた。

布施村は利根川の河岸だけでなく、戸頭への七里の渡し場として水戸街道にも繋がり、関所に近い役割を担った交通の要所であった(『柏市史資料編八』)。

宝暦3年(1753)「荷物付越取極証文」は戸張村の問屋の八衛門、利兵衛、新右衛門が17名の馬持ちに対して米と大豆を流山村と松戸村に届けるのに際して、少々道が悪くとも届け時間を守るよう注意し、馬一匹に付き世話役に4文ずつ、銭を渡す取り決めをしている。

文化13年(1816)「諸荷物請取併出覚帳」によると、戸張河岸の問屋八右衛門は発作新田などから船で届いた物資を仕切って、流山の釜屋久七や丸屋米八、小八に向けて米、大豆、小豆、小麦、酒樽、などを出そうしている。送付先、品、量、駄賃など子細に書き留められている。何れも戸張の浜島家に保存された古文書である。秀忠の航路を推定するには江戸中・後期の資料ではあり妥当ではないが、駄送をされた径路は確認されると思われる。

近世初期、利根川から手賀沼を経て江戸を目指す船が着き、繁盛をしている。戸張村が手賀沼~(ここは船)大堀川~(ここは駄送)加村加岸への輸送は近世初期からあったと、『柏市史近世編』にでている。

手賀沼は発作など手賀沼周辺の局地的な穀物輸送だけでなく、下利根川筋からの物資に関する新道新河岸行為であり、戸張、布施から加村河岸はまさに「陸船道」であった。瀬戸や目吹、船方など新付け越しルートとの「陸船道」の競争も出てくるが、布施河岸の立場は水戸街道もあり、強いものがあった。

手賀沼~大堀川~坂川~江戸川

利根川から手賀川へ、手賀沼西端から大堀川を遡上し、今の豊四季の台地を掘削して、坂川から江戸川に繋ぐ水路が最短のものではないかと考えられる。

伊奈忠治は鬼怒川から分離させる際には、寺畑での締め切り工事は難航をしたようで、高瀬船で土砂を運んで締め切り工事をおこなっている。寺畑は低湿地であり、南は絹の台、松前台、薬師台と関東ローム層の北総台地であったが、大井沢村大木の間を開削し、常陸川に落としている。この分離により、鬼怒川の利根川への出口は約30キロ遡上できた。

流足の速い鬼怒川の影響を抑えて谷原領と相馬領の干拓地も広げようとしたのであろう。

新鬼怒川道の完成により、利根川の水量が増加して布川（利根町）や布佐から、遡上しやすくなった。そこで、柏市船戸と野田市三ケ尾の間から西深井、江戸川に向かって運河を掘削するという構想もあったかもしれない。常陸川（利根川）を高瀬舟が上るには依然問題があるので、一つの選択肢にはなった可能性もなくはないが、やっと利根町～船戸間の水量が確保されたところであった。

鬼怒川筋から運ばれた産物は主にタバコなどであり、廻米は少なく、この点からも鬼怒川道完成直後に直接、対岸を南下する水路を選択したとは考えづらい。

10メートルを超える豊四季の台地は、地質的にも鍬や鋤でも人力で掘削は可能であったとは思われるが、それよりも水の確保に課題があった。新鬼怒川道は掘削をしてしまえば、威勢よく水が流れ込む。大堀川は鬼怒川とは比べようもなかったのではと考える。

秀忠の狙いは船による米の廻送を可能にすることであり、吃水レベルを確保することは必要不可欠であった。馬が遊ぶ上野牧，牧を横目にして進む日光東往還※③を横断しての掘削であった。

註※
① **内廻り航路**　奥川回しとも呼ぶ。銚子から利根川・江戸川を経由して江戸に至る航路。
② **吃水レベル**　船が水上にある際に船体が沈む深さ。船体の一番下から水面までの長さ。
③ **日光東往還**　日光東照宮参詣のために作られた日光街道の脇往還。

小金の台地を掘り割る

利根川～手賀川～手賀沼～大堀川～小金台地（今の豊四季台地）～坂川～江戸川の掘割工事は小金台地の掘削が難所である。ここはトンネルが難しいから切通しになる。赤堀川も川妻村の台地は2メートルほどであったが、ここは5倍弱あるので、その台地1・6キロメートルを切通しにするのは難儀な事業である。

小金の台地は小金牧の上野牧と呼ばれた牧場だった。その後新田開発をされて、初石新田になったのは、享保15年（1730）のこと、その小金の台地を切通しに掘ったら、人の行き来のために橋を架けなければならない。日光東往還はこの時代はなかったが、原形となる道はあった。

だが、野馬も専用の橋ではなく人と馬兼用の橋でいい。人は一本橋でも丸太橋でもよいが、野馬は土橋でなければ渡らなかったであろう。野馬も渡れる橋がなければ、上野牧の北の部分は狭すぎて牧が続けられないだろう。道と橋の所は切通の傾斜を緩くしなければならない。堀割の規模は利根運河なみ水深１・６メートル、幅16メートルで、掘った土は捨て場に困るから低地の堀割の堤防にする。

台地は幕府の牧場だった

小金牧の中に堀割ができる、それは野馬たちにとって嬉しいことである。牧場の中に川が流れる、枯れることのない人工の川が流れるというのは野馬が生きていく上で草と水は欠かせないものだから、水は何よりの御馳走である。台地の泉は少ないから貴重なもので日光東往還では農民からミズノンバ（水呑場）と呼ばれた沼、牛飼沢の池（夏は枯れる）水辺稲荷くらいのものであった。牧の中を人工の川が走れば野馬たちは喜んで水を飲むだろう。

小林一茶は流山から守谷（守谷市）や布川（茨城県利根町）へ行ったり来たりした。その度に通ったのは小金牧の道である。だから野馬の句を多く詠んでいる。

母馬が　番して呑ます　清水かな
下陰を　探して呼ぶや　親の馬
じっとして　雪を降らすや　野辺の馬
若草に　背中をこする　野馬《のうま》かな

何れものどかな牧場の様子が目に浮かぶ。仔馬が犬に噛み殺されないように、母馬が見守っている光景である。野馬は人に飼われているわけではないので人には慣れてはいない。だからと言って、人に危害を加えることはないし、徳川さまの馬だから人が乱暴をすることもできない。人と馬は適当な距離を保って暮らしている。土橋を人が渡る。飼い馬が人に引かれて渡る。そして野馬も悠々と渡る様子は見ていても牧歌的な風景である。

江戸川からの逆流を防げない

手賀沼西端、大堀川を遡上して豊四季台地を掘削して、坂川から江戸川に水路を開く際の問題点は高瀬船を通すだけの水量の確保であろう。地金堀との合流点くらいまでは、遡上は可能であっても、そこから上部は水不足である。現在の大堀川は北千葉導水路が、利根川の水を引っ張ってきて坂川の水質浄化を行っているので水量を感じるが、自然の流れだけだと水不足は否めない。坂川についても富士川が合流するあたりからは何とか水量があるが、富士見橋の上流は水がやはり足りない。

加えて、どこで江戸川に繋ぐのかが大きな問題であったであろう。坂川の堀繋ぎについては、江戸時代に渡辺家が3代にわたって徐々に南下をさせたことは「坂川放水路」でも述べたが、江戸川洪水の際の逆流をいかに防ぐかは江戸初期には難しかったと思われる。江戸川が増水した時に坂川へ逆流してきたからである。

だが、私たちが想定をした秀忠の小金掘削構想のコースは国交省の北千葉導水路とそっくり重なる。この秀忠の小金掘削構想が、江戸期の印旛沼掘割、明治期の利根運河工事に繋がっていると考えられる。

2 新利根川

現在の新利根川両岸一帯は戦後国営、県営の大農業水利事業が行われ、穀倉地帯となっていて、圏央道を神崎から稲敷市へ向かって利根川、新利根川が見えると水田が開けてきて、米作地帯の豊かさが実感できる。しかし、新利根川一帯は利根川と小貝川にさいなまれ、水と闘った地域で、水をめぐる争いの絶えない地域でもあった。

開削，廃川、新田開発

北相馬郡利根町押付新田から霞ケ浦の南端（稲敷市）まではほぼ直線に近い水路（長さ33キロ）が寛文6年（1666）に掘られた。開削の目的は低湿地及び手賀沼、印旛沼を水抜きして耕地化することであったというが、これは放水路のように見えても実は利根本流の瀬替えであった。

その新利根川は『利根川図志』によると、「はなはだ直にして水渇き易く、船行ニ便ならざるが故に寛文8年に廃川になった」とある。『利根町史』によると、それは壮大な失敗例だったという。『利根川図志』は直線だから流れすぎて水運には向かないとした。

新利根川についての文献が少ないのを、利根町歴史民俗資料館の高野博夫さんは、「幕府は失敗の記録を残したくなかったのだろう。だから、幕府の新利根川掘削、廃川の記録は残っていない」と見る。そんなことで、「新利根川くらいその意味不明なものはない」とも言われた。

新利根川は失敗だったが、廃川になって新田開発が進んだ。現在の地図でも○○新田という地名が目立つが、『図説河内の歴史』等から代表的な４新田についてだけ述べよう。

４新田というのは、羽子騎、古河林、手栗、庄布川の各新田を指す。いずれも正保年間（１６４４～４７）以降の開村である。新田は近くの２、３男が開く場合が多いが、ここはほとんどが利根川上流の人たちである。わざわざ利根川上流から開墾に来たのではなく、新利根川開削や廃川工事に来て働いていた人たちと考えられる。出稼ぎの工事人夫たちが７反５畝（７・５アール）の原野を与えられて、開墾して住み着いたのである。

具体的に見ると羽子騎新田は羽生（埼玉）と騎西（埼玉）の人たち、古河林新田は古河（茨城）舘林（群馬）の人たち、手栗新田は幸手（埼玉）と栗橋（埼玉）の人たち、庄布川新田は庄内（埼玉）と布川（茨城利根町）の人たちによる開墾である。

これら出身地を見ると、布川を除いて利根川上流（庄内は江戸川上流）とまとめられる。が、どうやら利根川東遷工事に関係ある地方と判断できる。利根川東遷工事は江戸初期から断続的に行われてきたので、分かりやすく年表にしてみよう。

文禄３年（１５９４）会の川の締め切り工事

元和７年（１６２１）～承応３年（１６５４）新川通開削工事、赤堀川１、２、３番堀開削工事

寛永６年（１６２９）鬼怒川と小貝川を分離した鬼怒川南部の開削工事

寛永７年（１６３０）布川、布佐狭窄部開削工事

寛永20年（１６４３）江戸川上流開削工事

寛文４年（１６６４）新利根川開削工事

このように、利根川東遷工事は江戸初期に断続的に続けられてきた。この工事に携わった人たちによって河内町の新田は開発された。右の表からは利根川東遷の工事をした人たちによる開墾とまとめられる。

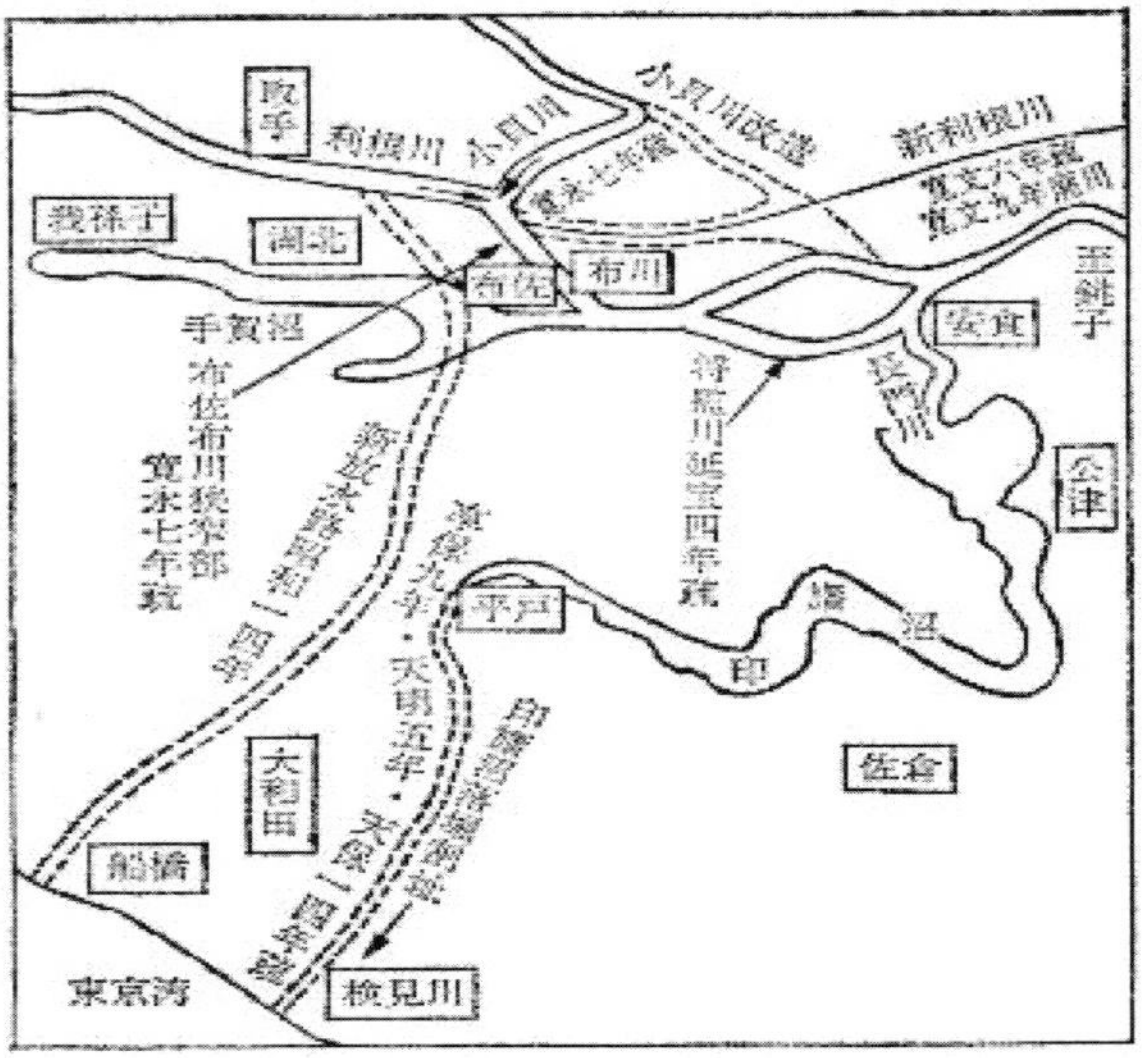

下利根・印旛沼改修の推移　鈴木雅次（１９４１）より

後述するように印旛沼掘割工事には江戸から土木工事のプロ集団といえる「黒鍬組」があったと出てくるが、こちらは河川工事のプロ集団であったかと考えられる。元は2、3男であったが、父から子へと引き継がれた川普請の労働者であった様子が見えてくる。

水と闘った人たち

河内町公民館図書室で資料を漁っていたら、地元で育った教育長の鈴木裕之さんが尋ねて来てくれた。鈴木さんは昭和56年、真夜中に半鐘が鳴って何事だろうと眠い目をこすったら、龍ケ崎で小貝川が決壊して洪水が新利根川へ流れてきて、あと10センチで新利根川は溢れるから、各戸１人土嚢を積みに出るようにという触れがきた。

「小貝川決壊の原因は利根川増水の逆流によるものだった。それは8月末のちょうど稲が実る頃だった。水に浸かったら稲はだめになるから、新利根川岸に土嚢積み作業は朝まで続きました。でも、水害騒ぎはその後ありませんでした」と、鈴木さんは昭和56年の水害の慌ただしい様子を語る。

『図説河内の歴史』には、１６２４年以降現在まで４００年間に小貝川の堤防決壊17回、利根川決壊21回を数える。洪水は毎年のようにあるが、小貝川利根川の決壊は5~6年に１回の割であった。だから、水塚を築いて自衛し、平成12年には53基も残っていた。水塚に籠っていて１カ月も外へ出られないと、困るのはまず飲み水だった。田舟を使って水を貰ってくる生活が続いた、カエルやヘビが家の中に入り込んで来て困ったという話も伝わっている。

私が新利根川を案内して欲しいとお願いすると、鈴木さんは車で案内してくれた。羽子騎橋の所、川幅が約50メートルもある立派な川である。西風があって波立って東へ流れていたが、普段も流れていると言う。先日、利根町で見た新利根川は初め堀のような流れは、水門橋（利根町）では約25メートルだったが、ここ河内町では約2倍の川幅になっていた。同じ川なのにこんなにも川幅が違うと、同じ川とは思えない感じがする。

鈴木さんは河内町に伝わる伝承を話してくれた。それは約４００年前から語り伝えられてきた「堤防には篠を植えよ」という幕府の指示伝承である。篠の根は堤防を締める働きをするからである。車は金江津地区に入り、なるほど道路の右側は篠のこんもりとした林で、この道路は少し高いのは利根川の堤防だったからと言う。

「そんなことで。金江津には篠田姓が多い、ほら、ここは篠田商店です」

というので私は、とっさに「それは話が出来過ぎていますね」と言ってしまったが、明治維新で姓を使えるようになって、篠田としたなら当然の話になる。

利根川の堤防にしては利根川から５００メートルから1キロ近く離れているが、さっき図書室で調べた利根川東遷後の最古の堤防が利根町から河内町にかけてあったのを思い出した。その堤防は布川～丸田～小巻～高～下町歩～大境～片巻にあったから、地図で当たると現在の利根川堤防からは北へかなり離れている。この利根川東遷後の最古の堤防なのだから、「篠を植えよ」という家光の指示と重なる。

河内町には坂道はないが、鈴木さんは「あの道路は少し高い（それは1メートル弱なのだが）」と土地の高低差を指摘する。それはプラタモリに似ている。それが、衣川（きぬがわ　利根川東遷前の鬼怒川）の自然堤防なのか、東遷後の利根川堤防なのかは私には分からないが、いかにも利根川下流低地で暮らして来た方らしい感覚である。先祖代々水と闘ってきた人たちの土地の高低意識なのであろう。

小貝川合流点付替工事計画が浮上

堤防決壊は小貝川左岸に集中していた。小貝川は布川の狭窄部の上流で利根川と合流している。そのため洪水時の利根川の水位は堰上げ（背位が上昇）られて、小貝川が合流してくるあたりで一番高くなる。したがって利根川洪水の影響が小貝川の上流におよび小貝川決壊の原因となった。

下段の水害地図は決壊が江戸中期以降、明治・昭和に至るまで、左岸に集中していることを示している。

そこで、小貝川の合流点を現状よりも9キロ下流に付け替えることが計画をされる。合流点付け替えを行えば、利根川洪水時に逆流による水位上昇を現状において2メートル、利根川改定計画完成後は1・5メートル低くすることができるという計画であった。

昭和10年、昭和13年の台風被害を受けて、湖北から船橋に至る「大放水路」と共に小貝川の捷水路が計画されるが、戦時下に入り中断を余儀なくされる。「大放水路」については6昭和放水路において後程詳しく述べる。

方法としては、「郡界案」（北相馬郡と稲敷郡の境を掘り割る）や、「捷水路案」（北文間村豊田から東文間村加納新田へ捷水路を作る）案水路」も提案がなされた。捷水路案が廃案になった直後の同年8月洪水が襲う。

決壊場所は左岸に集中している。

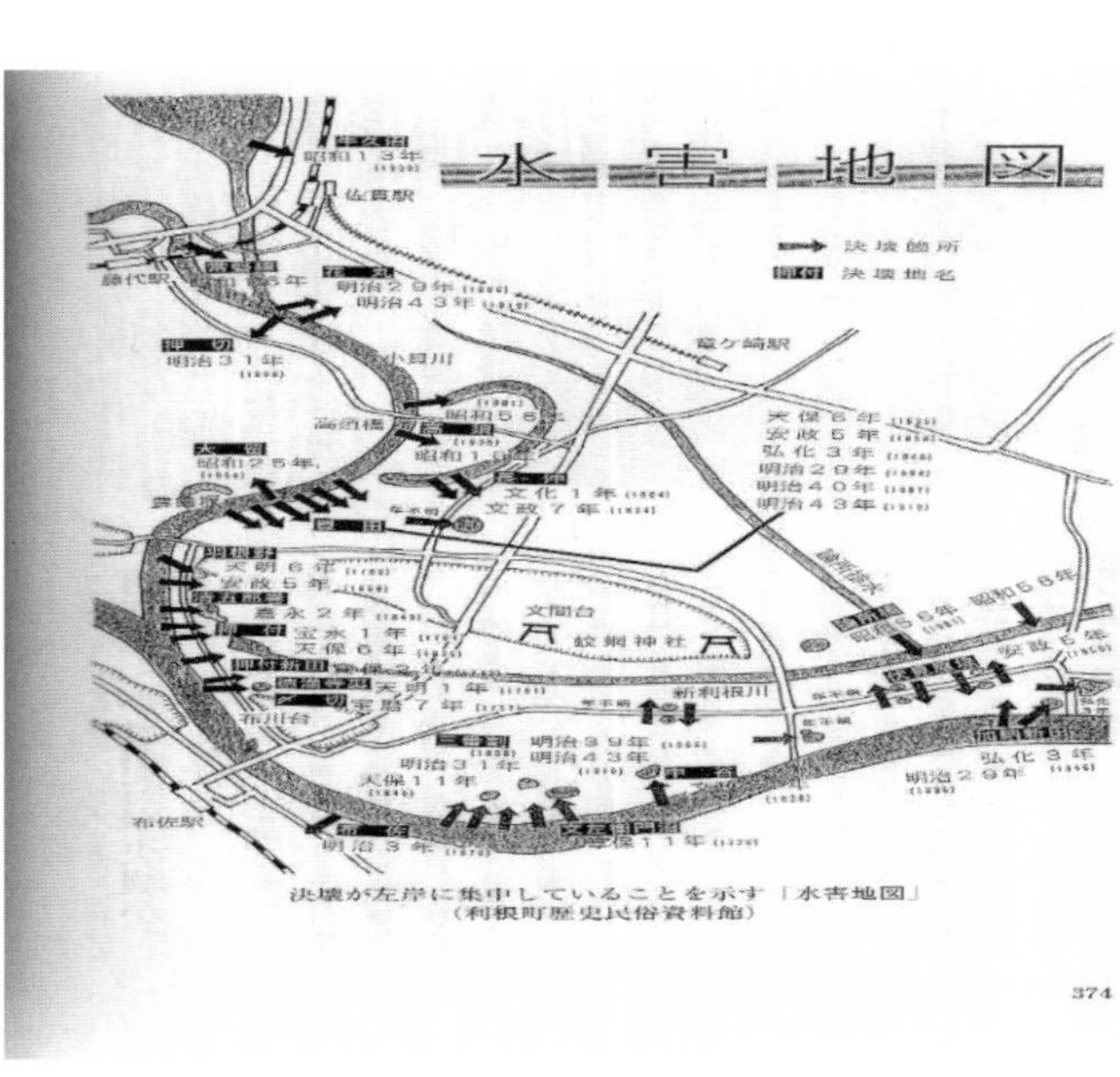

（利根町民俗資料館提供）

これまでは小貝川左岸に被害をもたらしてきたが、今回は右岸の取手側に大きな被害をもたらした。取手側は周りを堤防で囲まれた袋地であり、いったん洪水が発生すると湛水が長期に及んだ。

ここに小貝川の河口付け替え論が盛り上がり、新たな「背割案」が登場する。利根川に沿って、小貝川を加納新田まで延伸させ、利根川本流左岸堤防をそのまま残し、左岸堤を1本築堤しようというものであった。収用する土地が少なく、そもそも排水路もないため、「捷水路案」のように堤防を越水した水が行き場がなくなる袋地ができる心配もないとされた。費用も一番安上がりといわれた。

背割り案はまだ未確定であったが、布川町、文村、東文間など（現在は利根町として合併）を中心に反対運動が起こり、昭和26年には町村民大会で郷土防衛隊が組織される。

昭和28年11月4日には水戸記者クラブの面々が現地調査を行い、建設省の係官に説明を聞こうとしていた。郷土防衛隊は、半鐘を鳴らして隊員を緊急集合させた。係官が来ていることを知った防衛隊は新聞社も計画に加担をしていると誤解した隊員は、栄橋の上で新聞記者団にも暴行を加えるという事件が発生。

日本新聞協会も民主主義を踏みにじる暴力行為として山田布川町長に厳重に抗議を行い、苦境に立たされる。防衛隊員17名は検挙され、最終的に15名が懲役8月から罰金２０００円の有罪判決を受けるが、執行猶予2年として釈放をされている。その後、防衛隊員も落ち着きを取り戻し、小貝川河口反対闘争委員会を中心に粘り強く反対運動が続けられる。

昭和46年に山田町長は病のため亡くなるが、昭和55年に建設省案は廃案となり、山田さんの墓前に報告された。

山田町長が期待したもの

利根町の山田町長は、「小貝川下流の破堤を除くには小貝川の河口を下流に移す以外にない」という説明（建設省富永私案）に対して、「利根川と小貝川の洪水には時間差があり、被害が出ないこともある。堤防の強化など水防上の注意を払えば、破堤を防ぐこともできる。新捷水路については耕地の中心を通過するので、多数の川排水路を横過させる暗渠工事が必要だが、地盤が軟弱である。鬼怒川に調節池を設けるとか、小貝川合流点付近の浚渫を行うための浚渫船を配備しては。」と具体的な提案も行っている。

山田町長は、「公式的逆流説を反駁する」と題して次のような文書を残している。

「技術の権威が冒涜されていないか。建設省の役人も、政治的な影響に左右されずに、拙速を排し技術的な巧微を尽くして慎重に検討を行うことを要望する。布川と布佐の狭窄部をどうしようもないものとして検討を行っているが、明治41年から昭和５年の計画に沿って、利根川取手佐原間工区の一部工事として実施されるべきものである。昭和10年の大洪水に遭遇して、利根川全川を通じて対策の最大眼目は、いわゆる「昭和放水路」の開発であって、支川小貝川の逆流防止策はその関連課題ではないか。」と問うている。

昭和55年に策定された利根川改定計画によって、背割り案による小貝川付け替え計画は廃案になった。が、小貝川の洪水対策のためにも、利根川放水路は必要であるという山田町長や住民の願いはいまだ実現をされていない。

新利根川の歴史から何を学べるのか、生かせるのか。

放水路として残せなかったか

地図には新利根川と出ているが、この川は開削してすぐに廃川になったはずで、それは江戸初期だった。それなのに、新利根川は幅50メートルもあって滔々と流れている。すでに論所用水や江川を呑み込んでいるから水量を増していて、さらには破竹川が流れ込めば川幅を広げるだろう。新利根川は廃川になったというが、川として復活したのではないだろうか。排水路ともいえるが、江川、破竹川を支流とした新利根川とも呼べる河川である。

それはそれとして、新利根川は何かと騒動が多い川で『新利根川騒動記』（宮本和也）がある。それらは「水」に関わる事件と考えられ、その１つに芝崎堰（稲敷市）騒動がある。

大雨が降れば、堰上流の４新田は湛水の禍に苦しんでいた。大正７年６月、大雨が続くのに堰は閉まったまま、新利根川の水が氾濫すれば稲は腐ってしまう。４新田の村人はとうとう実力行使、堰を切ってしまった。怒った柴崎堰役人は警察に通報して、逮捕者４人、取り調べを受けた者１４０人。誰もが自発的な行動と言い張って、首謀者はわからないままだった。この事件の後、新利根川は改修されて川底は深くな

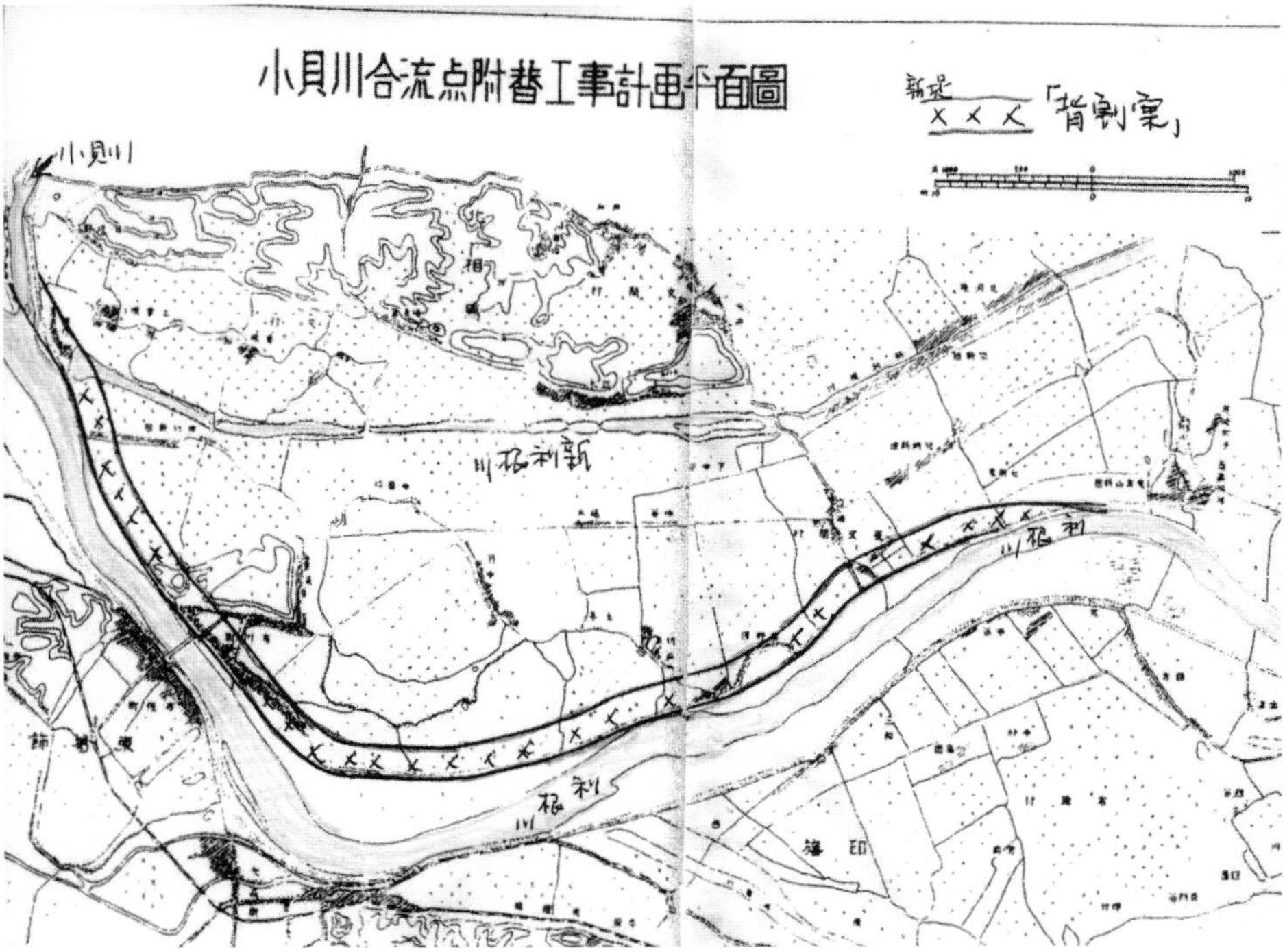

小貝川合流点付替え工事「背割り」案

小貝川と利根川の左岸土手を背にして小貝川を加納新田まで伸ばして
利根川に流す案。　　　　　地図には××印として表示
（利根町歴史民俗資料館提供）

り、川幅も広くなり、氾濫は無くなったという。

さて、新利根川は利根川の放水路ではなく瀬替えだったと述べた。それなのに放水路の本書にここまで書いて来たか、そのことについて触れたい。新利根川は廃川にせずに放水路として残せなかったのか、というのが私たちの考えである。実態としては新利根川としてあったのだから、利根川と新利根川の接点の個所を完全に止めないで、洪水だけ新利根川へ流すようにする。つまり、利根川の小貝川への逆流する部分だけ新利根川へ流せば、小貝川の決壊も防げるはずである。

新利根川は廃川にしないで、放水路として残せなかったのか。確かなことはわからないが、放水路という概念が当時はなかったからだろうとも考えられる。

新利根川を放水路にする

小貝川は、現在も洪水による決壊の危機を抱えている。それは布川～布佐の狭窄部とも関係するが、利根川本流の洪水が小貝川へ逆流によるもの。その逆流を除くためには狭窄部を拡幅するか、小貝川の洪水と利根川の逆流を新利根川へ流せばすむことである。私たちは利根川、狭窄部の拡幅よりも新利根川の放水路化の方が実現可能だと考える。

新利根川を放水路とするためには、川幅を拡げなければならないだろう。現在は堤防がないが、両側に堤防も必要だろう。堤防は、水路拡幅の土だけでは足りないかも知れない。問題の小貝川と新利根川の接点は完全に締め切らないで、越流堤を造り洪水の時だけ新利根川へ流れ込むようにして置く。これすなわち、新利根川の放水路化である。

3　小野川放水路

小野川沿いの佐原の街並みは、江戸時代から「お江戸見たけりゃ　佐原へ御座れ　佐原本町　江戸勝り」と歌われたが、江戸にもない独特の良さがある「江戸勝り」の街であった。今もその風情は失われず、平成8年度には国の重要伝統的建造物群保存地区に指定され、多くの観光客が訪れる。

利根川への放水路は、利根川下流域の千葉県香取市にも一つある。それは「小野川放水路」である。小野川の市街地区間佐原を流れる小野川は河道も狭く、橋梁もあり、台風時には江戸情緒を残す小野川沿いも川筋が分からない位に水が溢れて。小野川沿いにある小野川右岸の佐原小学校も膝下まで浸水することもしばしばであった。

　しかし、小野川の牧野に「小野川放水路が平成年にできてからというもの、小野川筋が浸水した記憶はない」と誰に尋ねても同じ回答。

　小野川は、新部橋《にっぺばし》を過ぎて牧野橋に差しかかる手前から、北西に曲がって佐原の町に入っていく。洪水は曲がらずに県立佐原病院の方向に小野川放水路を通って、小野川放水路樋管から利根川に向かう。

佐原の町を守るトンネル放水路

　新部橋、牧野辺りの川には昔から米作用水確保のために水を調整する仕掛けというのか、取水堰が設けられている。橋の直上から段差をつけて水を落とし、川幅も広げて堰を造る。普段は空気を抜いたタイヤ袋が橋脚のような杭に無造作に置かれ、田植え時には空気を注入されたタイヤチューブが膨らみ、堰止めする。

　洪水の際は小野川に水が流れないように水門がしめられ、普段は立ち上がっている「転倒堰」（倒伏）を寝かせて放水路に誘導する。

　小野川放水路の長さは２１８４メートルだが、２つの箱型のトンネルを並べてその上に道路を通している。県立佐原病院前には都市計画道路香取与倉線が走り、香取神宮入口を過ぎる

右小野川放水路分派点
右後方は県立佐原病院
・
左小野川本線（水門）

と55号線（佐原山田線）が出口の「小野川放水路樋管ゲート」手前で３５６号線（利根水郷ライン）にぶつかる。

小野川水門と樋管は、「水郷のさと」を挟むというのか両縁に位置し、西側の利根川上流側に小野川水門があり、小野川樋門は下流東側にある。樋門ゲートには「**小野川放水路樋管**」２門（平成16年6月完成・写真手前）と「**北総東部用水樋管**」（平成16年6月完成・写真奥）１門が仲良く並んでいる。片や放水目的であり、もう一方は利根川の水を引き入れて北総台地に運び、農業に生かすためのものだ。

佐原の古い町並みを守りながら、安心をして営みを継続することができるのも、上流に利根川に抜ける小野川放水路を完成させたからである。江戸から明治にかけては水運が交通の主役であり、佐原は水運で栄え、明治13年まで千葉県では銚子、船橋に次ぐ3番目に人口が多い町であった。相撲興行も行われている。

江戸期には酒や醤油を載せた高瀬船が利根川を遡上し関宿を廻って江戸川を下った。明治、大正期には川蒸気船通運丸も利根運河（明治23年竣工）を廻って、東京との間を往復した。銚子港だけでなく北浦や霞ケ浦の河岸からの人や荷を積んで両国や貝殻町に向かった。佐原の賑わいが想像できる。

現在では水郷を楽しむ遊覧船が浮かび、夏と秋の佐原の大祭には時代がかった大きな人形（菅原道真、太田道灌等）を載せた山車が、交差点では「のの字」に回され「佐原囃子」の音色と共に軒先をかすめて進む。小野川沿いには伊能忠敬旧宅を始め、古い商家が建ち並び、河岸には荷揚げ用の石段「だし」が残る。

利根川水運の中継河岸として栄えた佐原

実測日本地図を始めて完成させた忠敬

伊能忠敬（生れは上総の国小関・九十九里町）は幼年期には苦労をしているが、17歳の時、佐原の伊能家に婿入りしてから商才を発揮し、米穀商、醸造業、薪問屋の商いや名主としての仕事を見事に務め上げ、年商も著しく伸ばしている。家業の合間を縫って、数学や暦の勉強をしていたようだが、50歳にして江戸に出て天文家高橋至時《よしとき》に師事し、暦学や天文学を本格的に修める。

伊能忠敬像（旧宅庭・香取市）

55歳（１８００年）から71歳まで蝦夷地（北海道）から九州まで、10次に及ぶ17年もの長期の測量をおこない、73歳（１８１８年）で亡くなっている。地図作成は弟子たちに引き継がれ、１８２１年に「大日本沿海輿地図」（伊能図）が完成、幕府に上呈されている。令和３年は伊能図完成から２００年の節目に当たっている。大図（３万６０００分の１）２４１枚、中図（21万6000分の1）8枚，小図（43万2000分の1）3枚を作図しているが、日本では初めての実測による地図であり、日本を世界の中に組みいれた初の実測地図といえる。精度も高く、明治17年には陸軍参謀本部は「伊能図」を骨格として地図を編集している。海岸線を歩くだけで綿密な地図をよく仕上げたものである。

明和8年（1772）幕府（老中田沼意次）の意向を受けて船代官から、利根川流域の村々に対して、「問屋公認に関する通告」（問屋を公認し、船管理を徹底しようとした増税策）が廻送された際にも、佐原を代表して問題解決に奔走をしている。（この事件の顛末は「佐原邑河岸一件」として記録されている。）

天明3年（1783）と天明の6年（1786）の洪水が利根川流域にもたらした被害は特に大きく、各地で餓死する人も続出した。佐原地先も堤防が切れ、対岸の十六島（新島）一帯は、堤防らしい堤防もなく、もろに被害をうけていた。

十六島は横利根川や常陸利根川などに囲まれた今の水郷地域だが、農民たちは自分の家や財産が流される事態に悩まされてきた。洪水の度に土地の形状も変わり、移動するので測量の技術を必要とした。こうした土地柄が伊能忠敬という人物を育てた環境と思われる。復旧工事の際には、忠敬は指導力を発揮したという。天明5年にも旱魃が襲うが、幕府に対して給付金を求めるだけでなく自らも備蓄米を放出し、関西から買い付けた米も安く売って人々を救済している。

常陸利根川が利根川本流であった

平成27年豪雨では市街地佐原は小野川放水路への放水により、浸水被害を免れた。放水路の最終出口の水門は利根川の水位が上がった際には閉じざるを得ず、放水路内に水が留まることがある。排水された水は利根川橋や小見川大橋を下り利根川河口堰へ下って行く。

江戸時代初期から、明治33年までは横利根川・北利根川が利根川下流の本線であった。明治18年第一軍管区フランス式彩色図を見ると、利根川は一本は直角に左折し横利根川道として北利根川につながり、外浪逆浦《そとなさかうら》、常陸利根川と合わせて利根川本流を構成している。笹川の漁師たちはウナギやシジミを求めて常陸利根川を遡上した。横利根川道は普段の水幅は小さいが両岸の堤はかなりの幅があり、洪水に備えていた。もう一本は東に向かってそのまま湾曲しながら外浪逆浦に流れている。

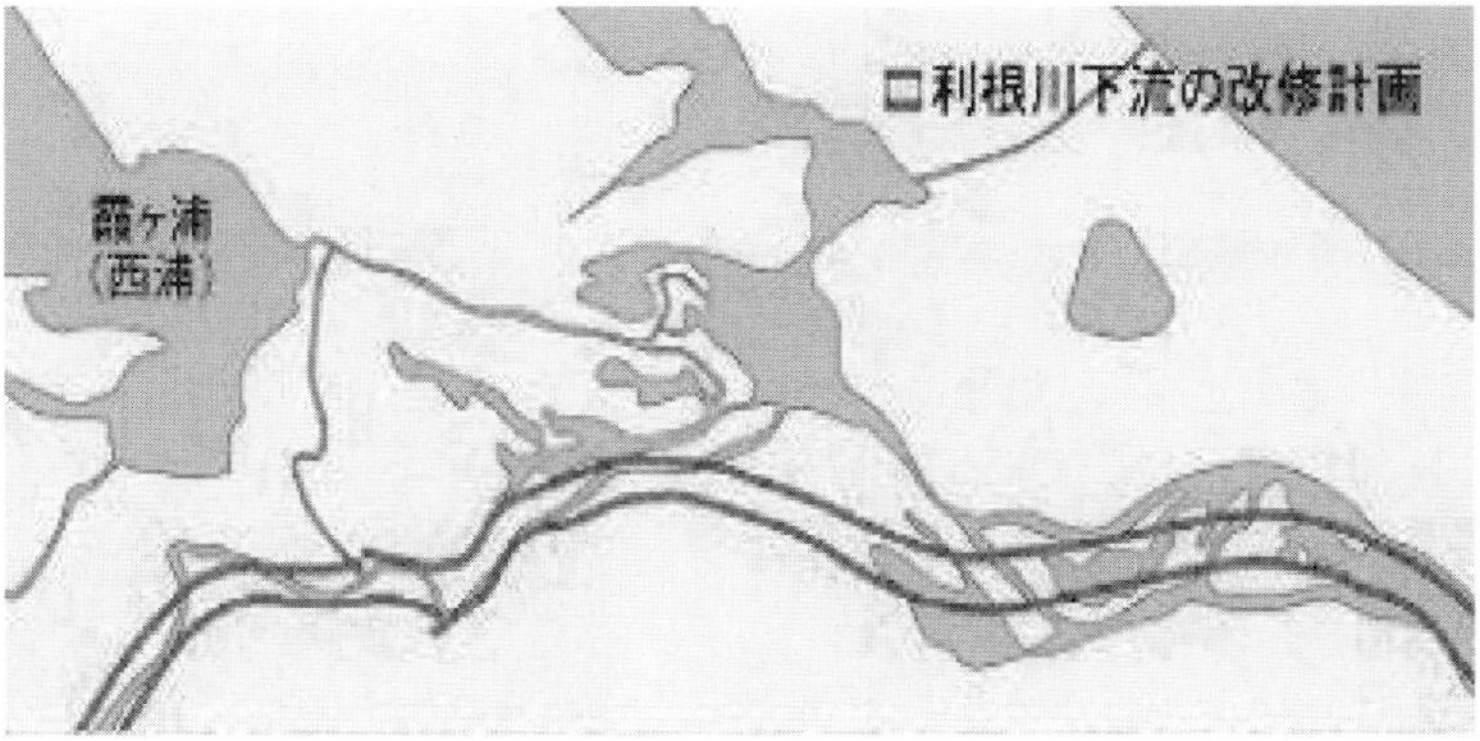

霞ヶ浦河川事務所 HP
治水の歴史から引用
並行する２本の朱線が利根川新河道開削

　現在の利根川の景観は、明治33年（１９００）に利根川改修一期限工事として、外浪逆浦の流れを分離して作られたものだ。10年かけて、佐原からの改修、現在の流路に瀬替えしている。現在の利根川河口堰、石出から銚子にかけては、江戸時代からほとんど変わっていない。

　別の表現をすれば明治29年に河川法が制定され、利根川が国管理の河川となり、霞ケ浦への逆流を防ぎ、船運を維持するために横利根閘門が設けられる。明治33年に利根川と霞ケ浦を分離し利根川の通水能力を高めるために新川が開削された。

　微高地上に16の集落が出来ている。生活のためにも横利根川左岸や北利根川右岸の自然堤防や水害対策のためにも船がなくては暮らせない地域であった。加藤洲12橋は、与田浦から北利根川に出る水路であり、水路を跨ぐ木橋を架けた。

　佐原あやめパークから加藤洲に向かい、北利根川（常陸利根川）の右岸土手に立つと流量のある太い水流が目前に迫る。現在は北利根川も常陸利根川も、ともに常陸利根川と呼ばれる。

横利根川でヘラを釣る人たち

加藤洲水門から見た北利根川

元々常陸利根川は改修前の旧利根川より川幅が広かったとはいえ、現在の利根川の川幅は昭和40年から昭和60年にかけて浚渫・拡幅がなされたものである。北利根川に多くの利根川を受け入れるには底幅240メートル、深さYP－3～3・3メートルの改修を必要とした。

霞ケ浦の水は茨城県と千葉県との県境を流れる横利根川から利根川に注ぐ。横利根川は利根川からの逆流を防ぐために横利根閘門が設

横利根閘門　大正10年(1921)完成
煉瓦造り複閘門式　設計、施工のレベルは高く、平成12年国の重要文化財に指定された。

けられている。平成12年には土木技術の高さを示した煉瓦造閘門として重要文化財に指定されている。上下の閘門の間は釣り船を岸に括り付けてヘラブナ釣りを楽しむ人が多い。たくさん釣りすぎたことを詫びてのためか、ヘラブナ供養碑を建立している。

横利根川の東側、常陸利根川の右岸，外浪逆浦に囲まれた利根川左岸一帯が千葉県(香取市)と説明できる。川と浦と水路でつながった十六島(水郷地帯)である。西浦に鬼怒川や小貝川の砂が堆積してできた土地を江戸時代に佐原の人々によって新田開発がなされてできた集落である。主集落は自然堤防上に分布している。

水郷地帯の中心部にアヤメ、ハナショウブが咲く与田浦があり、潮来の対岸・常陸利根川には数メートルの水路で抜ける。加藤洲の12橋が今もかかるが、現在は水門で水量が調整されている。

北利根川(常陸利根川)は、霞ケ浦から一旦外波逆浦に入り、もう一度常陸利根川を経て利根川に合流する。

昭和30年までは利根川河口堰もなく、常陸利根川の逆流防止水門もなかった。

海のような外浪逆浦

天保水滸伝で有名な東庄町笹川の漁民にとっては、上流に霞ケ浦や北浦を控える常陸利根川はウナギの仕掛けが面白く、良くとれる魅力のある漁場であった。下流の浚渫によりシラスウナギの北利根川、霞ヶ浦への遡上も促されたが、常陸川水門が利根川の口で閉鎖されて、新たな利根川上流に移動することになる。

霞ケ浦の水を流すにあたって、利根川洪水とどのように向き合うのか、共通の悩みを抱えた地域である。利根川下流域には放水路こそ、小野川放水路を除いてはないものの、支流で逃げ場を失った水を氾濫させせないように利根川沿いには多くの揚排水機場のポンプや水門が１３５か所もある。こうした施設が日々パトロールされて、私たちの安全と暮しが守られているが、利根川下流域の流下能力を高めるには、何か根本的な対策が必要であるようだ。

４ 鹿島掘割工事

居切堀という放水路が北浦南端の鰐川《わにがわ》から鹿島灘（太平洋）まで掘られ、長さは約５キロだった。北浦の水害防止と北浦周辺の新田開発を目的とした。北浦一帯は利根川の洪水が逆流して滞留した水は長期間にわたり減水しないで、稲を腐らせていた。そのため、江戸後期から度々幕府に鹿島灘への放水路開削が出願されていた。

そもそも、なぜ居切堀の開削が叫ばれたかというと、天明３年（１７８３）の浅間山の噴火による降灰によって、北浦の利根川排出口である息栖口が塞がったことによる。下利根川も上流から降灰が流れ着いて溜まり、川床が上がってしまったから寄り洲ができて塞がってしまった。北浦洪水を防ぐには、北浦洪水の水を太平洋へ放流しなければならなくなってきたのである。

そのことについて、『利根川治水の変遷と水害』（大熊孝）は述べる。

「利根川の平水が一尺（約30センチ）減ずればこの荒地（１万石の御料地）がすべて復旧できると共に、新規に開墾も可能である。このことは、文政年代初期に下利根川において１尺弱の川床上昇があったことを意味している」

下利根川の浅間噴火、降灰による川底上昇は約30センチあったと指摘する。約30センチの降灰による川底上昇は約40年かかったことになり、噴火の影響の大きさをこの数字から感じることができる。

居切堀は何回も計画されたが

寛政３年（１７９１）神栖市賀《か》から鹿島灘への堀割開削反対の文書が残っていることから、文化時代には旗本の松田金兵衛が、賀村から居切村（神栖市）を通り泉川村（現鹿嶋市）の鹿島灘までを掘割をしたいと幕府に願い出ている。目的としては水害の除去、通船の便、新田の開発を上げていたが、これは計画だけに終わったようである。

水戸藩は江戸へ物資を運ぶ航路であった関係で、北浦の洪水には関心が高かったが、幕末の下利根川の水害激化に対して少しでも水位を下げることを目的に水戸藩の大原左金吾が文政年間（１８１８～３０）にこの掘割を構想したと言われている。また、関宿藩士船橋随庵もこの鹿島掘割を提言していた。

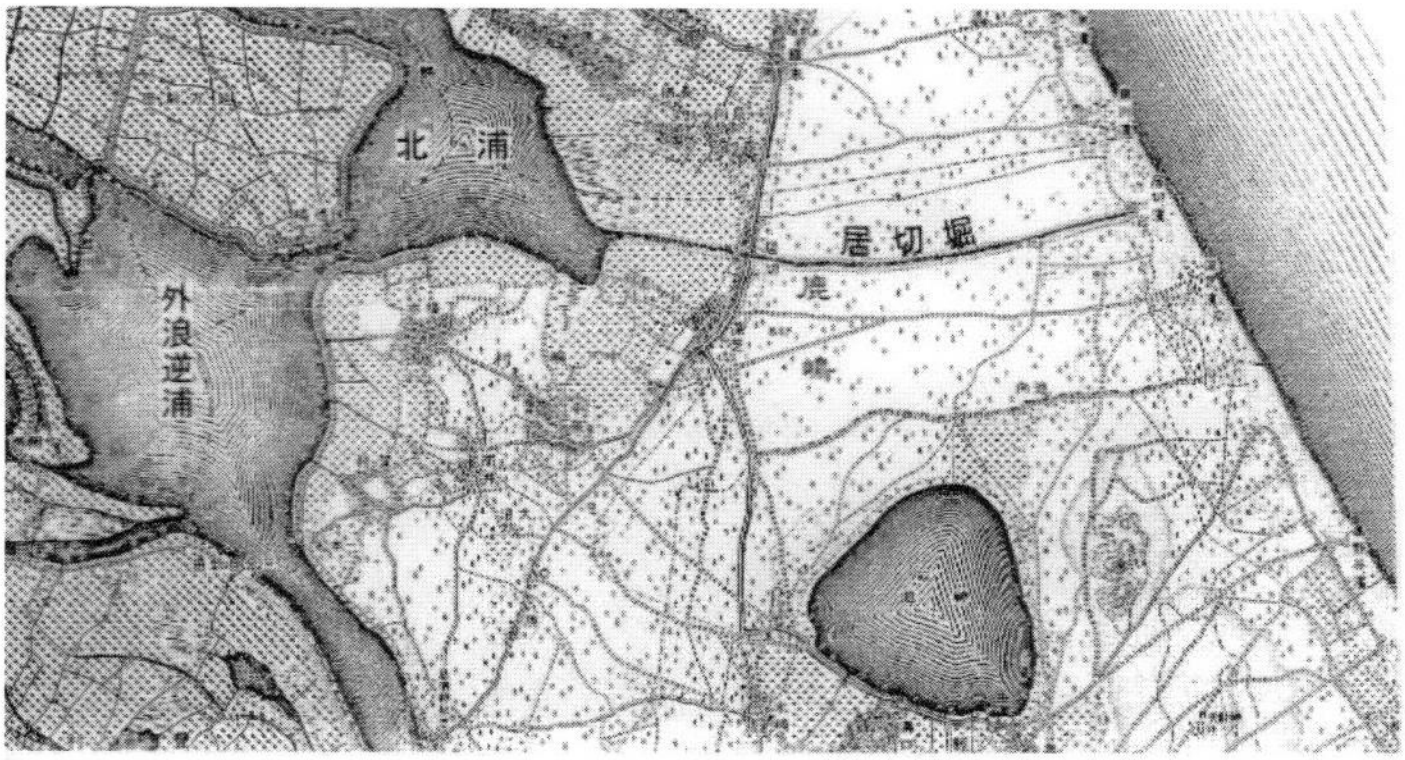

居切堀
明治36年5万分の1地形図

天保12年には勘定奉行の楢原らが鹿島の堀割地を調査しているが、あわせて印旛沼も調査している。翌年、勘定奉行や代官たちが印旛沼を視察し、印旛沼堀割普請計画が具体化の方向に進んだ模様である。

幕府は鹿島掘割計画だけはしたが、天保14年に老中水野忠邦が印旛沼の掘割工事を始めたので鹿島掘割は取りやめになっている。印旛沼の掘割は鹿島掘割と同じ洪水防止の放水路でもあっても、印旛沼は幕府の大工事であったから鹿島掘割（居切堀）は後回しにされてしまったのだろう。

明治初年に掘割は完成したが

幕末の慶応４年（１８６８）に中舘広之助が同じ掘割を出願した。『利根川治水考』（根岸門蔵）から引用する。

「水戸家出入り、中舘広之助といえる者、自費をもって茨城県鹿島郡中島村大字息栖地先を開削し、その代償として寄洲新開の地を所得せんことを出願し、時の政府よりこれが許可を得たるも・・・」

中舘は、自費で出願した点に注目したいが、掘割が成功したら新田はわが物とするという条件である。工事は幕末の動乱で延び延びになっていたのが、明治2年になってやっと着工した。中舘は掘割の上幅9メートル、底幅3・6メートルと設計したが、国の土木司から「上幅9メートルでは思うように水が流れ落ちないであろうから55メートルにせよ」という指示があった。ところが、それだけの水量は無いと言うので、結局は上幅36メートルで実施することになった。

しかし、中舘の計画では明治2年4月には完成予定だったが、それが長引くことになり中舘は手を引いた。引き継いだ水戸藩は人夫として囚人まで使って延べ人足約13万人を費やしてもなお完成しない。担当は水戸藩から国に移り、明治3年に士族授産ということで東京府に移管された。翌年に居切村役人から県に出された嘆願書によると、「モハヤ掘割御普請御成功ニモ相成申候」という文面から工事は明治5年に完成した模様である。ところが、完成も束の間暴風雨で吐口が埋まってしまったから、政府は工事を中止にした。このようにして、一応工事は成功したものの居切堀は廃川になってしまった。

その結果、掘割に沿った水田は灌漑した水が掘割に漏れて干上がってしまったり、吐口は砂が溜って排水ができなくなったりした。明治43年の洪水の時は、吐口近くの堆砂を取り除いて、北浦の滞水を除いたと言われている。

このようにして、居切堀は成功したとは言い難く、手を加えて排水路としてではなく用水路として利用されたようである。松浦茂樹は明治初期の居切堀工事について、「掘割川は洪水分水路としては洪水放流能力が余りに小さく、これで北浦の水害防御ができるとの考えは乱暴すぎる」と、痛烈に批判している。つまり、地形的に問題があった、河床勾配が緩かったからという解釈のようである。

なお、現在の居切堀の東の部分は鹿島港の航路として幅広く掘られた中央航路になっており、付近は鹿嶋、神栖の中心地となっているから、昔の居切堀の面影は探しても見つけることはできない。

赤堀川の拡幅と鹿島掘割

明治4年に赤堀川（利根川本流）の狭窄部の

北側に水路が掘られて、洪水時の流れが良くなった。これは赤堀川の実質的な拡幅を意味し、利根川下流にとっては洪水の脅威である。『洪水と治水の河川史』（大熊孝）は述べる。

「この水路の開削（赤堀川の拡幅）は、あくまでも鹿島掘割を前提とするものでなければならない。鹿島掘割は赤堀川から遥か遠く下流で無関係のように見えるが、これがなければ、赤堀川の拡幅は下利根川沿いの村々にとって単に水害を激化させるだけのものであり、容認できるものではない。しかし、現実には鹿島掘割は失敗に終わっており、末端での対策がないまま、利根川洪水を下利根川に追いやる結果となってしまったのである」

鹿島掘割は失敗しているのだから、利根川下流の放水路と読み替えてみると、利根川下流に放水路を造らない限り、赤堀川の拡幅はしてはならないということだろう。大熊が発言しているように「利根川放水路は利根川東遷に対する補償措置として位置づけられたものである」からである。

霞ケ浦放水路は居切掘の再興

昭和14年、改訂利根川改修計画が策定されるなかで、同じ下利根川地域で霞ケ浦放水路という名の放水路計画案が浮上してきた。これは先に述べた居切堀の再興、あるいは拡大と言える放水路である。

利根川が洪水になると、常陸利根川、北利根川に逆流して北浦の水位を上昇させ、北浦はもちろん霞ケ浦沿岸も大水害に見舞われた。それ加えて、いったん湛水すると平常の水位に戻るまでに1か月以上もかかってしまう。昭和13年、16年の洪水がそうだった。だから、どうしても北浦から太平洋へ排水する水路が望まれたのである。これは利根川と霞ケ浦水系を分離して、霞ケ浦洪水を利根川の影響を受けずに単独で処理できるように計画されたものである。

この霞ケ浦放水路計画は、本新島から与田浦を通り外浪逆浦までの新水路を開くと共に居切堀を拡張して、霞ケ浦や北浦の洪水を鹿島灘へ放流しようとする放水路である。居切堀を含めてはいるが、それよりも規模を拡大した計画だった。

昭和18年の工事は着工された。しかし、太平洋戦争の激化によって工事はほとんど進まず、戦後になると多くの問題点が指摘されて、見直されようになった。問題点というのは、工事費が莫大にかかることや河口維持について難点があること等だった。こうして、北利根川、常陸利根川を拡張する計画に変更されたという。

5 名洗運河構想

銚子の港は難所として知られていた。ここには「てんでんしのぎ」という言葉があって、他人ことなんか構っちゃいられない、めいめいで乗り切れということらしい。銚子港の暗礁(海底の岩)が船の航行を妨げていたようである。日本有数の水揚げを誇る銚子漁港は利根川の川口にあるが、対岸にあった波崎漁港は鹿島灘へ移転している。

東北から運ばれてくる米は、海船で銚子まで運ばれて来て、ここで川船の高瀬船に積み替えられて、利根川~江戸川を通って江戸に達する。その中継点である銚子港で暗礁のために沈没する船が多かったので、この沈没事故は何としても避けなければならない。そのために考えられたのが名洗掘割(運河)である。

この名洗掘割は、船の出入りの支障をきたしていた銚子川口の暗礁を迂回して、河口の上流右岸から南の名洗浦に向けて掘り始められた掘割である。

慶長11年(1606)頃、屏風ケ浦の名洗港まで延長3キロ、幅10メートルの水路が掘られた。開削工事中に大きな岩盤に当たり、慶長11年か14年に中止されている。

ここで注意したいのは工事開始時期の早さで、何と利根川東遷事業よりも早い。こんな時期に銚子港の暗礁を避ける運河を工事したというのは、いかに銚子からの利根川~江戸川水運が重要視されていたかを物語る。幕府の工事で、秋田、米沢、南部などの東北諸藩の御手伝普請によった。これは江戸期御手伝普請の走りで、東北諸藩は米等を江戸へ送る当事者であったから、幕府の工事をお手伝いするという筋が通った事業だった。が、後にはまったく関係のない藩が印旛沼堀割普請のように割り当てられるようになったが、このことは後に述べる。

さて、この掘割は運河なのか、それとも放水路なのか。『印旛沼開発史』は運河とし、かつ放水路としている。『日本の放水路』(岩屋隆夫)は放水路として、工事は未完成としている。『八千代市の歴史』も「名洗浦掘割普請は利根川の水を名洗浦(太平洋)に落とす分水路(放水路)」としている。これは、運河として工事されたものと考え、洪水の時は放水路になる予定だったと思われる。利根運河もれっきとした運河なのだが、いったん洪水となれば放水路の働きを担ったのと同じだと考えられる。

慶長の掘割は、銚子漁港を前にして末広町と新生町との間の丁場川と呼ばれている幅3・6メートルほどの川が、地元では慶長の掘割の遺構と伝えられている。『利根川をゆく』(片山正和)掘割近くの農夫から、

「私は六十になるが、この滑川が、運河の跡とは知らなかった。昔は川幅はもっと広く、子供の頃よく泳ぎました。今はドブ川です」と聞き書きしている。

慶長の名洗運河は中止されたが、元禄11年になると江戸日本橋の石塚伝四郎が計画し、地元の反対運動にもあって中止されている。同じ運河構想は天保13年(1842)、明治35年にも、昭和になっても取り上げられたが、実現には至らなかった。一方、銚子港の整備も着々と進められてきて、港の障害は取り除かれたようである。

6 昭和放水路開発計画

印旛沼掘割工事は江戸時代に3度行われて3度も失敗している。それらと似た昭和放水路は第2次大戦によって中止になっていて、戦後の工事は行われていない。これは放水路関係の工事がいかに難しいかを物語っているだろう。

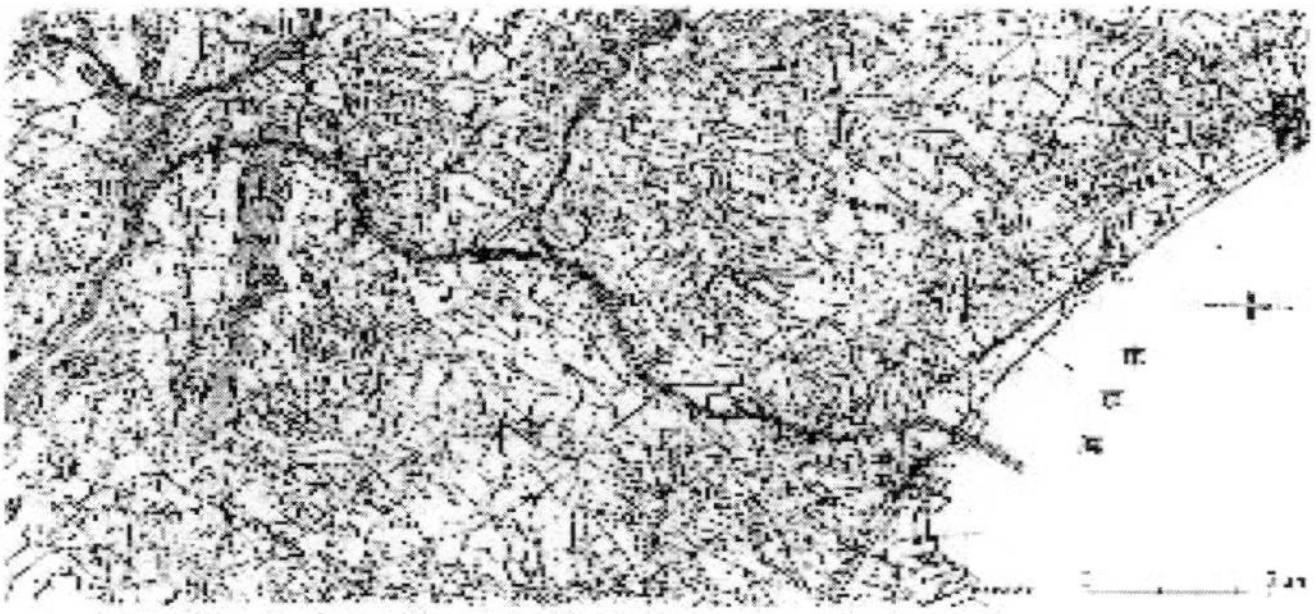

利根川放水路計画平面図
出典「利根川増補計画」(昭和15年)

昭和放水路計画とは何か

戦前、戦後の開発経緯は少々複雑である。昭和13年6月末に利根川下流部に平地性の豪雨が続き、霞ケ浦、印旛沼、小見川などに大洪水が襲い、印旛沼にも甚大な被害が及ぶと、内務省は従来の方針は、利根川の洪水時には安食閘門を閉めて、印旛沼との連絡を絶つことにした。にもかかわらず、方針を変えて印旛沼西端から新たな放水路を作って、利根川と手賀沼と印旛沼の水を一緒に東京湾に放流しようとした。

これは利根川放水路（昭和放水路）といわれるもので、昭和13年利根川改修増補計画の柱として盛り込まれた。経路は利根川右岸湖北地方の小堀を起点にし、手賀沼を経て、船橋谷津で東京湾へ至る29キロ、幅２００メートルの巨大放水路計画であった。

利根川洪水を東京湾に放水することが主な目的であったが、印旛沼や手賀沼の農民は湛水を減らして干拓面積が広がること、県は県で掘削をした土で湾岸埋め立てを行う、国は軍事目的も兼ねた水路の確保と、夫々の思惑が入り混じった、まさに「同床異夢」をみていたのである。

戦況悪化で中止し、市街地化のため断念

単なる計画ではなく、昭和14年に着工をされ土地取得や開削工事が行われたが、昭和17年に戦況悪化を理由に中断される。

印旛沼開発については、昭和10年の印旛沼治水協会は印旛沼放水路の開発を求め続けており、戦後も治水により印旛沼干拓を進めたい農林省案と、利根川洪水対策を進めようとする国土交通省による「利根川放水路」案は併存する。

先にのべたように、千葉県は干拓に加えて、川鉄の工業用水確保を必要としたことから、印旛沼総合開発事業が選択された。水資源開発公団（現在は機構）によって、昭和42年には、北部調節池と西部調節池を繋ぐ印旛沼捷水路が完成、新川を掘削して印旛沼疏水路が昭和43年に完成し、昭和44年3月に竣工している。なお、千葉県では神崎川や桑納川が流下する新川から、大和田排水機場、花見川が東京湾に落ちるまでを「印旛放水路一級河川」と告示している。利根川の洪水対策ではなく、内水を意識したものである。

利根川放水路は戦後も昭和24年、昭和55年利根川改修改定計画に明確に位置付けられた

にも拘らず、長年未着工の状態にあった。忘れられかけていた昭和放水路は突然世の中の耳目を集めた。平成17年11月10日付朝日新聞は、「「幻の放水路」やっと断念　計画用地費高騰2兆円　利根川と東京湾を人工河川で結ぶ利根川放水路計画を断念し、大幅に縮小する方針を固めた。66年前に計画をされたが手付かずのまま時が過ぎるうちに当初の想定ルートの市街地化が進行。用地費の高騰で実現困難となり、専門家の間で「幻の放水路」と呼ばれていた。」と報じている。

昭和13年の利根川洪水被害を受けて、国交省は昭和14年の「改定利根川増補計画」に於いて計画高水流量(河道を建設する場合に基本となる流量であり、各種洪水調整施設での洪水調整量を差し引いた流量)を見直し、増加分のうち2300立方メートル（秒）を利根川北西部と東京湾を結ぶ「利根川放水路」に受け持たせた。昭和55年計画は3000立方メートル（秒）に増量していたが、平成18年計画では1000立方メートル（秒）に縮小したのである。

新聞報道された前日、11月9日に第24回河川整備基本方針検討小委員会が開催され、「利根放水路周辺では市街地化が進行し、現計画の放水路規模では地域社会への影響が甚大であり、印旛沼の活用を図りながら規模を縮小」という判断が示されていた。

現計画流量配分および基本方針流量配分(案)参照（次ページ上段図参照）

完成した印旛沼開発は水位安定が狙いであり、印旛沼の水が不足した時には利根川から導水し、印旛沼の水量が増加した際には印旛沼排水機場から排水し、それでもできない場合大和田排水機場から東京湾に向けて放出する。

千葉用水総合管理所では、新川を疏水路上流部、花見川を疏水路下流部と呼び、「利根川放水路」とは呼んでいない。平成18年計画では「利根川放水路」は印旛沼経由に場所も、流量も1000立方メートル（秒）に大きく変更されたが、令和4年2月現在も消えてはいない。

調整池に逆戻りした印旛沼

江戸の歴史を紐どけば，延宝8年（1678）に下利根の水害を除く目的で利根川の洪水の一部を印旛沼に分流させるために、布川・布佐という常陸川の狭窄部の直下から将監川を開削して、印旛沼を調整池にしようとした。

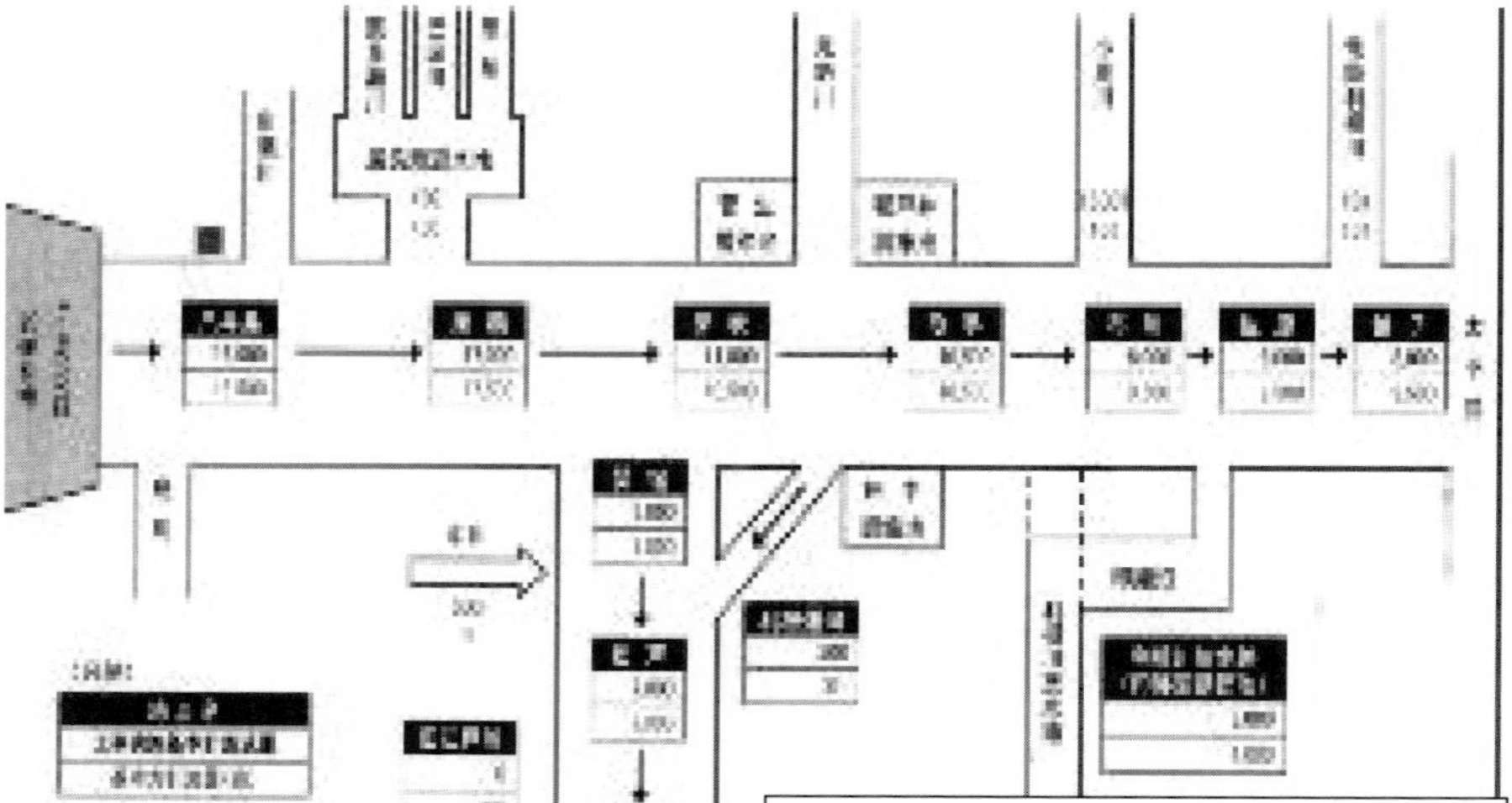

平成18年河川改修計画　利根川水系
昭和５５年計画　利根川放水路へ 3000 トン（毎秒）を１０００トン（毎秒）に変更

赤堀川の川幅の広がりや逆川もあることから、常陸川への流入増加を予想していた。

明治には、オランダ人技師ムルデルも将監川は航路、洪水対策悪水排除に必要だとして拡幅を主張するも退けられていた。が、その後大正４年に将監川は利根川から締め切られて、印旛沼から切り離されて印旛沼は利根川の調整池ではなくなっていた。

小貝川の洪水を何度も経験してきた茨城県は明治の終わりから、利根川放水路の掘削を期待し続けている。昭和56年10月の洪水被害への改修計画が半分も済まないうちに昭和61年（１９８６）８月には台風10号により、小貝川の堤防が３か所で決壊し、大きな浸水被害を受けてしまう。小貝川は利根川洪水時には利根川からの逆流もあり、利根川放水路の建設は茨城県の人たちにとっても願いだった。

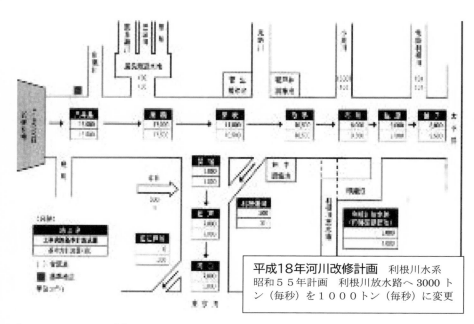

利根川と小貝川の合流処理

利根川放水路は多くの河川の宿題を担っていたが、布川と布佐の狭窄部直上で合流する小貝川の処理は江戸の初期からの悩みの種であった。合流点から8キロは、「利根付小貝川」とも呼ばれて、利根川からの逆流によって小貝川は破堤をし、高須町や豊田町（竜ケ崎市）から稲敷まで被害が及んだ。

明治29年、明治40年、明治43年と洪水によりたびたび破堤をし、帝国議会でも稲敷や北相馬郡から請願が出て、改修工事について「利根付小貝川」工事に関する委員会も開催されている。「一朝洪水に会えば、狭窄部ゆえ放下もできず本流激突し、水勢張溢ついにその圧力に耐えずして破堤に及ぶ」、狭窄部改修は下利根川の一大根本であるとしている。

この時の解決方法として合流部に閘門（逆水門）も検討されたが、賛成はなく狭窄部の拡張と早期浚渫の提案もなされたが、それよりも「利根川と小貝川合流時点から東京湾に直接流す放水路」築造に賛成する意見が多数をしめている。新利根川にも懲り、この地域の人たちは利根川の狭窄部に利根川、渡良瀬川、鬼怒川の洪水、そして小貝川すべてを託すのは無理と思っていたのであろう。

『利根川の近現代史』（松浦茂樹）、によれば、既に明治40年帝国議会において利根川放水路は原案が検討されていたのである。平成18年の方針変更は小貝川を含めて利根川流域の人たちにとっての願いに対して、応えた回答にはなっていないのではなかろうか。

北総台地を南北にぬける巨大水路

昭和10年9月に発生した大洪水は、計画高水位を全川で越えてしまったため、昭和14年計画では、上流部は昭和10年の実際の水量を基本として計画流量を修正している。下流部は布川狭窄部については引堤が困難であり河道掘削で対応しようとした。

目標増加分については、「利根川放水路」新設によって初めて対応しようとしている。利根川上流、下流、小貝川、江戸川、渡良瀬川などを含む総合的な河川改修計画の最重要箇所として組み込まれたのである。

その際選ばれた径路が利根川・我孫子市湖北地方小堀《おおほり》からであり、手賀沼、船橋谷津まで、川幅は台地部で幅２１０メートル、低地で２４０メートル、全長29キロ、昭和17年までに用地買収１０６ヘクタール、掘削26万立法メートル（実績ベース）、という大規模な事業計画であった。

北南の線は最初に定規を東経１４０度５分辺りにおいて、作図を始めたように想像される。印旛沼掘削でも述べてきたが、布川（利根町）

と布佐（我孫子市）の直上は利根川でも狭窄部の一つであり、下流域は洪水対策に悩み続けてきた。昭和10年洪水を受けて、測量が開始され、昭和13年洪水被害を受けて同年末に内務省は計画し、予算化がなされている。

小堀は利根川右岸にありながら、茨城県取手市に属し、今でも川向こうの学校や施設に通うため、取手市営による「小堀の渡し」（渡し船）やバスが利用されているところ。布佐の少し上流にあり、江戸中期以降小堀河岸には多くの高瀬船と艀が待機し利根川水運にとっては最大の船寄せ場であり、船大工もいた。

昭和13年の洪水時には木下水門で手賀沼水位を調整しているが、利根川の水位が下がるまで数十日も放水の仕様がなく湛水が続いたという。

加えて印旛沼西端から神崎川沿い西南に水路を作り、途中で印旛沼の水も合流をさせ手賀沼と印旛沼の悪水対策を同時に解決しようとしている。

手賀沼の水位を下げるだけでも大変であり、果たして印旛沼の水を受け入れることができたかは検証の仕様はない。「秀忠掘割構想」の径路でも述べたが、享保期には逆に手賀沼南岸平塚村の名主たちは神崎川から一旦印旛沼西端、船尾、平戸方向に悪水を流し、東京湾に落とすことを期待したこともある。

それでも工事は着手された

規模の大きさ、課題の重さに怯む向きもあったであろうが、利根川放水路計画は着手されている。昭和14年5月22日には栗橋で起工式が行われ、船橋市宮本町に船橋土地収用事務所と利根川放水路事務所が置かれた。昭和14年には測量と土地買収が船橋側から開始される。

東船橋5丁目の船橋高校グランドは船橋高校校舎や周りの民家よりも5メートルは下がった底地となっており、川底の一部と思われる。グランド隣の国交省防災センターのヘリポートも台形の盛土上にあり、土捨て場跡ではないかと想像される。近くには起点から1キロという距離標石も残っている。昭和16年に入ると河口の浚渫や用地掘削、橋脚建設も行われ、京成電鉄線の架け替え工事用橋脚も残っている。

利根川取り入れ口、小堀や鎌ヶ谷の台地も掘削しようとしており、船橋側から両岸に距離標の石柱を立てており、我孫子市湖北地方には「内 29.65」，「内 30.100」（内は内務省、距離は船橋からの実測キロ）が何本も残存している。第２次大戦の戦況悪化により、計画は中断されるが廃止にはなっていない。

福田武雄の房総半島改造計画

昭和18年「科学画報」２月号に福田武雄教授は次のような計画を発表している。福田武雄は新潟の万代橋などを設計し、戦後土木学会会長を務めた重鎮であった。

利根川放水路建設のために掘削した土で京葉臨海工業地帯を造成することは、既に述べた。羽田空港に替わる大きなハブ空港を姉ヶ崎に建設、京葉運河を作り１万トン超える船を自由に通航させる。

東京湾トンネルを掘削し、１周１６０キロの臨海鉄道を敷設し、並行して東京湾環状高速道路（時速１４０キロ）を完成させる。千葉には銚子から自動車専用道を作って湾岸道と接続させる。

九十九里浜東金から千葉にかけて全長37キロ、幅50メートル、水深９メートルの千葉運河を開削する。この計画だけは構想で終わっているが、成田国際空港、東京湾アクアライン、湾岸自動車道、東関東自動車道、房総導水路など、計画の多くは形態を変えても実現をしており、当時としては先見性に富んでおり、大風呂敷とは言い難い。

徳田球一の利根川水系総合開発計画

徳田は第二次大戦中長く監獄にいた。水利土木の研究は刑務監吏にとっては政治性が薄く人畜無害と思われたのか、監獄の中には治水に関する多くの文献が差し入れされたのであろう。昭和22年カスリーン台風、昭和24年キティ台風被害が日本中を襲った直後の９月に徳田は『利根川水系の総合改革』を発表している。

「治水不全により、台風の襲来による洪水で山が崩れ、田畑は潰されて家も流され交通も麻痺する。人民の生活は常に脅かされ、もし食糧危機が起きると外国に哀れみを請わなければならない。それだけではない。電気も危なくなってきており、港湾も廃港となれば日本の産業も危なくなる。治水こそ国土と経済発展の基礎である」と主張をしている。

河川改修については、徳川幕府が江戸の水責めを防ぐために河道を銚子方面に無理やり変更してしまい、霞ケ浦、北浦、印旛沼、手賀沼などの湖沼に水を流したことが洪水被害の原因と考えた。

鬼怒川、小貝川、手賀沼、印旛沼の水を合わせて千葉の近くで東京湾に流す。「昭和放水路」手賀沼、印旛沼一括解決を提案している。また、古利根川、元荒川、中川へは利根川の水を導き、運河建設を提案し、利根川と渡良瀬川の水については大拡張した江戸川に落とすなど江戸川の水運復活を考えている。

興味深いのは、利根川上流にダムをつくって灌漑用水と水力発電に利用するという点、米国テネシー上流にはダムが21あり、参考にしたいと書いている。福田武雄教授の東京湾、利根川水域計画を多分に意識して対案を出したつもりではないかと思われる。

印旛沼調整池は振り出しに戻った？

利根川の歴史は治水と水運とのせめぎあいであった。江戸を水害から守りたい、されど東北からの米もほしい。赤堀通水承応3年（1654）により利根川も渡良瀬川も常陸川に流れ始めた。内廻り航路も完成し、利根川〜江戸川の水運は賑わった。しかし、下流は常に利根川洪水のリスクに晒されることになった。

赤堀川通水により増加した水量を寛文6年（1666）、新利根川から霞ケ浦に流そうとしたが一年で失敗して、寛文7年（1667）布川と布佐の狭窄部を掘削し、将監川を掘削して印旛沼を遊水池にしようとした。

印旛沼はこれまで見てきたようにそれでなくとも内水による湛水があった。それだからこそ、印旛沼掘削は江戸期の3回の挑戦、明治の挑戦も継続された。将監川は大正期に締切り、利根川と分離して「印旛沼調整池」は消えたはずである。が、封じたはずの一手を打ってしまった。印旛沼を利根川の遊水池にした江戸初期に戻ったように思えてしまう。

されど、平成18年に印旛沼を調整池として、東京湾に放出する放水路計画は、それ以降、今日に至るまで実行された形跡は全くない。千葉用水総合管理所における印旛沼開発事業においては利根川洪水時には印旛水門は閉められて利根川の水とは分離されており、実態的には印旛沼は大正以来の分離政策が継続されている。

利根川放水路建設という課題設定自体は間違っていた訳ではなく、増補計画の肝であり、今なお、適切な方針だと私たちは考える。

激甚災害に備える

利根川の洪水水量確率は他の河川に比べて相対的には長い年数を想定していて、80年に1度の確率とされているが、利根川は大河であり、既往の経験降水量に対応した計画だけでは十分とは思われない。寛保2年（1742）、明治43年、昭和22年と大洪水を繰り返しており、100年、200年に1度の確率で考えても決して不自然ではない。ちなみに100年に1度の利根川上流域の雨量は355ミリが3日続くことを統計的に想定している。100年に1度というとめったに発生しない確率と思われるが、実際の総雨量で評価しようとすると最近の雨量と乖離した水準とも思えない。

それどころか、現在の八斗島における安全度の水準は30年もしくは40年に一度の雨量発生を想定したレベルにとどまっていて、80年に一度発生する雨量を想定した洪水対応に出来るレベルを目指しているといわれる。

利根川は大河であり、社会経済的な重要度に相応しい安全対策を講じる必要が有ると思われる。利根川を東遷させ、利根川、渡良瀬川の流れも背負わせ、それによって生じた利根川下流への影響はやはり時間がかかっても、解決していかなくてはならないのだと思う。

温暖化の影響も強まり、台風に加え線状降水帯など雨の降り方も変化し、雨量増加して激甚災害も増えている。平成27年には関東東北豪雨で鬼怒川が決壊して常総市の広域が浸水し、平成30年には岡山県倉敷市吉備町を始め九州での豪雨被害が繰り返されている。令和元年10月台風19号は利根川下流の計画高水量を超過している。

予測が難しいが地震と重なることも考えられる。安政2年（1855）の大地震は関東で大きな被害が発生しているが、幸手の権現堂堤は崩落や地割れができて破損している。

全国的にも激甚災害が広がっており予算的には大変ではあろうが、計画目標を高めるとともに、利根川放水路の実行工程を明確にする時期と考える。

最近では「超過洪水に対しての対策」が重視されている。予想を上回る洪水が発生する可能性が高まっており、被害をいかに最小限にとどめるのか、地域における防災の強化が急がれている。放水路などの施設建設には時間と金を必要とするし、「災害人を待たず」ともいうので、マイタイムライン設定など住民一人一人の取組が進むことは大いに賛成である。

確かに大きな計画には大きな予算がともなう。現在の財政予算からはとてもできることではないと考える人もいるであろう。が、洪水対策は、上流にダム、中流に調整池、下流には放水路という重点施策、加えて堤防で備えることが肝要と思われる。

四章 印旛沼掘削工事

印旛沼は香取の海の一部であり、現在の霞ケ浦、北浦、牛久沼、手賀沼と同じように淡水と海水が混じった汽水であったが、流域の河川が運んでくる土砂の堆積や海退により、印旛沼や手賀沼のような入り江は取り残され、湖沼化されてきた。印旛沼に大きな影響を与えたのは、江戸初期の赤堀川掘削により常陸川に利根川や渡良瀬川の水が流れ込むようになったことである。

印旛沼は現在では北部調整池（北印旛沼）と西部調整池（西印旛沼）に分かれているが、かつてはWの形をした大きな沼であった。

そこへ鹿島川、高崎川、新川、神崎川が注ぎ、内水による洪水被害を受けていた。赤堀川が元禄11年（１６９８）に拡幅され、利根川の水が常陸川に大量に流下するようになり、香取地方など利根川下流域は利根川洪水の影響を大きく受けることになった。

そこで、幕府は布川・布佐の狭窄部直下から将監川を開いて長門川に繋ぎ、印旛沼遊水地化に踏み切った。沼からは長門川から利根川に内水を出すしかなく、しかも沼とは水位差がないため、利根川の水位が高くなると、沼へ逆流をしていた。そこに来て、もろに利根川の洪水が入ってきたのでは、印旛沼周辺の農民はたまったものではない。

水運の確保、新田開発の目的ももちろんあったが、何とかして印旛沼の水を江戸湾に落とそうと試みられたのであった。この構想は、横戸村（千葉市）付近を分水界として、平戸村（八千代市）地先で沼に流れ込んでいた新川（八千代市）と江戸湾に流れ込んでいた花見川（千葉市）を掘割で結ぶことであった。

難工事の現場であり、失敗を重ねて享保期から２６０年の挑戦が繰り返される。特に工事の難所は、現在の京成大和田駅に近い、八千代市と千葉市花見川区の境である台地と花見川上流部であった。

昭和13年、昭和16年の利根川大洪水により手賀沼や印旛沼が一面泥沼と化したことにより、地域も政府への陳情を強め、農林省も腰を上げる。紆余曲折を経て印旛沼開発事業は、昭和43年に悲願の達成をみるが、総費用と内訳は事業の目的を明確に物語る。１８２８億円が干拓約61%、土地改良約15%、工業用水24%の比率で投入をされた。

(『印旛沼開発工事誌』水資源開発公団)１９６９年３月印旛沼開発事業は中央部を埋め立て、西印旛沼と北印旛沼調整池を捷水路で結ぶことによって、約９００ヘクタールの干拓地を完成させている。

一 享保の掘割工事

印旛沼や手賀沼の周辺の人々は失敗にも負けず、水位の安定を求め続け江戸期において、印旛沼では大規模な掘割工事が享保、天明、天保年代と三度試みられた。印旛沼に流れ込む内水と利根川からの外水により、沼周辺は幾度も洪水被害に見舞われていた。

民間初の開削は自普請

８代将軍吉宗は財政再建策を推し進め、大商人の投資を促して大規模な新田開発を実施しようとしていた。享保７年幕府は財政再建を解決する一環として、江戸日本橋に新田開発奨励の高札を立てている。印旛沼における新田開発もそうした幕府の政策に応えたものであった。

享保９年（１７２４）沼尻・印旛沼西端に当たる下総国平戸村の名主・染谷源右衛門ら数人が相寄り、印旛沼の沼水を検見川地先に疎通し、新田開発を図ろうと幕府に願い出た。同年８月に幕府の許可を得て６０００両を借り入れて着手している。

土木技術の達人井澤弥惣兵衛

８代将軍吉宗は享保の改革の一環として治水・新田開発を行っており、紀州流の土木技術に精通をした井澤弥惣兵衛を江戸に呼び寄せた。直井伊蔵、安藤園左衛門と共に印旛沼に派遣し、井澤が中心になって検分が実施されたのである。

井澤弥惣兵衛は紀州藩の内村（海南市野上新生れであり、紀の川流域に於ける灌漑、治水、新田開発の功績が認められ、幕臣に抜擢されて関東地方を中心に治水、新田開発に実績を残している。

代表的な開削としては見沼代用水路（埼玉県）、行田から八丁堤まで、利根川の水を引いて見沼井を用水路に切り替えた。近くでは手賀沼の新田開発にも携わり、江戸川の二回目の開削、享保13年（１７２８）、金杉（松伏町）から深井新田（吉川）までの直線化改修工事にも携わったという。

　井澤弥惣兵衛の評判、信用力は非常に高く、印旛沼や見沼代用水などの大規模開発には、直接関与したと思われるが、事業によっては監修、助言にとどまった普請もあったらしい。１７３１年には勘定吟味役も兼務をしており、土木技術面だけでなく、財政面、歳入増加のためにも多くの普請にかかわったことは確かと思われる。

多額の借金を残して挫折

　享保７年（１７２２）、井沢弥惣兵衛は江戸に出て席を温める間もなく、印旛沼現地調査に出向き、平戸川と花見川を拡幅して、分水界を掘割して結ぶ平戸村から江戸湾まで、約17キロの掘割普請の見積りを行なった。

　掘削土坪１１６万３１４４坪、延べ人夫数は１５０７万人を超え、人夫の賃金１日につき、銀（貨幣単位は不明）１匁２分として人件費は金に換算し30万１１４８両に達したと伝わる。賃金だけでなく、潰れ地70町余りの買い上げ費用も１４００両必要とした。

　開発に伴う地域住民への影響、負担は享保、天明の掘削に限らず、いつの時代でも問題となるが、平戸～花見川間の用地買収に伴う地域農民への補償金は大きな問題であった。

　花見川流域の横戸、花島など12カ村における「潰れ地」※①は川敷、土手敷分23町３反余、「土捨て場」分50町８反余であった。川敷と土手敷分には１反に付き８両が支払われた。幕府は土捨て場に対しては買い上げせず、代替地を与えようとしている。農民は潰れ地としての補償を要望したが、代替地を与えた方が多かったようである。

　平戸村名主・染谷源右衛門とその同志78名は幕府から多額の借金をして取り組んだが、多額の負債を抱えて挫折している。高台部分での掘削、花見川上流部でのつかみどころのないケド、すぐに崩れ落ちるのりしろ斜面、下流での満干潮による勾配の少なさなど多くの難題を初めて認識した掘削であった。

　挫折をしたにせよ、自普請・民間主導の工事であった点は大いに注目される。

二　天明の掘割工事

　享保期の工事は民間事業を幕府が補助する

という形であったが、天明期の工事は幕府主導でおこなわれた。幕府はもちろん、大商人の資金を活用するということは忘れなかった。

田沼意次、商人が一体となって普請を開始

天明期の堀割普請は新田開発を中心として、利根川の洪水を防ぎ、水運を確保することが目的であった。

10代将軍家治のもとで老中田沼意次は権勢をふるい、商業資本を活用し、積極的な経済政策を進めていた。安永９年（１７８０）、６月における梅雨末期の集中豪雨は関東全域に水害を招き、印旛沼においても鹿島川、平戸川（現在の新川）、神崎川の流域は稲穂が出る前に被害を受けてしまっている。

水害を克服せんと、幕府の求めに応じて印旛郡草深新田（現印西市）の名主香取平左衛門と千葉郡島田村（現八千代市）の名主信田治郎兵衛が地元の普請として、印旛沼の目論見書「下総国印旛沼郡印旛沼見立御新田大積り」を代官宮村孫左衛門に提出したことから始まった。

八千代市島田の信田祐二家に文書と掘割普請の際に使われたとみられる印旛沼掘割を中心にした広域絵図が残されており、八千代市の文化財として保存されている。

天明2年（１７８２）計画は享保と同じく平戸から検見川までの拡張工事に加えて、印旛沼と利根川との間を締切り、三つの扉門を設けて、増水時の利根川からの逆流を防ごうとした。

計画が実現をすれば３４００町歩余りの新田ができるので、約3万両と見積もっても、１反につき1両で売却ができれば、7年位で返済ができるという見積もりであった。折しも財政経済政策の一環として印旛沼開発に強い意欲をもっていた田沼意次の目に止まる。

天明元年（１７８１）に検分をさせ、大商人の資金を活用して幕府直営で行うことが決定された。二人は再度見積もりを出し、賃金、潰れ地の代金を含めて金３６０００両の見積を行っている。平戸橋から検見川村の浜辺まで長さは16・20キロ。掘割は堀幅12間（22メートル）を想定していた。

平左衛門と治郎兵衛は2度目の見積の際には、完成されると沼よりの幕領20ケ村は総石高３３５０余りが水難から免れ、私領98ケ村では3万６０００石の内、出水の際は半分が水腐れになるが、残りは永久に水難から免れる。

幕領では、水除堤４０００間あまりと圦樋口

8か所が不要になる。私領では、水除堤およそ1万3000間余りと圦樋《いりひ》※②40か所が不要になると効用を説いている。川幅について代官は36メートルを求めていたが、平左衛門と治郎兵衛は、安食を締め切って印旛沼の水を江戸湾に落とすだけであり、川敷きは14メートルでも落ちると付言している。川幅の問題は、天明の掘削においても議論の争点としても引き継がれる。

利根川氾濫による印旛沼への水害を防ぐために、枝利根川（現将監川）安食口に観音開きの閘門が計画された。横戸村の難工事場所もあり、6万6600両の見積に対して最終的には4万5600両で決着をみている。

区割り190、長さ17・50キロ、総坪数50万3051坪、人足数242万6425人（1坪当たり5人）賃金6万600両。資金の出し手は大阪の天王寺屋藤八郎や浅草の長谷川新五郎らであった。成功の暁には出資者が八分、平左衛門と治郎兵衛が二分とで新田を分割することが決められた。

噴火と洪水が襲う

川幅についても船を通す幅とするのか、印旛沼の水を落とすだけにするのか、天保の掘削においても議論となり、江戸期三度の掘削でどこまで広がったのか、興味のある点である。

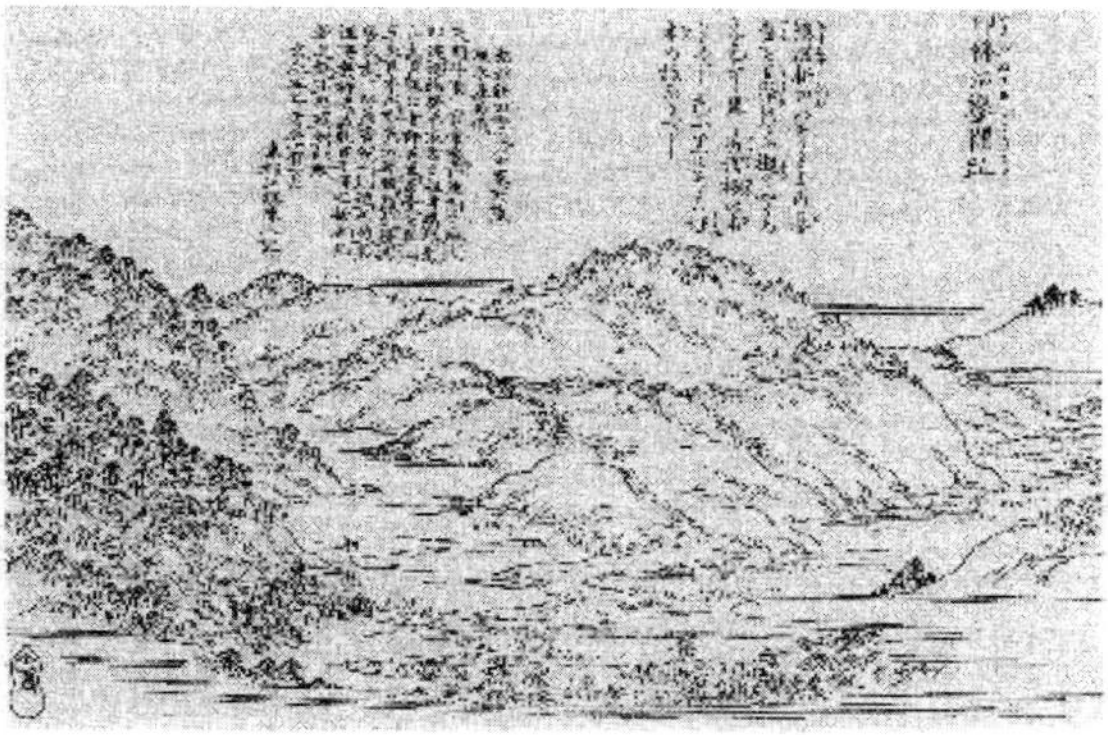

印旛沼掘割跡
護岸に杭が埋められている様子が見て取れる
文化5年惣深新田某家所蔵

この時の堀床幅は14・60メートルを目標としたという説もあるが、平戸・検見川の敷幅は11メートルの堀割を試み、普請が順調に進むと思われた天明3年（1783）7月6日に浅間山の大噴火が起き、普請は中断されてしまう。

復旧工事も行い、天明6年までに大半を成就し、新田を引き受けたいという者が現れたころ、天明6年7月、江戸幕府開闢以来の利根川大洪水に見舞われ、ことごとく普請所も壊滅的な被害を受ける。

江戸の復旧の目途がついた段階で再度工事に着手する予定であったが、将軍家治が8月24日に死去したことから工事を中止し、8月27日には田沼意次が罷免されたことにより、開削の夢は潰えてしまった。

小林一茶と浅間山の噴火

天明3年7月8日は小林一茶が21歳の時である。信州柏原から江戸に出た一茶が何をして糊口を凌いでいたかは不明であるが、故郷に近い旧上州吾妻郡鎌原村の惨事に心を痛めたことは想像に余りある。

浅間山大噴火は火山灰を広範囲に降らせ、遠くは江戸、銚子まで達している。浅間山爆発による火砕流が吾妻渓谷の村々を襲い、人畜、家屋、田畑に壊滅的な被害を与えた。鎌原村では597人中93人しか生き残らず、残った者たちは、自己の生存と村の再生のために、私情を捨ててくじ引きで新たに家族を編成したと伝わる。

「9日未の刻には江戸川の水が泥のように変色し、根が抜けた大木が流れ、人家の調度品はこまごまに砕け、それに交じった人馬の数も知らず程一面に流浮き、引きも切らず」『真際随筆』（江戸後期北町奉行与力中山業智による記録）より　江戸にいた一茶はいやでもその惨状を耳にしていたことであろう。

村人の生死を分けた石段がある丘の上の観音堂（鎌原）では、今も犠牲者の冥福を祈って鐘が撞かれるが、江戸川の下流で亡骸を受け止めた柴又の人たちも、帝釈天から少し南の題経寺墓地に供養塔を建てている。江戸川区小岩の人たちも13回忌の寛政7年（1795）に善養寺に供養碑を建てている。

群馬県「吾妻郡誌」は、長野原、川島、南牧など吾妻川流域に鎌原地区を飲み込んだ土石が流れ込み、死者が1443名と記す。

令和2年3月末に完成した「八ッ場ダム」はその狭窄部の吾妻渓谷で堰き止められた。

令和元年に初めて湛水をし、利根川流域を救ったダムは、当時の人々の無念が伝わったと考えるとそれは考えすぎであろうか。よもや、浅間山の噴火により八ッ場ダムが将来砂防ダムとなってしまうような事態だけは避けたいものだ。

探求心の強い一茶は、10年後に江戸から柏原への帰郷の道すがら鎌原村を立ち寄る。

「この辺りは去しこことよ。(昔来たところだ。)浅間山の砂降りて、人をなやめる盤石も跡かたなく埋り、牛を隠す大木も白々と枯れて立てり。十とせちかくなれど、そのほとぼり冷めずして囀る鳥も少なく、走る獣も稀なり。しかるに生き残りたる人のつくりし里と見えて新しき家四つ二つ見ゆ。

猛火天を焦がし、大石民屋に落ちて身を動かすに頼りなく、熱湯大河となりて飯石は燃えながら流れ、その湯吾妻郡に溢れ入て、里々村々、神社仏閣も是がために滅び、比目連理の千歳の契りもただ一時の泡と消え、――有るはむなしき乳房に憑りつき流るるもあり、あるは財布抱えて溺れるもあり、人に馬に皆利根川の屑と漂ふ。刹利首陀(身分の上下)も変わらぬという奈落の底のあり様、目前に見んとは―」

と「寛政3年紀行」に一茶は記す。

浅間山の噴火は利根川流域の川底を浅くし、それ以降は水害と旱魃の頻度を高めている。田畑は降灰により元の形状もわからず、土質も酸性土に変えてしまい、農作物に被害を与え、戻すにはなりの年数を必要としその後5年に亘る「天明の飢饉」を経験することになる。

川底が浅くなった利根川流域の船運は各地で困難を極めることになった。印旛沼掘削は田沼の失脚により中止はされたが、江戸幕府にとっては伊達藩を始め廻米を運ぶ水路の必要性を改めて痛感させる出来事であった。

三 天保の掘削工事

江戸時代に印旛沼は3回の放水路工事が行われた。享保の工事、天明の工事も行われたが、いずれも失敗している。今度こそ3度目の正直で成功したのか。これは印旛沼掘割工事とも言われるが、正式の名は「利根分水路印旛沼古堀筋御普請」で、天保14年(1843)に工事が行われた。ちなみに、天保の印旛沼掘割工事は、老中・水野忠邦の天保の改革のなかで行われた。徳川吉宗の享保の改革、松平定信の寛政の改革と並んだ江戸の3大改革の一つとされる。

水野忠邦の思惑

老中・水野忠邦の思惑として2大事業、すなわち日光社参の実現と印旛沼掘割があった。どちらも莫大な費用のかかる大事業だったが、とくに印旛沼掘削は地元の佐倉藩の堀田家も先の老中・田沼意次もしくじっている仕事なのだ。が、政治家しては魅惑的な仕事であった。

「まあ、印旛沼の工事のことは必ずやりたい。ただ廻船の便利のためだけでなく近頃のように外夷が我が国を窺っているような時代には、万一の場合の軍用にもなる。米だけは安全に運べるからな。私が老中でいる間、何とかこれをやり通すつもりだ」（松本清張『天保図録』〈上〉より）

と、側近の町奉行・鳥居耀蔵に語っている。これは水野の夢だけでなく、並々ならぬ決意の程が読み取れる言葉である。

水野が言う外夷対策は、外国によって江戸湾口が封鎖された場合に備えて、太平洋～利根川～印旛沼～江戸湾という水運ルートの確保を想定していた。アヘン戦争による清国（中国）の敗北から欧米の艦船が日本近海へ出没している現状から、忠邦は危機意識を強めていた。この運河が開かれれば、関宿回りに比べて距離が短縮されるし、渇水期には利根川側か江戸川側へ馬による陸送が行われていたが、駄送賃は船賃の４倍増なので印旛運河の開削は急がなければならない。これは、大きな経済効果が期待できるからである。

なお、天保の掘割工事も水害防止の目的が含まれていたが、そのことは次項で触れることにしたい。が、主要な目的は水運にあったと判断できる材料がある。それは掘割の川幅をめぐって鳥居耀蔵と対立した時に、「大型の高瀬船、幅5メートル、長さ27メートルがすれ違える運河の川底は18メートルなければならない」（尺貫法をメートルに換算）と強く主張したことから水運、運河に重点があったと伺えるのである。

佐藤信淵の影響

水野忠邦に多大な影響を与えた本として、天保4年（１８３３）に世に出た『内洋経緯記』（佐藤信淵）がある。信淵《のぶひろ》は出羽国（秋田県）の出身で江戸後期の農政学者として有名で、九十九里浜、上総一宮などを訪れている。大豆谷《まめざく》村(現東金市)では医者をしながら農業技術を研究して、第2の故郷としていた。

『内洋経緯記』は浦安から富津までの江戸湾の干潟を埋め立てれば新田地の造成ができる

と論じる。そして、利根川から印旛沼まで掘割を造り、沼から検見川村まで幅54メートルの掘割を通せば、銚子からの水運の道が開ける。外国船に江戸湾口を押さえられても、銚子から利根川、印旛沼、江戸湾沿岸の水路が使える。これは日本近海に出没する外国船に危機感を持っていた忠邦にとって、すぐにも飛びつきたくなる施策であった。

天保11年（１８４０）、幕府は天明に行われた掘割の跡を調査した。それによって、工事の費用は約20万両が必要と概算できたが、幕府の財政に余裕はなかったから掘割の工事は５つの藩の手伝普請にするという計画が整った。これで財政的な心配はとりあえず消えたことになる。工事の大きな狙いは運河であるが、運河ができれば新田開発も水害防止も図ることができる。このように、忠邦の印旛沼掘割計画に佐藤信淵の影響は大きいものがあったと判断できる。

印旛沼の内水、外水

印旛沼は土地の人たちから俗に「あばれ」と言われた。沼へ流れ込む川が、鹿島川、神崎川、手繰川、平戸川など多いのに、流れ出る川は長門川１本しかない。だから、沼周辺に大雨が降れば内水が溜まって沼の水位を上げて沼辺の稲を水没させる。その内水の他に利根川の洪水によって長門川は逆流してきて沼周辺は水害に及び、これは外水による水害である。そうなったのは、利根川東遷のためとも言えよう。このように、印旛沼周辺は内水、外水による水害で悩まされてダブルパンチを食らってきた土地である。

八千代市米本地区には逆水《さかみず》という地名があるが、沼の水位の上昇によって平戸川（新川）の水が逆流して水害を受けた土地である（平戸川は当時沼へ流れ込んでいたが、今は東京湾へ流れている）。逆流は２回や３回ではなかったから、地名になったのだろうと想像できる。平戸橋たもとには、大正２年に建てられた水難碑が建っている。

明治23年の利根川洪水は最高水位が６メートル、同29年には7メートルにも達した。どちらも主に印旛沼への利根川の水の逆流によるものである。こうなると、印旛郡16町村約３８００ヘクタールの水田が水を被り、浸水家屋は約１６００戸に達した。この時の洪水の３分の１が印旛沼へ注入したと言われ、沼は利根川の実質遊水池となったわけである。それで下流の水害は軽減したが、沼周辺の稲は水没してしまったのである。

明治43年の水害は天明6年（1786）に並ぶもので、印旛沼水害史上最大のものだった。印旛沼の水位は5・6メートルも上昇し、六合《くに》村、宗像村（現印西市）などでは米の収穫量は皆無だったという。

こうした水害を防ぐために、長門川に水門ができたのは大正11年だった。これで利根川からの逆流は何とか防ぐことができたが、内水を防ぐには排水機で排水する設備が必要だがそれはない。だから、沼周辺の村々では昔から水塚を築いて水害に備えていたし、洪水の時のために小舟も用意していた。そうかと思うと、大干ばつで大正13年には印旛沼の水は涸れそうになり、対岸まで歩いて渡れることができたという。このように、沼周辺の村々は水が多くても困り、少なくても困ったのである。以上、水害については近代を中心に述べたが、それは江戸期の記録は少なかったからである。

手賀沼周辺では、江戸期に米が1粒も取れなかった年は7回もあったと『手賀沼周辺の水害』（中尾正巳）にあるから、印旛沼でも似たような被害だったのだろう。だから、印旛沼運河開削の目的は水運の他に水害防止もあったのである。

5藩の普請持ち場

二宮金次郎（農政家）は普請役格の幕臣だったが印旛沼分水路について問われ検分した結果、「この工事は20年以上かけても、完成するかどうか疑わしい」と進言した。それは分水界の工事を難しいとしたのか、難所は花島高台より柏井までの700メートル、高さ18メートルの丘を切り通すのが難しいとしたのか、2つを指したものなのか、とにかく難工事であるとした。

幕府は予算がなかったからだろうが、5藩を指名して「御手伝普請」※③とした。仙台藩、福岡藩は内々に拒否したという話もある。御手伝普請とは名ばかりで各藩とも夥しい費用を継ぎ込むことになったと言われている。苦労して働く5藩に何らかの利益があるのだろうか。『天保図録』は、手伝普請への痛烈な批判を浴びせる。

「このように苦労しても、各藩自身には何の利益もない。この河川工事が完成すれば毎年の水害は免れ、付近一帯はたちまち美田になる。他国（藩）の領土が潤ったところで何になろう。また、この掘割によって東北地方の米を乗せた船を直接江戸湾に通すというのだが、これも幕府と江戸市民が喜ぶだけだ。受益者は苦労しないでいる他人ばかりである」

ちなみに天保の印旛沼掘割工事の手伝いを指名されたのは、下段の表に示したように、駿河国沼津藩、出羽国庄内藩、因幡国鳥取藩、上総国貝淵藩、筑前国秋月藩の５藩である。

幕府の設計と管理により、掘割工区は杭で番号化され，各藩の自己資金による工事請負であった。天明の掘割工事では重視されていた枝利根川（将覧川）の締め切りと安食地先における水門施設の工事は計画されておらず、平戸橋を起点とし、検見川の海口までの水路掘削が主な仕事であった。

平戸村は現八千代市平戸、横戸村は現千葉市花見川区横戸、柏井村は花見川区柏井、畑村は花見川区畑町、東京湾と略したが、正確には検見川地先海面寄州（海面）である。

天保期の堀割工事と担当藩

印杭番号	担当藩	大名	石	工事区間	堀割の長さ(約)
1 － 57	駿河国沼津	水野出羽守	5万石	平戸村 ～ 横戸村	8km
57 － 76	出羽国庄内	酒井佐衛門尉	14万石	横戸村 ～ 柏井村	2km
76 － 85	因幡国鳥取	松平因幡守	32万石	柏井村 ～ 花島村	1.1km
85 － 106	上総国貝渕	林播磨守	1万石	花島村 ～ 畑村	4km
106 － 123	筑前国秋月	黒田甲斐守	5万石	畑村 ～ 東京湾	2.2km

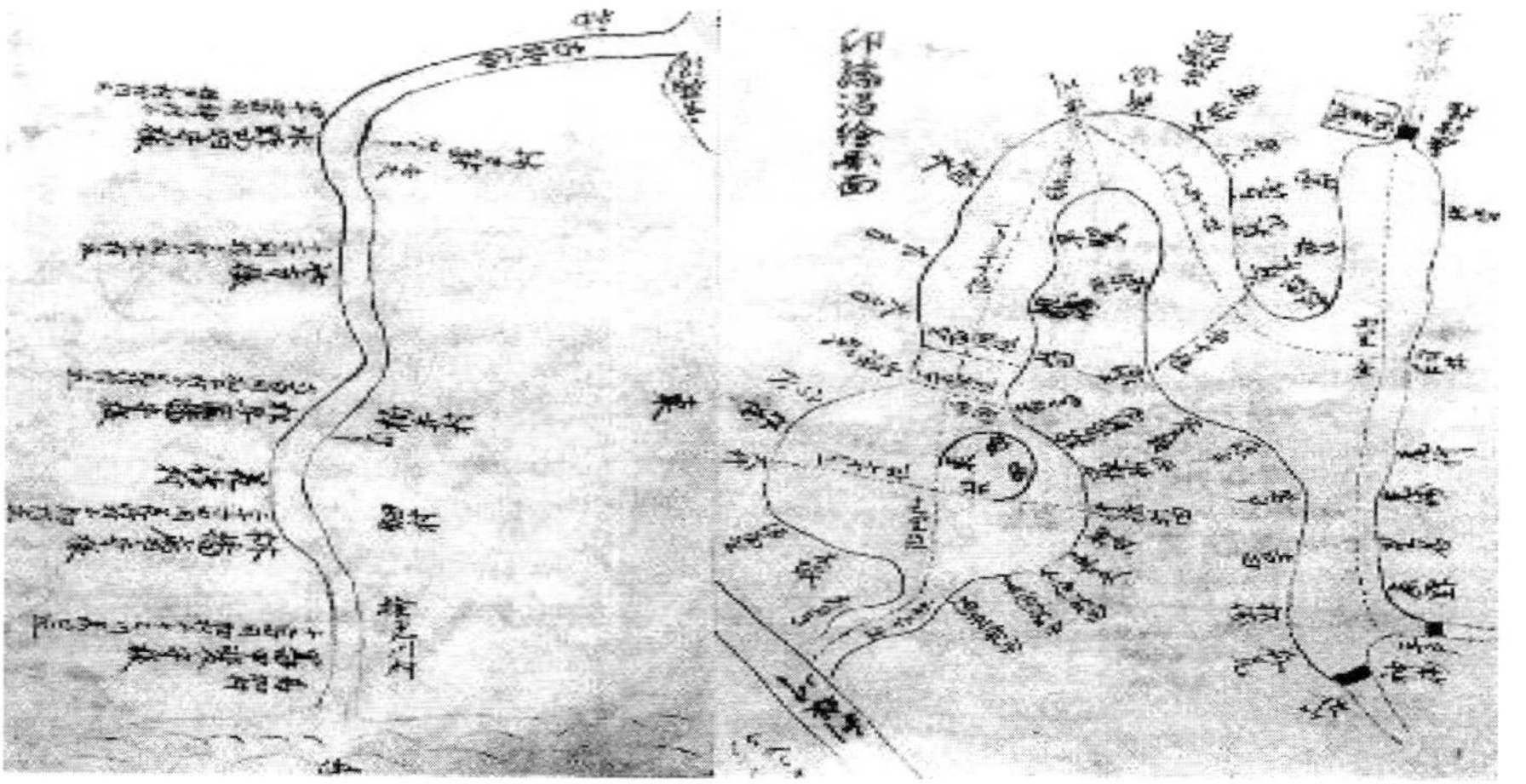

5藩の普請持場絵図　右　印旛沼絵図
（『続保定記』酒田市立光丘文庫所蔵（寄託））

幕府の指名に各藩は文句を言えない。5藩のなかで、たとえば庄内藩の場合は報復人事だという見方がある。それは三方国替え、つまり庄内藩主酒井忠器は長岡藩へ、長岡藩主の牧野忠雅は川越藩へ、川越藩主の松平斉典は庄内藩へという3大名同時転封である。庄内藩では、領主の酒井が越後の長岡藩に領地替えに際して農民は年貢が高くなるのを恐れて反対運動をした（これについては諸説がある）結果、前代未聞のことながら幕府の方針は撤回された。老中の水野にしてみれば庄内藩に煮え湯を飲まされた、その報復として印旛沼掘割工事を指名したという経緯になったという見方がもっぱらである。だから、御手伝普請という名を借りた政治的弾圧だという見方もできるのである。

庄内藩人夫の人選

ここからは庄内藩を中心に現場への移動、宿舎、仕事の様子等を述べたいと思う。それは、庄内藩の記録が多く残っていたからである。

庄内藩では村ごとに人数が割り当てられて、名主を中心になって家に割り当てをしたのだろう。藩の方針としては30～40代の働き盛りを選べというものであったが、実際はそれが徹底していた訳ではなかった。というのは、庄内藩の人足のうち19人が病死しているのだが、亡くなった人は60代が6人、50代が5人もいたから、殿様の意向とは別に高齢者が多かったことが想像できる。庄内藩人足１３５０人のうち、高齢者が何人いたかは「続保定記」（印旛沼掘割工事の記録）にも無いから分からないが、かなりの高齢者がいたと推測できる。人生50年時代の幕末だから、今でいう高齢者と当時の高齢者ではかなりの差があっと考えなければならない。

藩から村へ村高によって「何人出せ」という人数が割り当てられ、村では名主が中心になって人選が行われる。それは幕府の牧場の野馬捕りや野馬土手人足などの人選と同じと考えていい。恐らく、人でなく家に割り当てられ、男子成人であるのは言うまでもない。明治以降の徴兵令では召集令状は人に来たが、この場合、一家のセガレが出るか、年寄が出るかは家で選択できたと考えられる。そうでなければ、高齢者が多かった理由は説明できないからである。

どうやら働き盛りは故郷へ残して高齢者が出る。セガレ（若者）でなくジイ（年寄）が下総へ行くことになったようである。セガレは「殿様がいうようにオレが行くよ」と言っても、ジイは、「お前が行ったらうちの百姓はどうなる。なあに、秋ごろは帰れるらしいし、隣もジイが行くというからな。心配するな、ジイは下総よりもはるかに遠いお伊勢様へも行ってきたんだから」というようなことで、薄暗い行燈の元でぼそぼそと話し合って、結論は65歳のジイが下総の印旛沼へ普請に出ることになったようである。

暑さを避けて夜間移動

出発に先立って、庄内藩から人夫たち道中の注意が与えられたと『八千代市の歴史』に載っている。

「喧嘩や口論はせず、往来の旅人に迷惑はかけず、大名の通行には笠を取って片側に控え、宿では酒を飲み過ぎず、勝手な行動は慎み、具合が悪ければ助け合え」

こまごまとした注意は、道中を案じる親心であったろう。こうして第1陣の２００人が7月7日出発した。手に手に鍬や鎌を持ち、笠には「ゆ」（遊佐郷の略）等と出身地の頭文字を書き入れていた。第2陣は１９７人、第3陣は２０３人、第4陣は７５０人で合わせて１３５０

人だった。他に村役人、医師、大工、鍛冶職人等合計１４６３人になる。４陣に分けたのは、宿場の旅籠の収容人数のためだろう。それにしても、人数が多いから最低の宿賃で宿泊したものと考えられる。

『八千代市の歴史　資料編Ⅲ』によると、奥州街道に入ってからは「日光山十九丁」という文を最後に記録が途絶えている。解説によると、「暑さに悩まされ、日中は歩くのが困難になったため、日中は休んで午後2時から歩くようにした」という記録があることから、記録を綴る気力も無くなったほどの疲れだったと推察している。七月中旬の猛暑に加えてここまでの長旅の疲れもピークに達していたのだろう。

庄内から下総まで、12泊13日に及ぶ長旅だった。このような庄内人足の行列について「まるでアリの行列のようだ」とした記録が残っている。このように、人夫を国元から連れて来たのは庄内藩だけだった。ということは、人夫は国元からでも現地で雇っても自由だったから。しかし、庄内藩では国元からの１３５０人の人足では不足して現地でも雇っている。初めは庄内の人夫だけだったが、百川屋雇い、新兵衛・七九郎雇いの人夫がだんだん増えてきて、終わり頃は1日に庄内人夫１０００人、追い込みに入って現地雇いが５０００人を超えた。庄内人夫だけではどうにもならなくなったように見える。

庄内藩の元小屋

人夫の宿舎は土木作業だったから飯場と呼ばれるのが普通だが、印旛沼の手伝普請では元小屋と呼ばれた。その元小屋が、庄内藩は横戸村（千葉市花見川区）に16棟もずらりと並んでいた。沼津藩は萱田村（八千代市）鳥取藩が北柏井（千葉市花見川区）、貝淵藩が天戸村（千葉市花見川区）、秋月藩が馬加村（千葉市花見川区）に置かれてそれぞれ人夫たちの生活の拠点となった。また、掘割の両側の村々には農家や物置を人夫に貸し、あるいは仮小屋を建てて貸す家もあったという。庄内藩では百川屋雇いの人夫は藩の元小屋に、新兵衛・七九郎雇いの人夫は別の小屋で生活したという。

元小屋とは、急ごしらえの掘っ立て小屋であった。板張りの床にムシロを敷き（畳ではない）雑魚寝であった。麦わら葺きの屋根は、大雨が降ると雨漏りがして小屋の中でも傘をささなければならなかったし、風が吹けば隙間から灰のようなゴミが吹き込んできて閉口したと記録にある。松尾芭蕉が『奥の細道』でノミ、シラミに悩まされたように、人夫たちも困ったのではないだろうか。あるいは、昼間の労働の疲れで気にしなかった人もいたかも知れない。

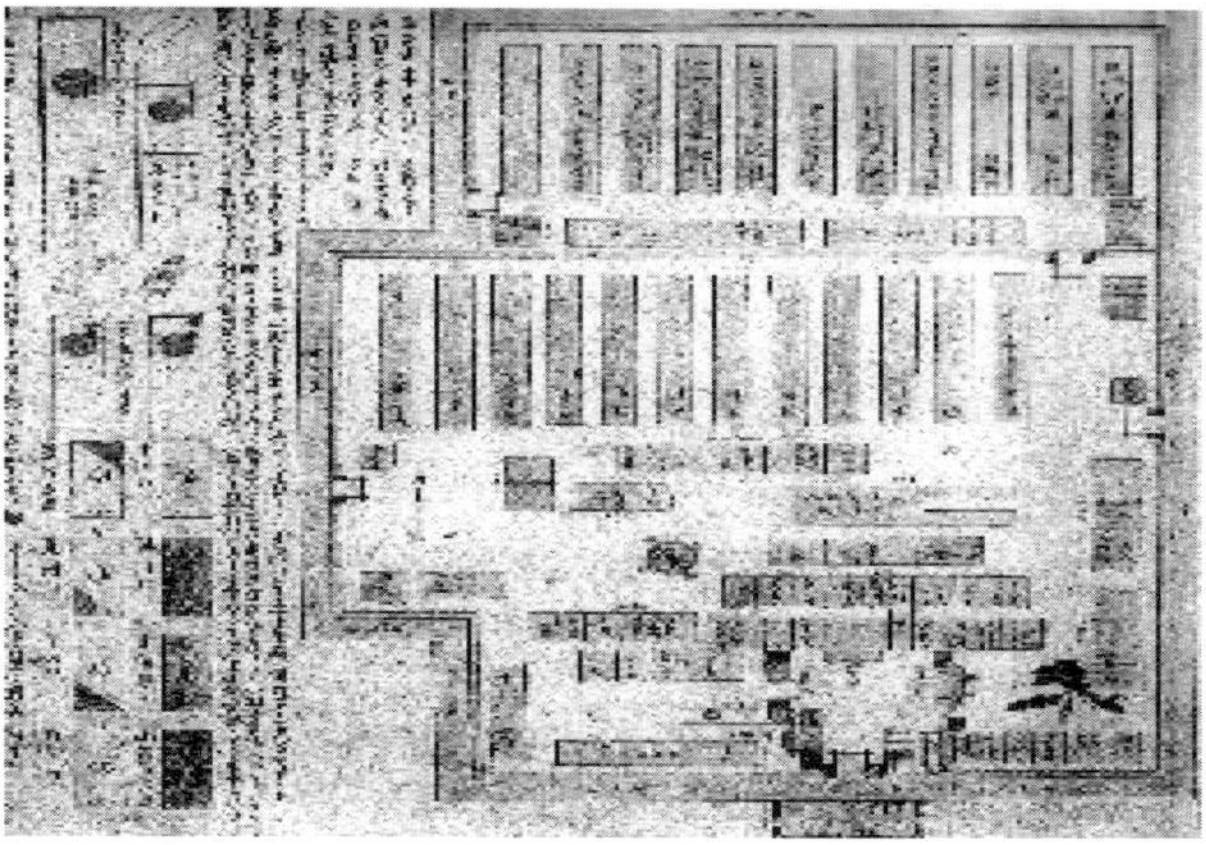

庄内藩元小屋平面図　元小屋と旗印
（『続保定記』酒田市立光丘文庫所蔵（寄託））

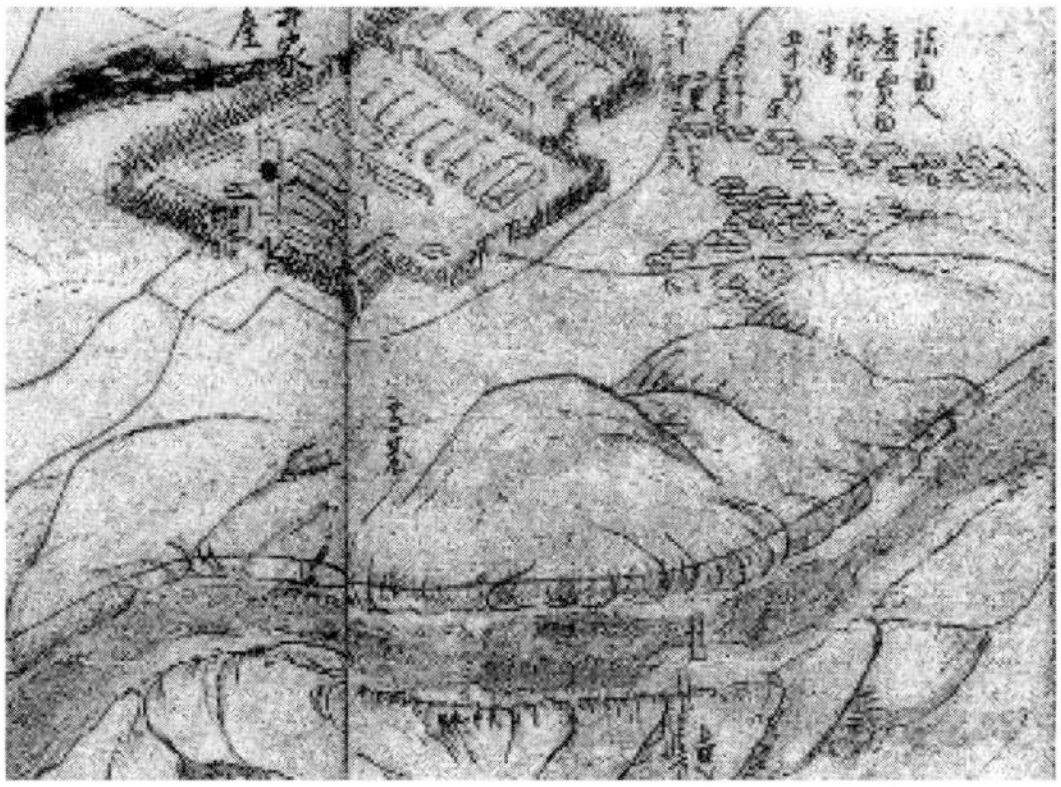

元小屋東門前に並ぶ店
（『続保定記』酒田市立光丘文庫所蔵（寄託））

元小屋の門前には江戸や近在からやってきた魚屋、八百屋、餅屋、そば屋、うどん屋、居酒屋、古着屋がずらりと店を並べて、それらは50軒にも及んだ。賭博が流行ったので調べたところ、江戸や常陸あたりで賭博を渡世にしている者が人夫として入り込んできていた。風紀も乱れて来たので、次のような「定」が、元小屋や百姓小屋にも張り出された。

一　銘々持ち場の他みだりに徘徊してはいけない
一　御用中一切禁酒のこと

他にも賭博の禁止、喧嘩、口論もご法度、火の用心、もし火が出たらその筋の者集まって取り鎮め、無用の者は駆け集まらないこととある。工事中の食生活を「続保定記」から抜き書きして置こう。

「(印旛沼は海が近いのでうまい魚が食べられると事前に専らの評判だったが)生魚は至って不足でマグロ、カツオ、コノシロの類少々ずつあり。アジ、サバの干物、トリ、アヒルは多いが風味は良くなかった。米や味噌はまずく、こんな物は国では食べる人はいないだろう。そんななか領主から贈られてきたタクアン漬け物ばかりは美味である。」

そのタクアン漬けというのは酒のことで、酒は普請中は禁止だったが、同じ樽に入っていることから、酒をタクアン漬と言い換えた。古文書(『八千代市の歴史　資料編　近世Ⅲ』)を見ると「御酒四斗八升六合　壱人弐合ツツ」とあるから、あらゆる場合に酒をタクアンと言い替えた訳ではないようである。

鋤簾で泥を掬う

自宅から鎌や鍬を持って印旛沼へ乗り込んだ庄内藩の人夫たち、せっかく担ってきた鍬は使わずに、舟に乗って鋤簾《じょれん》で水路の泥を浚う仕事が多かった。鋤簾は第2次大戦後に江戸川で砂採りにも使われた話を聞いているが、砂や泥を掬うと水抜けてしまうから川底の土を浚うには優れ物であった。

土方・雇頭黒鍬
(『続保定記』酒田市立光丘文庫所蔵(寄託))

その鋤簾を現場では6720丁も用意していて、その多さに驚いた。ある日の5藩の人夫数が1日6000人という数を知って私たちは2度驚いた。それは用意されていた鋤簾数と人夫数がほぼ合致していたからである。いや、考えてみれば驚くことではなく、各藩が用意した人夫数の合計だけの鋤簾を幕府が用意したに過ぎなかったのである。鋤簾は印旛沼掘割でいかに重要な道具だったかを物語るものであろう。

モッコや背負い籠で、土を運ぶのも重要な仕事であった。（舟の上に鋤簾で泥を掬いあげて積み上げたのを、モッコと背負い籠で岸へ下ろす。その土をモッコや背負い籠で運んで捨てる。

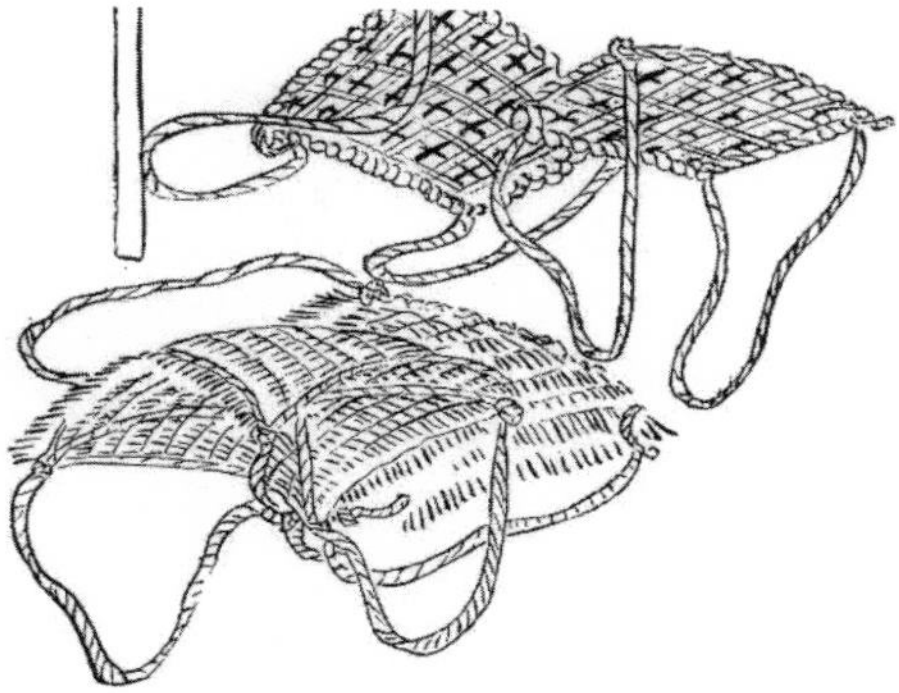

ムシロモッコウ（天秤棒で土を運ぶ道具）（『続保定記』酒田市立光丘文庫所蔵（寄託））

明治23年に完成した利根運河では、それをドステ（土を捨てる）と言っていたから、印旛沼でも言っていたのではないかと思う。利根運河ではドステに使う土地代が高額になって赤字を増やしたようだが、それは印旛沼ではなかったようである。

元小屋の庄内人夫たちは午前4時には起床し、食事をすると藩の日の丸印の大2本の旗を先頭に、並んで普請場へ向かった。大旗だけでなく、吹き流しも風になびかせ整然と行進する様子は、ちょうど戦さの出陣のようにも見えたという。

現場に着くと太鼓の合図で一斉に作業が開始される。休憩や昼食も、ほら貝や太鼓の合図だった。休憩は午前も午後もあって作業の終了は午後4時だったから、まだ7月の太陽は高いはず。これは、釣り好きな人にはたまらない時間であったろうと思ったら、自由に出かけることはかなわなかった。きつい土木作業だったから、体の汗を拭ったり泥を洗い落としたりしたら夕飯まで元小屋で寝っ転がったのが、最高の体（からだ）休めになったに違いない。

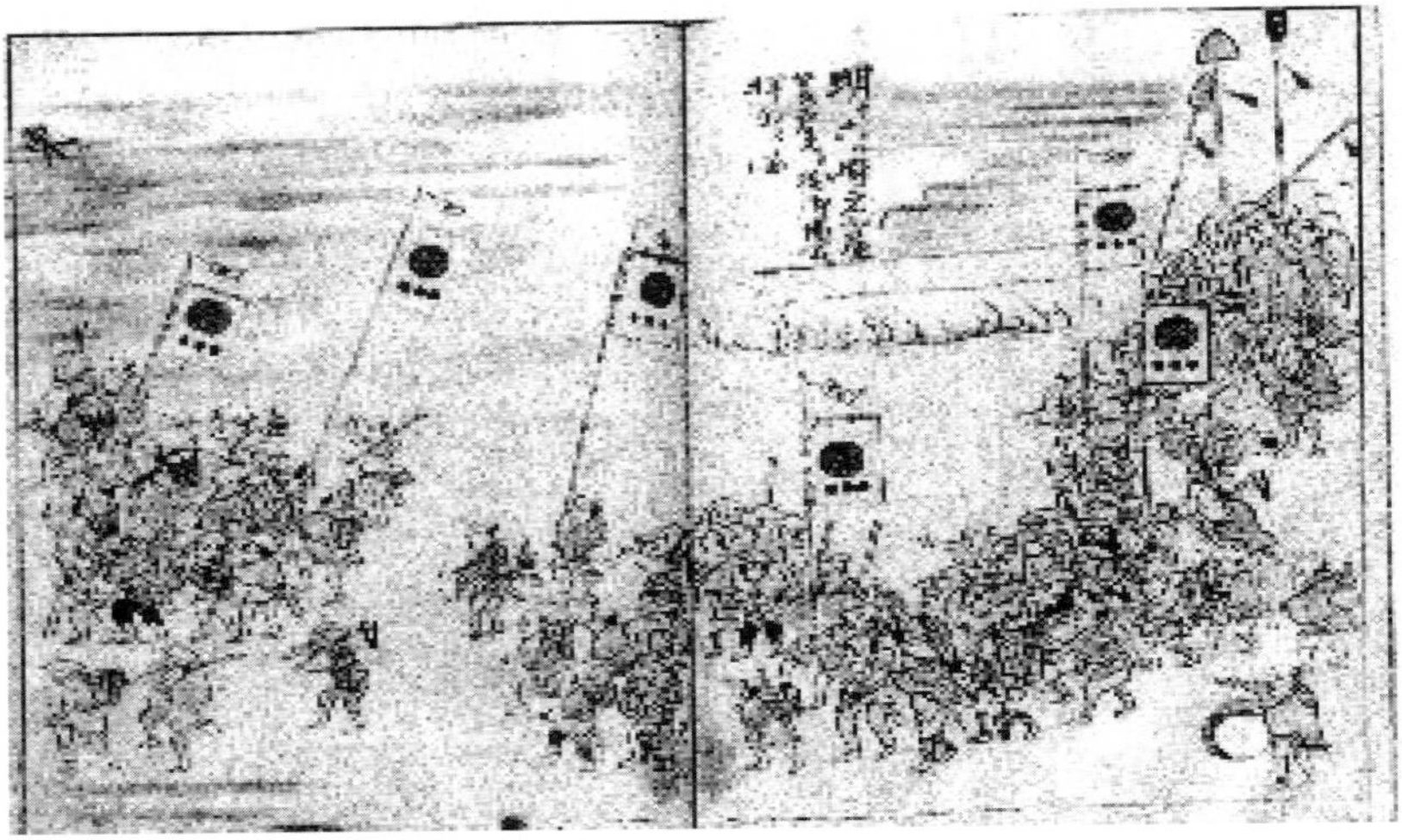

揃って現場に向かう様子（『続保定記』酒田市立光丘文庫所蔵（寄託））

すでに享保時代にも天明時代にも掘割は掘られていたが、天明3年（1783）浅間山噴火の降灰で埋まったり、天明6年の集中豪雨で埋まったりしていた。今回はその古堀を掘り直そうとしているのである。この普請の名は「利根分水路　印旛沼古堀筋御普請」という名である。

予想される難工事の1つは、横戸、柏井間の分水界にある高台を掘り下げる作業である。これは庄内藩の持ち場で、人夫が掘割に転落死する事件が起こった。烈風のため庄内藩では午後は休みになっていたはずなのに、何かの都合で作業を続ける人もいたようである。地元大和田に花島村尾観音下で事故死した「川掘人足秘話」という民話が残っている。

その頃、幕府南町奉行の鳥居耀蔵の現場検分があった。鳥居は普請所に滞在して5藩の持ち場を精力的に検分して回った。その結果、工事の計画が縮小されることになった。堀床の幅は工事後崩れることを予測して13メートルにし、土質の固い高台の部分は18メートルとした。これで、経費がかさむのを抑えたようである。

天気が続き、疲れが溜ってくると、「明日は雨がふってくれないかなあ」と思う。雨が降ったら土方仕事は休みになって、骨休めになったからである。「土方殺すにゃ刃物はいらぬ。雨の3日も降ればいい」という言葉は天保時代もあったのではないだろうか。

ケド層、難所の工事

高台の分水界は掘る土の量が多いので掘るのも労力が必要だし、それを運ぶのにも時間がかかる。それを工事の難所として先に述べたが、第2の難所はケド層の掘削である。ケド土とか泥炭層とか呼ばれて、工事前から難工事が予想された区間だから、鳥取藩のこの工区は短く分担されていた。もし水田になっていたら深田で腰までも肩までも潜ってしまうから、田下駄を履かなくてはとても仕事にならないだろう。

ケド土は豆腐のようだとか、馬糞のようだとか例えられるが、堀割の泥を浚っても次の日は元に戻っているのだから、始末に負えない。『千葉史学Ⅲ』に分かりやすい註が出ている。

「ヨシや木根などの植物腐葉土、馬糞のような土で水気が多く、鍬にもかからず、いくら掘りあげても、一夜で埋まってしまう」とケドの持つ特徴を載せている。

これはどういう方法で工事をすればいいのか。『天保図録』では先に検分に来た鳥居耀蔵が熱弁を振るう場面が出ている。それは御普請方の秘事として伝えられている関東流の「流し掘り工法」である。

「秋の利根川の出水は、その沼口新川より逆流して沼に溢れ、田畑に漲り、新川筋を下って柏井まで落ち来たる。その時を見計らい、彼の化土(ケド)のところを掘って棄て、浚っては押し流し、踏み崩し、取り棄てるときは半年の工で成就するであろう」

と、まくし立てる耀蔵の説明は近代工法でいうところの「流水客土」という技術と原理は同じだという。とにかく、この流し掘り工法によって掘られたケド土は海へ流されてしまう。

耀蔵はどこでこの工法を仕入れたのか、松本清張は、

「印旛沼の工事に流堀の工法を用うべしと主張したのは、むろん、耀蔵が考え出したことではない。流し掘りという秘法があるとは、実は渋川六蔵から聞いたのである。渋川は印旛沼工事の計画者であり、主唱者である。水野忠邦も全面的に渋川の進言を容れて、これに政治的生

命を賭けた」と、流し掘り工法の拠ってきたところを明かしている。

作業は「はあ、どっこいしょ」と掛け声をかけて、上流を掘ってその勢いでケド土を押し流す。川というのは砂・砂利・土・泥が混然一体となって流れるのである。こうして、ケド土は流れて堀割は出来上がるのである。それにしても、人夫たちの「はあ、どっこいしょ」の大勢の掛け声は、仕事唄のように掘割に溢れたのだろう。その悠長な唄声は合唱のように響いて、つらい作業にほっとする雰囲気が流れたのではあるまいか。

しかし、流し掘り工法は前の享保や天明の工事ではやらなかったらしい。『印旛沼　印旛沼開発事業完成記念写真集』を見ると、天保の工事中に発掘さされた古い杭が並んでいる写真がある。確かなことは分からないが（天明期のものか、天保期のものか）、おそらくケド土を杭と板で囲って土留めにしたのではないだろうか。

こうすれば、ケド土が水路へ崩れ込むことはない。が、それにしても杭は相当な長さであったろう。松本清張は、杭は少なくとも３メートルは必要だと書いている

水路の土留に使われた杭
『印旛沼開発事業完成写真集』出典

ある時、船頭がケド土に竿を差したら、ずぶずぶと潜ってしまったという話が残っていて、ケド土の恐ろしさを伝えている。

こうして、毎日約６０００人の人夫が泥まみれになって働いて疎水路を完成させるのである。合計では、沼津藩、貝淵藩の記録がない部分があるので推計でしかないのだが、延べ約１００万人の労働になると『八千代市の歴史』は判断している。参考までに明治の利根運河では延べ２２０万人だったという。水路の長さで言えば印旛沼は17キロ、利根運河は８・５キロで

ある。

暗中模索の作業

毎日、夕方はへとへとに疲れるから、つい愚痴も出てくる。

「庄内では田植え前は、毎日泥だらけ、汗だらけになっての仕事には慣れているけど、田んぼの仕事は1日1日、稲が生長する楽しみがある。秋の収穫の嬉しさもあるのに」とボヤく。田んぼの仕事は今日すぐの金にはならないが、掘割は毎日お金は貰えるけど、仕事の愉しみは感じられないようだ。庄内の農作業は張り合いがあったが、印旛沼の工事にはそれがないと嘆く。

「掘割仕事は毎日、毎日、鋤簾で泥浚いして舟に積むだけだ」と、こぼす人もいる。単純な仕事の繰り返しで、疲れるだけだと言う。

「水はどっちへ流れるのか、どっちへ流そうとするのかも分かんないで、仕事の先が見えないんだよな」と愚痴る。言われた通りに働くだけ、自分で考えることはしないから、働いた後に爽快感がなく疲れが溜るだけだ。

これに対して「江戸黒鍬《くろくわ》」という人たちの働きっぷりが庄内人夫と違う。「続保定記」から引用しよう。

「江戸黒鍬と申す人たちは、働き方抜群にして、土を担ぎ行く力は、庄内の人たちはとても及ぶものではない。鍬の重さ5キロもあり、2人で担ぐモッコの土は1回に200キロも運んでしまう」とは、驚異的な働き振りである。江戸黒鍬は江戸から来た人夫で、鍬の色が黒なので黒鍬と呼ばれたらしいが、恐らくは土方のプロ集団なのだろう。イラストを見ても、土方で鍛えた筋肉のたくましさを感じる。

庄内藩の持ち場で、賃金未払いがあったため、大勢の人が押し掛ける出来事があったが、明日の夕方までには払うということで決着した。貝淵藩でも同じような出来事があったという。

雨でも小雨なら働く

『天保期の印旛沼堀割普請』(千葉市教育委員会編)に普請の動員一覧が日誌風に綴られている。4藩(沼津藩の統計はない)のその日その日の人夫数が並べてあって参考になる。日誌だから天気も記入してあり、初めは大暑の日が続き、終わり頃には「北風甚だし」の文字があって、寒かった様子が想像できる。

担ぎ手の交替　（『続保定記』酒田市立光丘文庫所蔵（寄託））

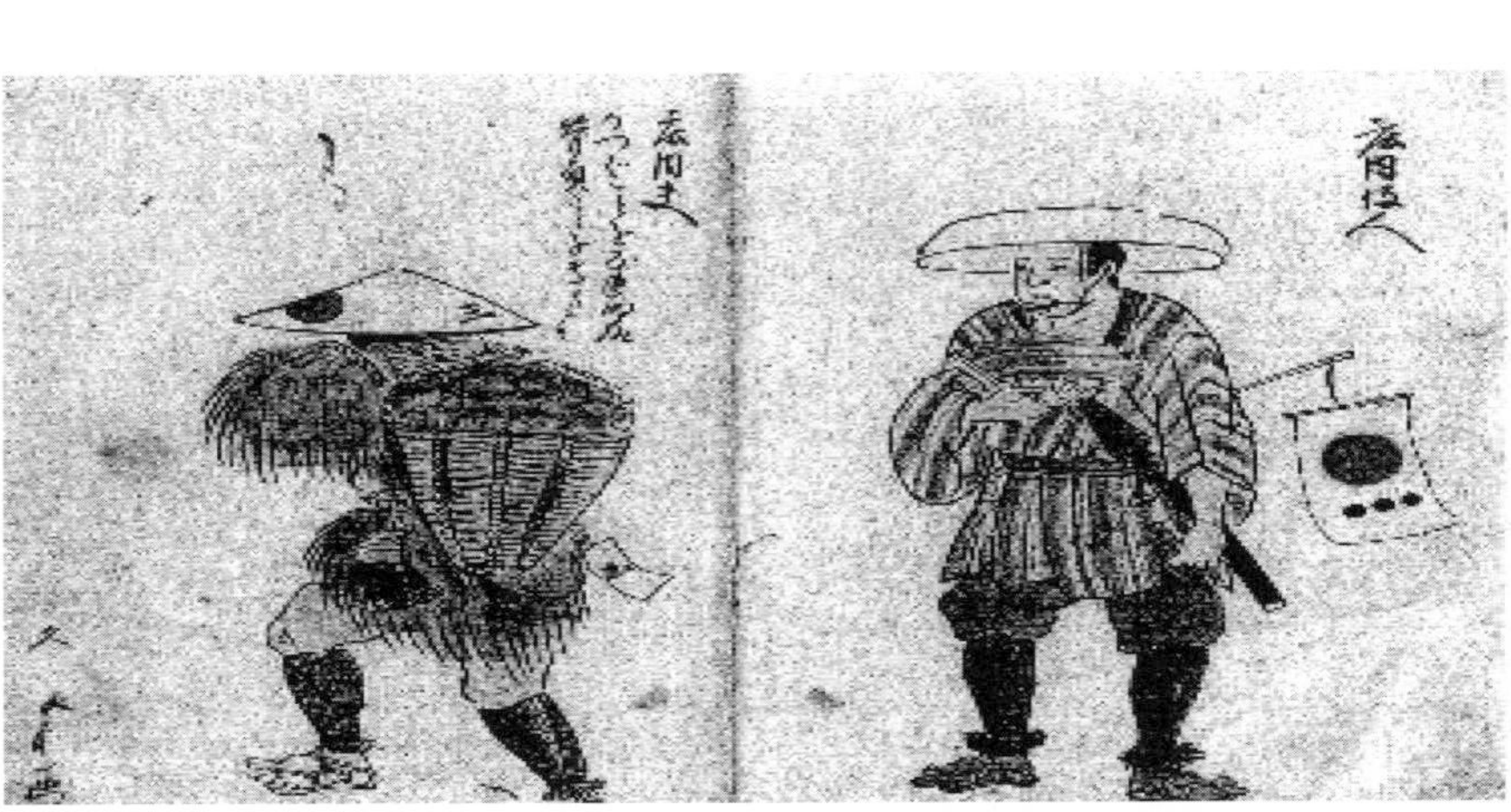

左　庄内夫　右　庄内役人
（『続保定記』酒田市立光丘文庫所蔵（寄託））

まず、その期間だが天保14年（１８４３）の7月24日から閏9月24日までである。月数では3か月になるが、日数にすると91日になる。庄内藩は国元から来た人夫と現地雇の人夫とあると先に述べたが、現地で雇った人夫と百川屋雇いと新兵衛七九郎雇いとあって、これ雨の日は休みで9日あったから、ほぼ10日に1日は休みの勘定になる。が、そのうち半休が3回あったから、雨で休んだのは実質7・5日になる。雨で連休もあれば、20日休みなしが続くことが2回もあったから、休みが欲しくなっただろう。

困るのは雨が降っても休みにならない日が7日もあった。それは恐らく小雨の日で、たぶんミノ・カサを付けて働いたのだろうと思われる。土方にとっては雨の日は休みのはずだが、印旛沼堀割人夫の場合は小雨だったら働くという決まりだったようである。

この3か月のうち、9月が閏で2回あるので、新暦に換算すれば季節感が鮮明になるはずだと思って新暦に直してみると、8月19日から11月15日となる。11月半ばだと寒くなってきたろうなと実感が湧く。「天保の開削音頭」も「閏9月の半ばの頃に　もはや普請も6分も過ぎに　上のご慈悲か誰知らねども（略）頃は10月半ばとなれば土は凍るし　寒さは寒し　国へ帰りて休息いたし」と季節の移りを人夫目線で唄う。寒くなって綿入れの着物を買う金を借りたという。

庄内藩は国元から来た人夫と現地雇の人夫とあると先に述べたが、現地で雇った人夫と百川屋雇いと新兵衛七九郎雇いとあって、これら現地雇いの人夫が意外に多い。国元から来た人夫は延べの合計で約７３００人、現地雇いは約28万人である。新兵衛七九郎雇いの人夫は、初めはゼロだったが、後半から増えてきて終わり頃は国元よりも、百川屋雇いよりも多くなっている。

9月に入ると、ラストスパートで全体の人数が増えているのに、国元から人を呼ぶわけにはいかないので、現地雇の人数を増やしたものと考えられる。

なお、水野忠邦が老中を罷免されたのが閏9月13日だが、それから11日間も作業は続いた。

各藩のトップはそれを早く知っていたはずだが、御手伝御免の命令が下りる閏9月23日まで働かせていたのだろう。

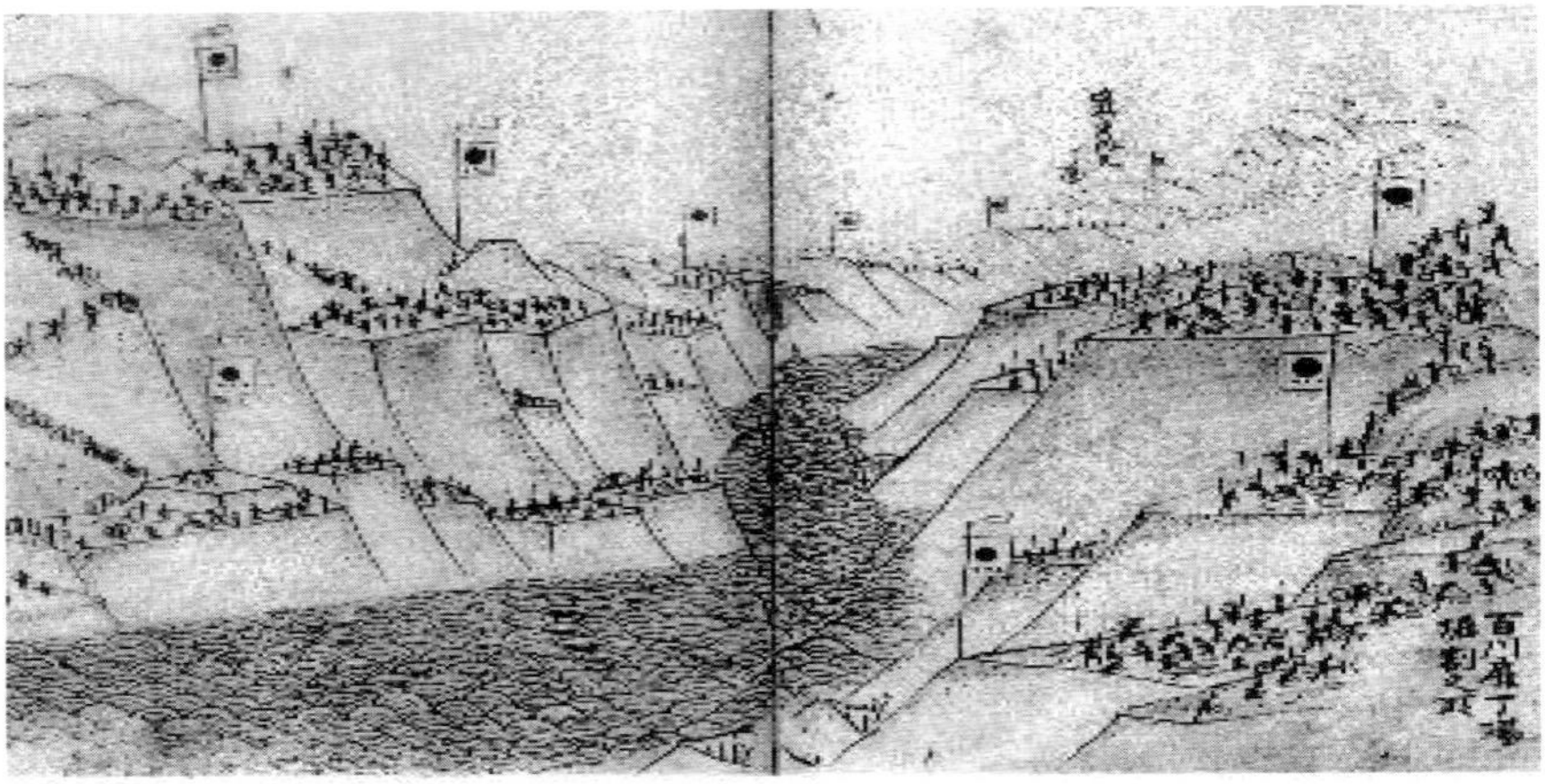

百川雇丁場掘割の所（上流の弁天譜面から描いた普請丁場で働く百川雇人夫と郷人の様子「此辺庄内夫丁場」）『続保定記』酒田市立光丘文庫所蔵（寄託））

庄内民謡で故郷をしのぶ

病人が出ているという。病気になっても、病院へ入院することはなく、他の人夫たちと一緒の元小屋で休んでいる。違う棟からは、死人も出たという話が伝わると人夫たちに動揺が走る。

そんなある晩、庄内藩元小屋から民謡の唄声が漏れてきた。小屋では唄声や高声は禁止されていたが、鼻歌まで禁止はされていなかったろうから、人に聞かせる唄ではなかったのだろう。しかし、狭い部屋で大勢が雑魚寝しているのだから、みんなに聞こえているはずだ。聞いている人も、故郷を思い出しているらしい。少しの酒で、いい気分になっていたのだろう。どんな人が歌っているのか、人柄のやさしさは唄声に乗っている。

おばこ来るかやと　田んぼのはんずれまで出て見たば　おばこ来もせで
用のにない煙草《たぼうこ》売りなど　ふれて来る

唄い方にもよるのだろうが、あるいは唄う人にもよるのだろうが、唄声は哀調を帯びている。

朗々と唄うのではなく、耳を傾けて聞いているとしみじみ故郷の庄内が忍ばれる。愛妻を失った男が妻を慕って唄ったのがこの民謡の始まりとも言われているが、故郷に置いて来た妻を思い出して唄っているのだろう。おばこは娘を指すはずだが、この男は妻を思い出しているらしい。唄っていれば、妻の顔ぐらいは思い浮ぶのだろうが、触れる訳にはいかないのは何とももどかしい。

手紙は出したか、返事は来たか。人夫たちの多くは寺子屋へは行っていないから、そんな洒落たことができる訳がない。だから、「庄内おばこ」の唄に託して故郷を唄っているのであろう。

８月はお盆の季節である。仏さまも年に一度は実家へ帰るというのに、わが身は異郷で働き続けなければならない。だが、気持ちだけなら故郷へ帰ることはできないこともないのである。

おばこ来るかやと　田んぼのはんずれまで出て見たば　おばこ来もせでほたる虫など　とんで来る

外はようやく涼しくなってきている。ここ印旛沼でもホタルが飛んでいるかも知れない。ホタルは光も飛ぶさまも幻想的で、死者の霊とも言われたりする。外は夜風がさすがに涼しい。満月に近い月も出ている。

さて、老中の水野忠邦が罷免されたという噂が飛び交ったのはその少し後である。ここで手伝普請も解任となり、人夫たちは故郷庄内へ戻れることになったのである。その喜びはじわりじわりと広がり、人夫たちのどの顔にもどの顔にも笑顔が満ちて来た。

病気は赤痢、腸チブス

庄内人夫たちの帰国は間近だが、その前に病気で苦しんだ人たちの様子や亡くなった人の話も記録して置こう。

元小屋生活は劣悪な衣、食、住の生活だったから、病気にならないのが不思議な位だった。病気になっても良い薬があるわけでもないし、栄養のある物が与えられることもなかった。国元から来ている医者の数は「医師衆」と出ているから複数であることは確かだが、流行病が出たらお手上げだったであろう。流行病は痢病（赤痢）、傷寒《しょうかん》（腸チブス）で死者も出たし、軽い重いはあっても病人が230人も出たという記録もあるから、これは全体の1割を超える病人数である。一時期にそれだけの病人が出たというのではなく、累計すればそうなったという数字なのだろう。夏のことだから赤痢が流行ってしまったが、流行を抑えるように患者の便所が別にされた位の対策はあったようだ。

庄内の遊佐郷から300人ほど来ているが、そのなかで、流行病も含めて1日以上病気で休んだ者が192人いた。これは約65パーセントになるから多いし、死亡した人は7人もいるから遊佐の人夫は病気も死者も多いようである。

庄内人夫20人の帰国願いが肝煎り《きもいり》※④から大庄屋に出された。この人たちは病気で長く床に臥せていた人たちである。世話役の肝入が言う。

「こうした働けない者をいつまでも置いておく訳にはいかないので、それぞれに聞いたところ、帰国が許されたなら少々日数はかかるだろうが、歩いて帰りたいという。普請が終わって全員が帰国する時は迷惑をかけそうだし暦の上では小雪になるし、雪が降る前となれば今がいいと医師衆も話している」(『天保改革と印旛沼普請』鏑木行広より)

おそらく、右の20人は帰国が許されたものと思われる。

今に残る墓たち

庄内で最初の死者は今の遊佐町の松右衛門だった。松右衛門は普請場に着いて1か月足らずのうちに病死した。60歳の高齢だったから、長旅の疲れもあったかも知れないし、疲れているところへ病気に取りつかれてしまったのか。遺体は松右衛門の親類の者の意見を聞いて火葬にした。葬儀代はすべて藩が負担したという。

同じ遊佐町の仁兵衛は、生前の希望により土葬だった。墓石の右、左の側面には、

「これ印旛沼古堀筋御普請御用御手伝人夫の墓なり。天保十四年七月十三日に出羽庄内を出て、同九月二十四日病死してここに葬る。後の人、憐れんでこれをあばくことなかれ。法名観阿道哲信士」

と刻まれている。「(墓を)あばくことなかれ」の意味は分かりにくいが、死者を憐れむ気持ちは伝わってくる文である。なお、江戸時代の農民の墓石にしては立派過ぎるので、藩の費用によるものと推察できるし、側面の文章について

も家族の者ではなく庄内藩の者の文章であろう。

大庄屋の久松宗作は元小屋で4、5人の臨終に立ち会ったが、

「死者は目を怒らせ、残心の様子が見え、なかには死後も目を閉じない者もいて言葉もでなかった」（『八千代市の歴史』より）

異郷の普請場で家族に看取られることもなく死ぬ無念さが感じられて、ただ胸を打たれるだけである。なお、久松は19人の病死者の3回忌にあたる弘化2年（1845）9月に遺族たちに呼びかけて3回忌を添川村（現鶴岡市）永《よう》鷲寺《じゅじ》で行ったところ参加者は1人もなく、久松だけでの法要になってしまったという。これについては、どうコメントしたものか、私たちは言葉が見つからない。

なお、人夫の他に、庄内藩家老の竹内八郎右衛門も工事が中止になってから、江戸で亡くなっている。だから、竹内は元々江戸に在住していた江戸家老で、普請の期間中印旛沼へ出張の形で人夫たちの面倒を見ていたと考えられる

天保14年9月庄内大服部村（現遊佐町）百姓仁兵衛の墓
左正面（千葉市横戸明星寺墓地）

付け加えれば、家老は大部屋で雑魚寝していたとは考えられないので、敷地の中の配置図を見ると1戸建てが10軒ほどあるので、おそらくそこで暮らしていたものと想像できる。

このような庄内人夫の病死者19人のうち16人が火葬、3人が土葬されている。土葬か火葬かは、当時の印旛地方の風習に従ったものと考えられ、地元では火葬が一般的だったように読み取れる。庄内人夫の土葬は生前の希望による仁兵衛のような3例だった。ついでに想像すれば、庄内地方では特別な場合を除いて土葬だったのではないだろうか。だから、仁兵衛は故郷の土になりたかったのだろうが、それはかなわないのでせめて土葬を望んだように解釈できる。

死者の年齢については18歳から63歳までいるが、50代が5人、60代が6人もいるから、やはり高齢者が多いと言えるだろう。

なお、庄内藩遊佐郷の人夫の世話をしていた肝煎りの土門六左衛門は、帰国にあたって掘割近くに生えていたムクノキの若木を持ち帰って屋敷に植えた。ムクノキは庄内地方にはない木だったから、記念になると思ったのである。そのムクノキは180年の年輪を重ねて、今は山形県の天然記念物に指定されている。

織田完之晩年の写真
『印旛沼開発史』第一部下

工事はどこまで出来たか

水野忠邦の失脚によって、5藩の御手伝普請は解任された。工事は幕府に引き継がれたことになったが、工事は進展しないまま中止になっている。幕府も5藩も、巨額の経費を継ぎ込んだと言われているが、終わり方は尻切れトンボと言わざるを得ない。忠邦は掘割工事あと少しで完成という所で、老中職から転落した。幕府としても工事を続けて完成させるという選択はしないで、投げ出してしまった形である。

ところで、天保期の掘割工事はどこまで出来たのか。完成直前までできたのか、それとも完成までは遠かったのか。印旛沼堀割関係の資料を漁ってみよう。

沼津藩は4分の出来と言うから、藩によってばらつきがあった。秋月藩は低地だったから完成しただろうと思われる。

『八千代市の歴史　通史編』も、完成した秋月藩の持ち場を除いて6～7割の出来という。『印旛沼堀割物語』（高崎哲郎）は7～8割の出来という。これに対して『国史大辞典』（吉川弘文館）は工程の9割程度は完成したという。『図説千葉県の歴史』（河出書房新社）は工事の進捗状況について、「あと2か月あれば、完成したのではないか」という見通しを述べている。9割がた出来たが、残る1割は分水界の工事だったとする文献もある。

『印旛沼経緯記』（織田完之）は、「天保工事ハ決シテヤリソコナイデハナイ」と簡潔な言い回しながら、その成果を大きく評価している。織田は「七八分モデキタルモノヲナゼヤメタカ」と疑問を投げる。

天保の工事が失敗ではない理由は、村上村の川島総十郎なる者が検見川まで通船往来の便を開いたことを上げている。川島は許可を得て大和田橋を堰き止め、高津落とし、六方落としを合流させて大和田橋より検見川まで流した。

そのことによって、江戸まで水運の道が開けて、薪やサツマイモを運送できた。佐倉藩の年貢米は寒川村（千葉市中央区）の米蔵に送った。

これを指して、天保の工事は「ヤリソコナイデハナカッタ」と言ったのである。だが、この水路も安政の地震（１８５５年）で崩れて船の往来はストップしてしまったという。

平戸線（現新川）天保の開削の7割は工事してあり、そのうちの5割は大戦後まで残っていたと言われるから、掘割は安政の地震や関東大震災などの崩れを経てもかなり残っていたとみられる。とにかく、天保の工事では印旛沼と江戸湾の分水界を越えられなかったことが、右の大和田橋以南の通船という文で分かる。

印旛沼掘割工事の行き詰まり

天明や天保の工事は利根川の洪水を江戸湾へ流す意図はあったのか。老中の水野忠邦や町奉行の鳥居耀蔵の設計図にはあったのだろうが、幕府や各藩の要人たちの頭には利根川から印旛沼、そして江戸湾まで水路で繋がっていたかどうか、それはとても疑わしい。途中に印旛沼と江戸湾の分水界があるし、ケド層もあってこの2つをどう解決して行くか読める要人が、何人いたか。いや、何のための工事だったのか。この印旛沼運河の成功によって幕府の傾きかけた威信を回復させ、合わせて水野の権勢を高めようと図ったのではないか。この運河が成功すれば、治水の面でも、干拓の面でも、水運の面でも莫大な利益が期待できるから、田沼にしても水野にしても、何を置いても飛びつきたくなる魅力的な事業であった。

　田沼は失敗したがオレこそはという水野の対抗意識、それは純粋な目的ではなかった。だから、失敗したとも言えそうである。また、切れ者と言われた水戸藩の斉昭公は、印旛掘割に反対だというのも気がかりなところだ。

　この印旛沼運河が完成したら、大阪商人は利を失うからワイロを贈って中止させるとかいう噂が江戸や大坂では飛んでいたというから、印旛沼掘割工事に対する冷ややかな世間の目も感じられる。

　忠邦の失脚については「国政に不正があった」というのだが、これでは抽象的過ぎて分からない。

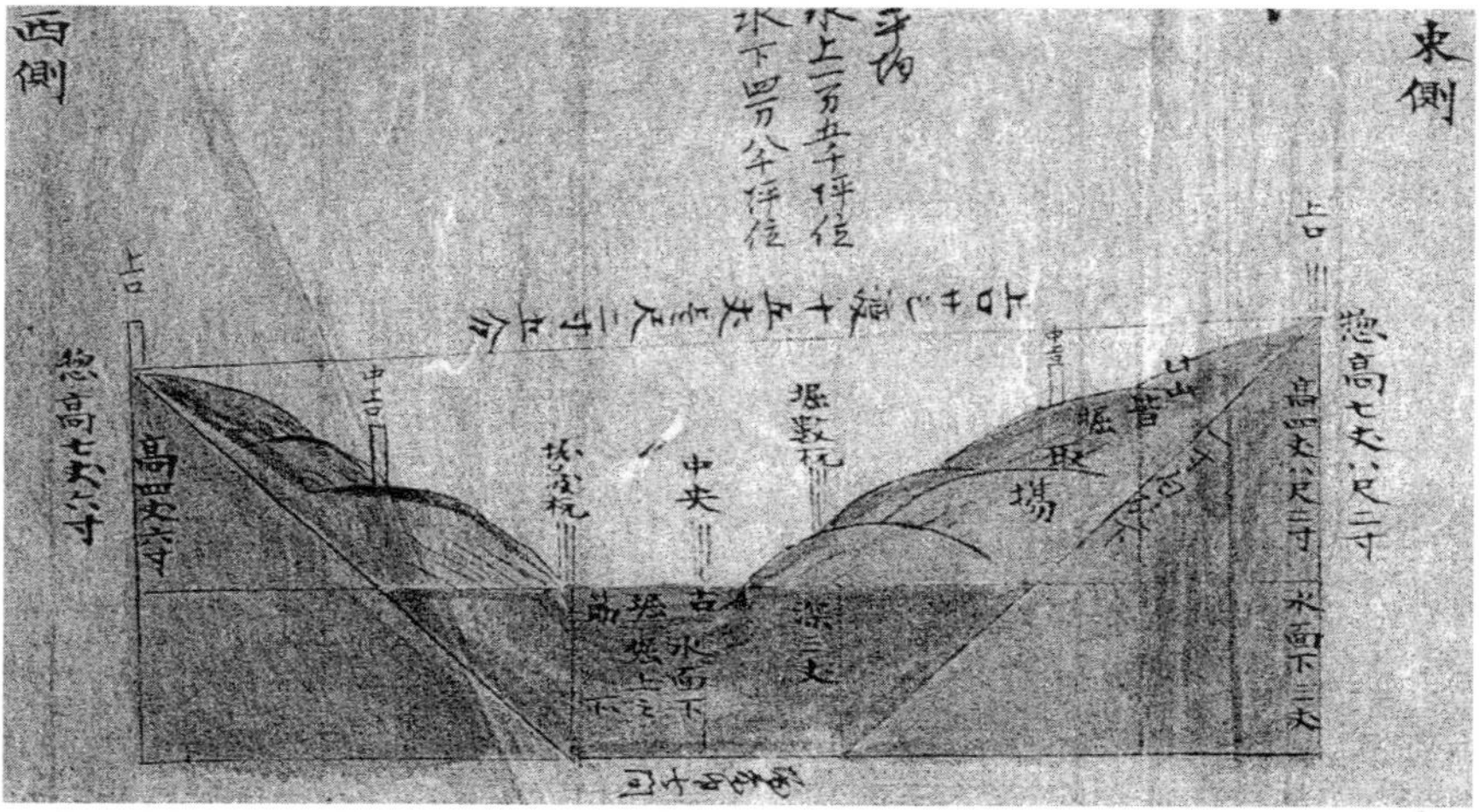

掘割断面図　（鶴岡市郷土資料館寄託清川斎藤家文書　）

御手伝普請を命じられた５藩が費用ばかり嵩む工事を中止させようとした動きがあり、これに水野の天保の改革に反発する動きが合体し、金銀貨改鋳に関わる贈収賄の噂などが広まったと言われる。ほかに、忠邦には賄賂沙汰が多くあり、印旛沼工事が済むと干拓した水田が忠邦の領分になるという噂が飛んでいたというから、これも国政に不正があった１つに数えられたかも知れない。

印旛沼堀割失敗と上知令反対

また、工事が始まって２か月後の閏９月５日、工事役人の支配勘定格大竹伊兵衛から「このままでは工事の完成は無理である」という報告書が勘定奉行へ出されている。そういう時に水野忠邦は罷免されているから、工事そのものが行き詰っていたとも結論できそうである。

それに加えて、大阪城10里四方の上知令《あげちれい》※⑤は外敵から日本を防衛するために忠邦の重要施策の一つだったが、周囲の轟々の反対に会って苦し紛れの紀州家除外の秘策にも反対の声が多く上がり、おまけに忠邦の片腕とまで見られ、水野政権を支えてきた鳥居耀蔵が上知令に反旗を翻して（鳥居は特に紀州藩除外する点に反対）、四面楚歌となった忠邦は上知令全面中止に追い込まれてしまった。

水野忠邦の重要施策を検討してみると、日光東照宮社参は成功したものの、印旛堀割は莫大な資金をつぎ込んだにもかかわらず失敗し、続く大坂城10里４方の幕府直轄化も大反対にあってしまった。これで、水野政権は完全に行き詰まってしまったのである。とくに、成功するかに見えた印旛沼疎水工事は、享保、天明の工事が挫折して、２度ある事は３度あるのことわざ通りだった。天保の工事も失敗して川柳では「印旛沼掘ったかいなし水野あわ」と揶揄された。こうして権勢を誇った水野忠邦も老中職を失ってしまうのである。

忠邦が老中職を罷免された次の日、忠邦の江戸屋敷で騒ぎが起きた。大勢の町人らが門前に押しかけて悪口、雑言を浴びせたばかりか屋敷内に石などを投げ込んだ。辻番所まで打ち壊される騒ぎだったが、町奉行が火事場装束で出張して騒ぎを治めたという。

四　次々に挫折した掘割計画

印旛沼は江戸期には３度も運河として、ある

いは水害防止のために開削されたが、いずれも失敗している。このことについて、

「多分、江戸時代に完成していたとしても、その水路は不安定なものであり、大水のたびに被害をうけていたのではないだろうか」

と『生きている印旛沼』（白鳥孝治）は推論する。それだけ技術的に難しさを含んでいたようである。難しさの一つは、沼と江戸湾の水位の差が少ないことだろうと推し量れる。

明治3年、印旛沼から平戸まで通船があった。が、水は新川の現在の流れとは違って平戸橋から沼へ流れていた。また、下流の花見川は、大和田橋から江戸まで水運があったが、安政の地震（1855）で掘割が崩れて通船は不可能になっている。

一方、印旛沼から東の水運はどうやらあったようである。印旛沼と利根川は長門川が繋いでおり、小舟や高瀬船が九十九里沿岸まで往来していた。農産物のなかでもサツマイモ、薪炭を運び出し、干鰯（肥料）を運んできたという明治27年に描かれた銅版画から右のような水運が考えられると『八千代市の歴史』（通史編下）は述べている。

なお、明治18年に金原明善が花島（千葉市花見川区）の工事の難所だったケド層の所に池を掘りコイを飼ったという。それが今でもコイの産卵場となっていると、グランドゴルフの人たちが、「4、5月はコイの産卵期で、コイたちはオシクラマンジュウをしながら花見川を上ってきます。それは見事なもんですよ」と話してくれた。付け加えれば『印旛沼経緯記』（織田完之）に次の記述がある。

「印旛沼中七里余アリテ、竿ヲ立テ試ミルニ、天保時代ヨリ六尺（約180センチ）余モ埋マリタルコトヲ知ル。コレ古老ノ現在予ニムカッテ名言スル所ナリ」

印旛沼が天保期から明治中期まで（約50年間）に人の背丈ほども埋まってしまったというのは、沼の水位も上がったことを意味する。これは天明3年（1783）の浅間山噴火の降灰もあったろうが、沼へ注ぐ川からから運ばれた土砂によるものだろう。それにしても信じられない数字である。仮にそうだとすれば、水害は少なくなっても、水運の面ではマイナスになっていたかと思われる。

銅版画に描かれた印旛沼（明治27年）日本博覧図千葉県

五　大久保利通による内陸運河網構想

明治10年、士族による最後の反乱といわれる西南戦争が終わったが、福島、会津、仙台など東北地方も穏やかではなく、没落士族への授産事業の必要があった。

翌年に大久保利通内務卿は、殖産興業と交通運輸の動脈であった河川の水路と港湾整備を図るべく、三条実美内務大臣に対して7大プロジェクトといわれる「内陸運河構想」を建議している。

其の一、宮城県下の野蒜開港。北上川を運河で野蒜港に繋ぎ，野蒜から海路を那珂湊にとる。

其の二、新潟港改修

其の三、越後・上野運路（清水越）の開削

其の四、大谷川運河の開削、北浦と涸沼との間を開削し運路を那珂港に取る。

其の五、阿武隈川改修、貞山運河整備

其の六、阿賀野川改修
其の七、印旛沼より東京への運路、印旛沼より検見川に連接し深川、新川に通ず。

この構想は東京から印旛沼、下利根、霞ヶ浦、北浦、大谷運河を経て，那珂港から海路で阿武隈河口へ、運河で野蒜新港から石巻港に至り、北上川に連絡されるものであった。こうした東日本国土開発を進める水陸運河網計画を実施するために、政府はオランダからファン・ドールン以下11名もの工師（技師）を招請して調査、設計、監督にあたらせている。

涸沼から北浦へ　印旛沼から検見川へ

すでに江戸時代に東北諸藩の回米はことごとく回船で直接江戸に送られたわけではなく、常陸の那珂湊、後に銚子まで行き、川船で運ばれ、陸送を交えて運ばれた。銚子口も決して安全ではなく、捨て米も発生したという。

那珂港から涸沼川を下って涸沼に入る。仙台藩は網掛に蔵屋敷、水戸藩は海老沢に河岸を設け、津役を徴収していたが、税金を支払っても、涸沼から北浦に繋ぐルートは安全で日数面からも魅力的で有り、「大谷川と鉾田川の間」を運河で繋ぐ計画も江戸末期には持ち上がっていたが、陸送による積み替えを避けるために、運河の開削が計画をされたが実現していない。

海老沢から巴川に抜ける「勘十郎堀」も掘削がなされた。7キロの開削のうち、中央のローム台地4キロを上幅2メートル、川幅15メー

トル深さ5メートルと台形に掘削をしようとし、パナマ運河のように約10個の堰を作ったが、何度も荷を積みかえないといけないし、冬は川面が結氷し、地元農民の負担も多く、結局未完成に終わっている。

北浦から利根川に入った船は関宿を回り、江戸川を下って新川、小名木川から隅田川に行ったことは、小金運河構想でも述べたが、印旛沼から検見川につながる水路を開削しようとし、三度も開削工事を重ねてきたが、さらに挑戦をしようとするものであった。

明治8年から利根川改修の目的をもって実地調査が実施され、明治19年（１８８６）には妻沼以下の利根川および江戸川筋の測量が完成し、ムルデルによって「利根川改修計画」が提出される。

デ・レーケとファン・ドールンの調査

千葉県令柴原和は、印旛沼開削を明治政府の直営で行うように内務卿大久保利通に建議書を提出した。内務省は、オランダ人技師ファン・ドールンに命じたので、彼は調査の結果を「印旛沼測量意見書」として内務省に提出した。そのなかで、ファン・ドールンは安食《あじき》と検見川に閘門を造ることを提案している。内務省は、印旛沼より東京への運河開削として閘門設置を計画した。大久保利通は関東東北の輸送網の一環として印旛運河構想を持っていたが、明治11年に暗殺されてこの構想はつぶれている。

オランダ技師デ・レーケが調査を依頼されたのは明治22年だった。デ・レーケはファン・ドールンの調査結果を精査して「この工事は難しいものではない」という報告書を内務省に報告した。利根川、印旛沼、東京湾をつなぐ運河開削にかかる費用はおよそ１００万円と算定した。印旛沼運河は利根運河より東京への距離が短いし、安食より上流の浅瀬に悩むこともない。水路の開削で出た土で東京湾を埋め立てれば多くの土地を得られるので、工費を補って余りがある。が、印旛運河にはどうしても安食閘門を造らなければならないとした。もし閘門なしで運河を開設したら、利根川洪水の時は沼へ逆流して沼周辺の稲は水没してしまうという見通しも述べている。

印旛運河と利根運河

ファン・ドールンが印旛運河を提案した明治22年は、時あたかも利根運河が民間の手で工事が始まった頃である。それに対して、印旛運河は明治政府の指導の下で計画が進められていたのである。利根運河に先を越された格好だが、利根運河は成功しても印旛沼運河の方が経済効果は大きい、と印旛沼運河を構想する人たちは考えているようである。『印旛沼経緯記』(織田完之)は、木下(印西市)より三ツ堀(野田市)間の浅瀬をあげて水運には不便の至りを述べて、

「三ツ堀に(利根)運河の位置を定めるはまったく姑息法にして、結局三ツ堀より関宿を迂回するに比すればやや便利なるが如しと言えども・・・」

それよりは、「印旛沼を開削すれば実に永遠偉大の功業ならずや」と言い切っている。デ・レーケも「二年前にこの印旛沼を見るものならば、三堀(利根運河)は断然謝絶すべきを惜しむべし」と言っているのを引用して、織田は「印旛沼(運河)は大利益を生ずること疑いなし」と述べている。

なお、利根運河と印旛運河といずれが便利とするか、『印旛沼経緯記』は問答している(これは明治19年のことで、利根運河が工事にかかる2年前)。

『印旛沼経緯記』

利根運河は安食から先に浅瀬があってハシケを使わなければならないとしている。一方、印旛運河は東京湾へ出ると風波が強いので高瀬船から海船に積み替えるとなれば手間がかかる。結局、「利根運河も印旛運河も一得一失あり」と論じている。問答は玉造(茨城県行方郡)の識者が第三者的な立場で答えているが、著者(織田完之)は印旛運河推進論者だから他の所で、「印旛沼を疏削すれば実に永遠偉大の功業である」と述べている。

印旛沼畔を開墾した吉植庄亮

吉植家は江戸初期に摂州伊丹から印旛郡本埜村（埜原新田）に移住して印旛沼畔を開墾してきた。本埜村は利根川が洪水になると長門川へ逆流して沼が溢れて水田は水をかぶった。明治23年の洪水は維新後最大の洪水であり、明治25年吉植庄亮が8歳の時、吉植の両親は窮民引き連れて北海道石狩に移住をする。残された庄亮は祖父母に育てられる。

昭和の初期の苦しい時代にも身を粉にして働き、昭和10年には60ヘクタールの開墾に成功した。庄亮は歌人でもあり、５７００首を詠み開墾にちなんだ歌も９９０首に及んでいる。後に祖父や父同様に政治家としても活躍をしている。

明治29年の「千葉県博覧図　印旛郡埜原村吉植家野の真景」を見ると吉植家の立派な家だけが土盛の上にある。働く人が多いのは印旛沼護岸工事が行われている。長門川両岸及沼岸には堤防がかなり築かれている。村には水田らしきものは見えない。吉植家の生業は葦萱の販売であった。

戦後の農地解放により水田は小作人にわたるが、印旛水門により開発が可能となった低湿地の土地改良に努め、吉植農場として大規模機械農業の展開につながっている。

古市公威の意見

古市公威は明治日本の土木技術を低水工事から高水工事に転換させた先駆者であり、明治29年（１８９６）には河川法を策定し、淀川や筑後川の高水工事に着手している。土木局長の傍ら、工科大学学長も務め、一方では内外の鉄道網敷設を進め、後に土木学会初代会長を務めた怪物として知られる。

信濃川改修、東京築港など古市の業績はあまりに多く、見落とされかねないが、明治34年には、元印旛沼開疎設計顧問古市博士は「印旛沼開疎意見書」を提出している。すでに利根川改修事業は進んでおり、長門川が利根川に接する所に閘門を設けることは決まっていた。これによって、利根川の洪水は閘門で遮断され印旛沼は安泰になるはずだった。

古市は印旛沼と東京湾の間に水路を開く計画をデザインしている。これによる干拓は保品、平戸間で１４０ヘクタール、検見川海岸で８０

0ヘクタールになる。水運の便は開かれ印旛沼周辺の水害が軽減される。さらに、閘門が設置されれば沼沿岸の3500ヘクタールが開墾できる。

大正11年、印旛水門（安食閘門）が完成した。これで利根川の洪水が印旛沼に及ぶことはなくなった。しかし、内水による水害はまだ解決されていない。印旛水門が締め切られと沼の水は行き場がなくなって沼周辺に氾濫する。これを解消しようとしたのが次項の昭和放水路で報告する。

ここで、明治大正期の印旛沼開発をまとめると、この時期に計画は次々に案としては出たが、残念ながらどれ一つとして工事の実施には至っていない。いくつの計画書が出たのか数えきれないが、それだけ地元の人々の掘割への要望の強かったのを感じる。裏返せば、沼周辺の水害苦の大きさを知らなければならない。その夢が大戦後の印旛沼開発事業によって、やっと実現した。ようやく利根川～印旛沼～東京湾は繋がったのである。そのことによって、やっと水害の危機からも解放されたのである。

六　戦後の印旛沼開発事業

江戸時代に印旛沼から江戸湾へ3度も工事をしたが、いずれも完成には至らなかった。明治大正時代は次々に掘割計画案が出たが、すべて挫折している。昭和放水路は第二次世界大戦で工事は中止になってしまった。このような歴史を背負った沼の開発である。大戦後の印旛沼開発の様子を概観しよう。

天保の掘割工事は6、7割出来ていたと言われるが、そのうち5割は残っていたという。これからはその堀を元にしての工事だから、経費は少なくて上がるはずである。

農林省の干拓事業始まる

戦時中から戦後にかけての食糧事情は最悪であった。終戦の年の米の生産額は40000石弱（約6000万トン）、必要量は75000万石（約1125万トン）だから食糧事情は戦中よりもひどかった。戦地から復員兵も続々とあって、食料危機に拍車をかけた。それだけに、手賀沼、印旛沼の干拓が急がれたのである。

戦中よりも、むしろ戦後の方が食料は不足していて、回復し始めたのは昭和25年頃からだった。最悪の昭和21年に発足したのが、国営印旛沼手賀沼干拓事業であった。国営というのは農林省(現農林水産省)の事業であり、主食である米の生産を多くするために、両沼の一部を干拓して水田にする国家プロジェクトである。そのために、現在の新川、花見川開削工事を再興して、印旛沼の水を東京湾に落とす、沼の一部を干拓する工事である。

この工事に対して、昭和23年に花島、柏井、犢橋《こてはし》(現千葉市)の村々は全村あげて反対運動を展開した。当時、地元犢橋出身の川口為之助知事が2回にわたって調停したが解決しなかったと言われるほど激しいものだった。これは江戸時代以来、土地は掘割に取られただけで何ら地元にプラスにはならなかった工事、しかも失敗の連続だったから不信感だけ残っていた。それらが工事反対に駆り立てたのだろう。

化学肥料の普及や農薬の散布などによって、食糧事情は徐々に回復してくる一方、工業がぐんぐん胎動してきた。その結果、工業用水が不足をきたして来た。食糧事業は良くなってきたから、それよりも、工業の振興を図らなければ日本経済は立ち直ることはできないという時代になってきていた。

水資源開発公団の登場

昭和25年の川崎製鉄の千葉進出を始めとして、昭和30年代の高度経済成長期に入ると東京湾の千葉県側の海岸埋め立て地には石油化学工場が次々に進出してきた。このような時代の動きに、国や県は対応しなければならない。すなわち、工業用水をどう確保するかの問題である。企業も県も目を付けたのは印旛沼の水だった。千葉の水ガメ、印旛沼の水を工業用水として利用しようとなったのである。

印旛沼の干拓計画は昭和21年の当初の計画２２８２ヘクタールから昭和38年第2次改訂計画では９３４ヘクタールへと縮小されることになった。食糧危機から脱出して、米余り時代に移ってきたからである。印旛沼の水を減らして水田化するという政策から、沼の水を使って工業を興すという経済の大きな転換期を迎えたのである。

昭和36年当時の国の管轄は農林省であり、水資源開発公団(現水資源機構)は昭和38年10月に印旛沼開発事業を承継している。このことによって、印旛沼は利根川からも水を引き込み、その水を工業用水、農業用水、水道用水として利用することになった。とくに、臨海工業地帯が造成されるにしたがって、人口が急増してきた市原から船橋の住宅地へ水道水を供給する役割を担うことになったのである。

工場は東京湾沿いの埋め立て地に進出してきた。昭和32年から五井、市原地区、幕張地区、市川市二俣地区、君津地区、姉ヶ崎地区、千葉市生浜地区に続々と進出してきた。こうして、海岸の埋め立て地は京葉工業地区として栄えれば、それだけ工業用水を必要とした。印旛沼はその需要に答えて、工業の発展を支えなければならない。　千葉県が持っている利根川の水利権は大部分、暫定水利権（余っている水だけ使える権利）なので、とても不安定である。だから、千葉県にとって印旛沼の水は貴重な資源である。印旛沼開発事業の背景には、そんな千葉県の水事情があった。

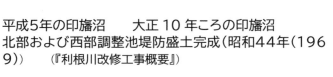

昭和44年印旛沼の洪水に終止符

水資源機構によって、印旛沼開発事業が行われたのは昭和38年からである。この事業は、印旛沼の中央部分を埋め立てて、西印旛沼(西部調整池)と北印旛沼(北部調整池)の2つに分けた。調整池の周囲には高さ5メートルの堤防を築き、総延長38キロにも及んだ。堤防はヘドロ層（ケド層）という軟弱地盤に悩まされたけれど完成した。それで、印旛沼はどう変わったか。昔のWの形はどこへやら、繋がっていた1つの沼は2つに千切られてしまって、わずかに捷水路で結ばれている。

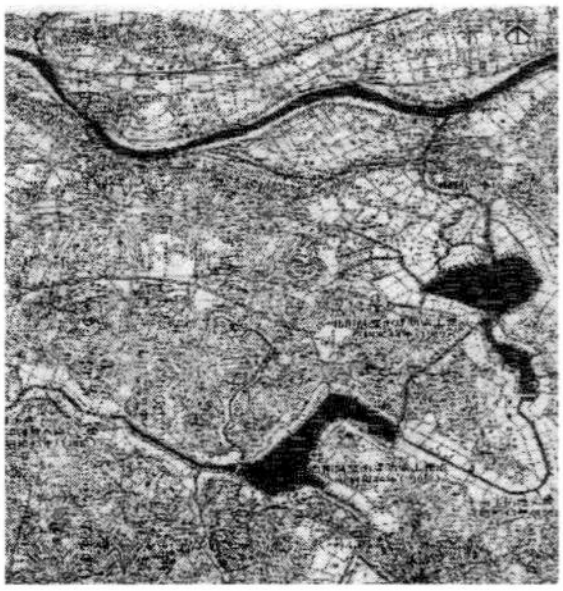

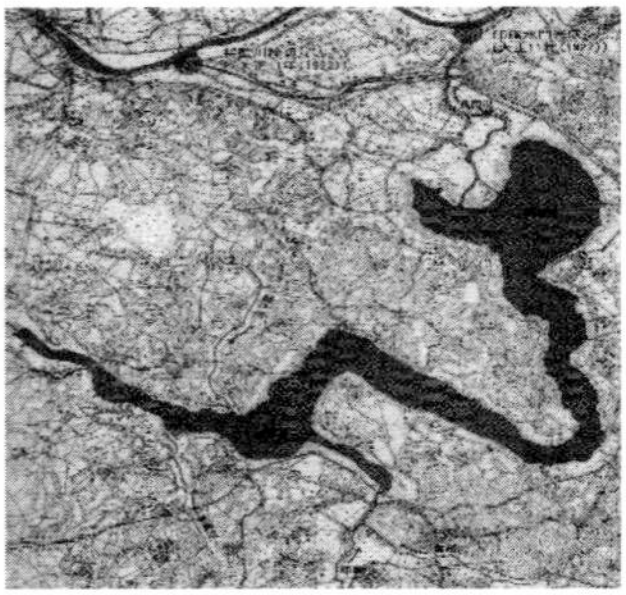

平成5年の印旛沼　　大正10年ころの印旛沼
北部および西部調整池堤防盛土完成（昭和44年（1969））　（『利根川改修工事概要』）

新川と花見川の分岐点には大和田機場、長門川の川口には印旛機場、長門川には酒直機場と酒直水門を設けた。印旛沼は台風などで大雨が降ると水位は上がる。利根川へ自然排水できない時は、印旛水門を閉めて利根川からの逆流を防ぎながら、印旛機場からポンプで利根川に排水する。さらに沼の水位が上がると、大和田機場のポンプで花見川、東京湾へ排水する。このような仕組みで、水害を防いでいるのである。

また、酒直水門は沼の水が一定になるように水門を開けたり、閉めたりしているし、酒直機場は印旛沼の水位が低下した時、ポンプを運転して利根川の水を揚水し、印旛沼水位の回復を行っている。5月～8月Y.P2・5メートル、9月～翌4月まではY.P2・3メートルを常時満水位と定め、酒直水門と酒直機場を操作して水位管理を行なっている。また洪水時に利根川への自然排水が不可能と判断をした場合には印旛水門を閉鎖して、印旛機場（排水量92立方メートル（秒））から洪水を利根川に排水する。それでも印旛沼の水位が下がらない場合は、大和田排水機場（八千代市村上）（排水量120立方メートル（秒））のポンプを運転して、花見川から、東京湾に排水を行っている。このような水門や機場によって、昭和44年に印旛沼開発事業は完成した。その成果を『印旛沼のはなし』は、

「これによって、承応3年（1654）の利根川東遷事業完成から、実に315年間にわたって苛まれた印旛沼の水害（洪水）は、その過酷な歴史に終止符を打つことになりました」

ときっぱり結んでいる。このように、印旛沼の水害は守られるようになったが、利根川下流の水害は相変わらずだったことも付け加えて置きたい。

完成したのは放水路か

とにかく、利根川、長門川、印旛沼、新川花見川は一本に繋がった。繋がったが、利根川が洪水になった時、洪水の水を利根川から東京湾へ流したら放水路と言える。しかし、先に述べたように印旛沼の水位が上がったら沼周辺の水害を防ぐために、利根川からの逆流が沼へ入らないように水門を閉めて、印旛機場から利根川へ排水するというのだから、これは放水路の流れとは逆である。

それでも沼の水位が下がらなければ、新川と花見川の接点の大和田機場から花見川へ排水するという。だから、この部分の流れは放水路

になっている。このように西印旛沼は放水路の働きをする一方、北印旛沼は先に述べたように利根川が洪水になると印旛水門を閉めて、印旛機場から利根川へ排水するから、この部分は放水路とは逆の水の流れである。

結局、印旛沼開発事業は放水路であるかとなれば、西は放水路、北は放水路ではないという結論になる。私たちは印旛機場を見て放水路ではないとするが、『生きている印旛沼』は「放水路は完成した」とする。昭文社の『千葉便利情報地図』は新川を（放水路）として、花見川はそのままである。『印旛沼堀割物語』（高崎哲郎）は印旛沼放水路（新川、花見川）としている。『千葉県の河川』（千葉県）も西印旛沼から（新川〜花見川）東京湾までの22キロを印旛放水路としている（利根川〜長門川〜北印旛沼は含まない）。

このように、利根川から東京湾までの水路を放水路と言っているのではなく、部分的ながら放水路と認めているようである。新川の流れは昔は印旛沼へ流れ込んだが、現在は沼から東京湾へ流れているし、印旛沼の洪水を東京湾へ落としているから、その意味では放水路であるが、少なくとも利根川の放水路とは言えない。つまり、利根川の洪水を東京湾に放水してはいないからである。

新川の「ゆらゆら橋」
昔は水は印旛沼に流れたが
今は左の大和田機場に向かう

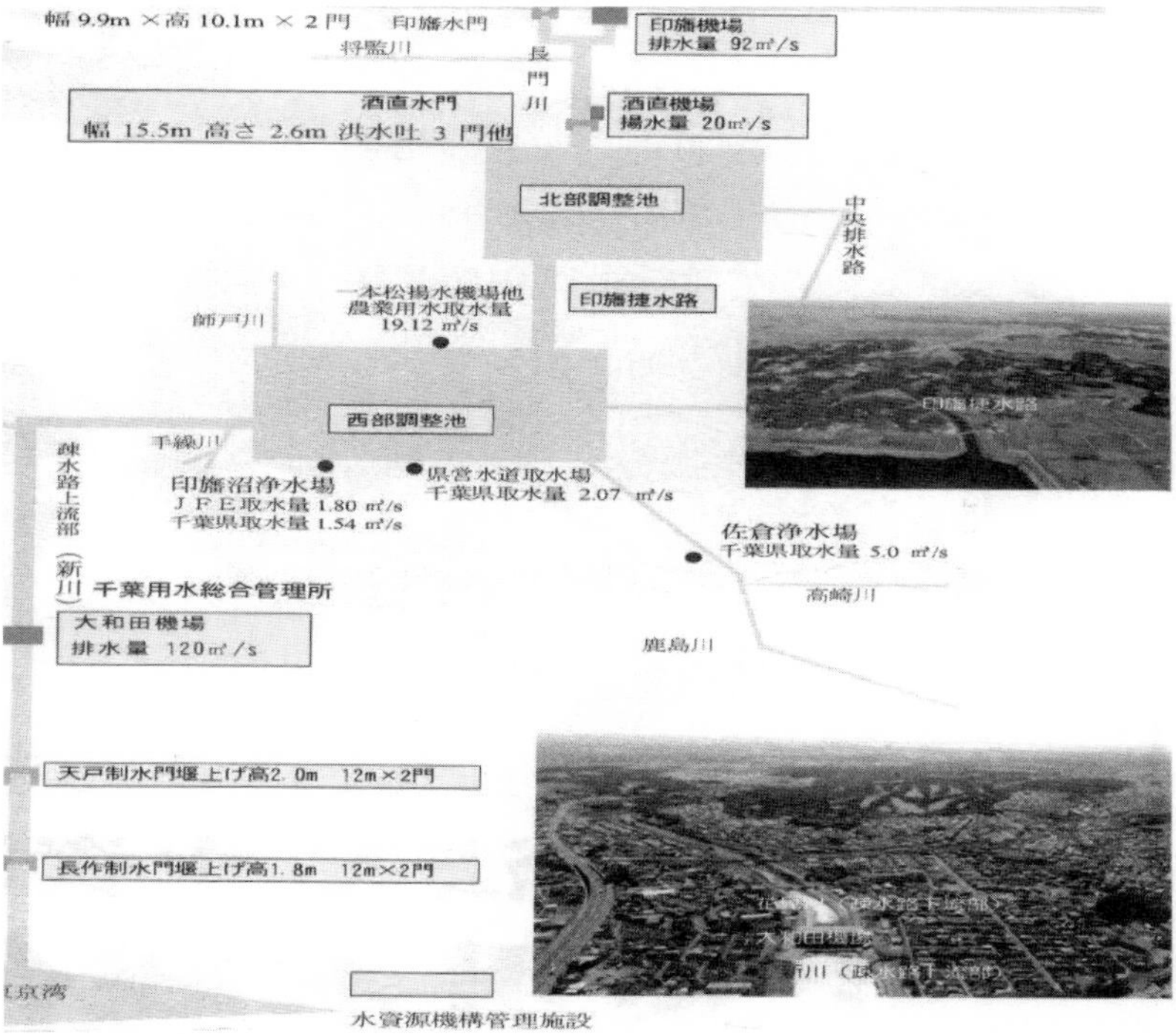

現在の印旛沼　千葉用水総合管理施設の全容
独立行政法人　水資源機構千葉用水総合管理所

右上写真　北部調整池と西部調整池を結ぶ印旛捷水路
右下　新川（手前）からみた大和田機場

『日本の放水路』（岩屋隆夫）は「農林省時代は計画として放水路だった」と言うのは理解できる。『利根川治水の変遷と水害』（大熊孝）は

「この開発事業は昭和44年3月だが、利根川放水路はまったく進展をみておらず、水資源確保のための事業が治水事業に先行して行われた一つの典型例と言える」と、放水路ではないという見方をしている。

利根川本流に放水路ができなければ利根川東遷が完成したことにならないという提言からすれば、まだ東遷は終わっていないという見方ができる。

それにしても、（印旛沼開発事業によってやっと利根川放水路は完成したように見えたんだけどなあ。残念）というのが、私たちの率直な感想である。

大和田排水機場見学

大和田機場は印旛沼の水位が高くなった（洪水）時、ポンプで新川の水を花見川へ排水して東京湾へ落とす。が、いざポンプを動かそうとした時に動かなければ困る。そんなことが無いように定期的に点検、つまり試運転をするという情報を得た。それは、またとない機会だからと見学を申し込んだ。この日の見学者は私たち２人だけだった。

10時きっかりにポンプが動いたらしい音がして、新川の水をポンプアップして花見川へ排水が始まった。沼の水位が上がった時、沼の水を花見川から東京湾へ落とす言わばリハーサルである。水は盛り上がるようにして、花見川へ流れ込む。新川と花見川の差は２・３～２・５メートルある（田植えの時期は水を多く使うから水位を上げている）。

大和田排水機場試運転
ネット越しに撮影

大和田機場の荒木段さんが、

「花見川水位は印旛沼より約2m高く、自然流下しない。だから、揚水して海に流す。2メートルの差をつけて海へ流す。大和田排水機場の南、現在では花見川左岸に流れこむ勝田川は、東京湾に向かわずに新川に流れていた。」

と説明してくれる。ポンプ室へ入ると、6台のポンプがウナリ上げて動いている。2台は電気、停電に備えて4台はガスタービン。ここ大和田に機場を造ったのは、少し下流が沼と東京湾の分水界なのだが、そこは場所的に狭いのでここになったと言う。

「大和田機場で今困っていることは、夏の間に南米原産の植物ナガエツルノゲイトウが繁茂していて、機場のスクリーンにへばりつくから、水の流れが遮られて最悪の場合はポンプが停止します。これを肥料にできないかと現在研究中です」

と、外来植物による害を話してくれた。印旛沼が水道用水として使われているが、困ったことに汚染されていることである。手賀沼は汚染全国ワースト1だったが、北千葉導水路による利根川の水の注入と住民の協力でかなりきれいになった。が、今度は印旛沼が全国湖沼汚染ワースト1を平成23年から6年間も続けていたが、現在は1位だけは返上している。

藻かり船の夕暮れ

また、捷水路の南部でナウマン象の化石が昭和41年出土した。その時は「骨が出たぞう」と言うだけだったが、後でナウマン象とわかって新聞でもテレビでも大騒ぎになった。ナウマン象の化石は日本の各地から出ているが、印旛沼から全身骨格が出土しているという。

この象はインバゾウとも呼ばれるが、ナウマン象の若い個体である。今から3万7000年前には、千葉県にもナウマン象がいて、アジア大陸と陸続きだったと考えられる。このナウマンゾウの化石は、千葉県立博物館で展示されている。

註※

① **潰れ地**　公共目的に取得された土地に対して残った土地のこと

② **圦樋《いりひ》**　導水または排水のために水門に設けられた樋（とい）

③ **御手伝普請**　幕府が特定の大名に命じて普請を行わせるもので、藩が工事のため資材や人足などを独自に負担する。
江戸時代にはご普請（幕府や藩が主導の元に行う工事）と自普請（農民や商人が自らの負担で行う工事）の区別があった。

④ **肝煎り《きもいり》**　心を砕き世話を焼くことから村の代表や役人の職を表した。

⑤ **上知令《あげちれい》**　幕府が大名領地を一部取り上げてそれに代わる領地を与える封土転換令

五章 利根川東遷と放水路

赤堀川（茨城県五霞町の北を流れる利根川）の拡幅については、江戸初期に下流域では強く反対し、上流域では支持していた。特に下流域では、赤堀川の流量が多くなれば洪水の時に水害に会うと危機感を露わにしていた。

事実、利根川東遷によって農作物が洪水の度に痛めつけられていた。下流域では、利根川が東流したことによって水害が増えてきたのを実感していたのである。

利根川が東流したことによって、水害まで下流に押し付けてはならない。だから、放水路が必要であるという考えは当時はなかったかもしれない。だが、今日では東遷の補償措置としての放水路の必要性は、国交省も河川工学者たちも認めている。それなのに、「利根川放水路」はまだ実現をしていない現状であることは間違いない事実である。

一 千葉の農業を支える利根川の水

利根川東遷によって水害を下流に押し付けてしまったのは事実だが、東遷のプラス効果は千葉の農業面に出ている。京葉工業地域の水供給だけでなく、農業用水供給にも大きく貢献した。

ポンプが変えた千葉の農業

印旛沼の干拓地を広げたのはポンプ技術であり、大和田排水機場などの大型ポンプだけでなく沼の周辺だけでも38台ものポンプが配備された。8市2町にまたがる水田に農業用水年間6800万トンを送っている。印旛沼にとどまらない。利根川の水を取水して、これまで届かなかった台地にポンプで次々と汲み上げたのである。

千葉用水総合管理所は「印旛沼管理」だけでなく、「千葉用水」として北総台地や東総台地に利根川の水を送り、農業を支える。

台地の隅々にポンプで送る千葉用水

「成田用水」33キロ（昭和56年）、「北総東部用水」42キロ（昭和56年）、「東総用水」37キロ（平成元年）、「房総導水路」98・8キロ（平成17年）、京葉臨海工業地帯に工業用水や九十九里沿岸や南房総に水道用水を送る導水路管理を行っている。水路延長としては２１１キロに及ぶ。

印旛沼地域は排水を含めた水管理に成功したことにより、市街地化や宅地開発が進むが、本来の目標であった農業生産高は著しく高まる。水が乏しい北総や南総地域では長年、天水や井戸水に人々は依存していたが、昭和40年代に利根川の水を引く。

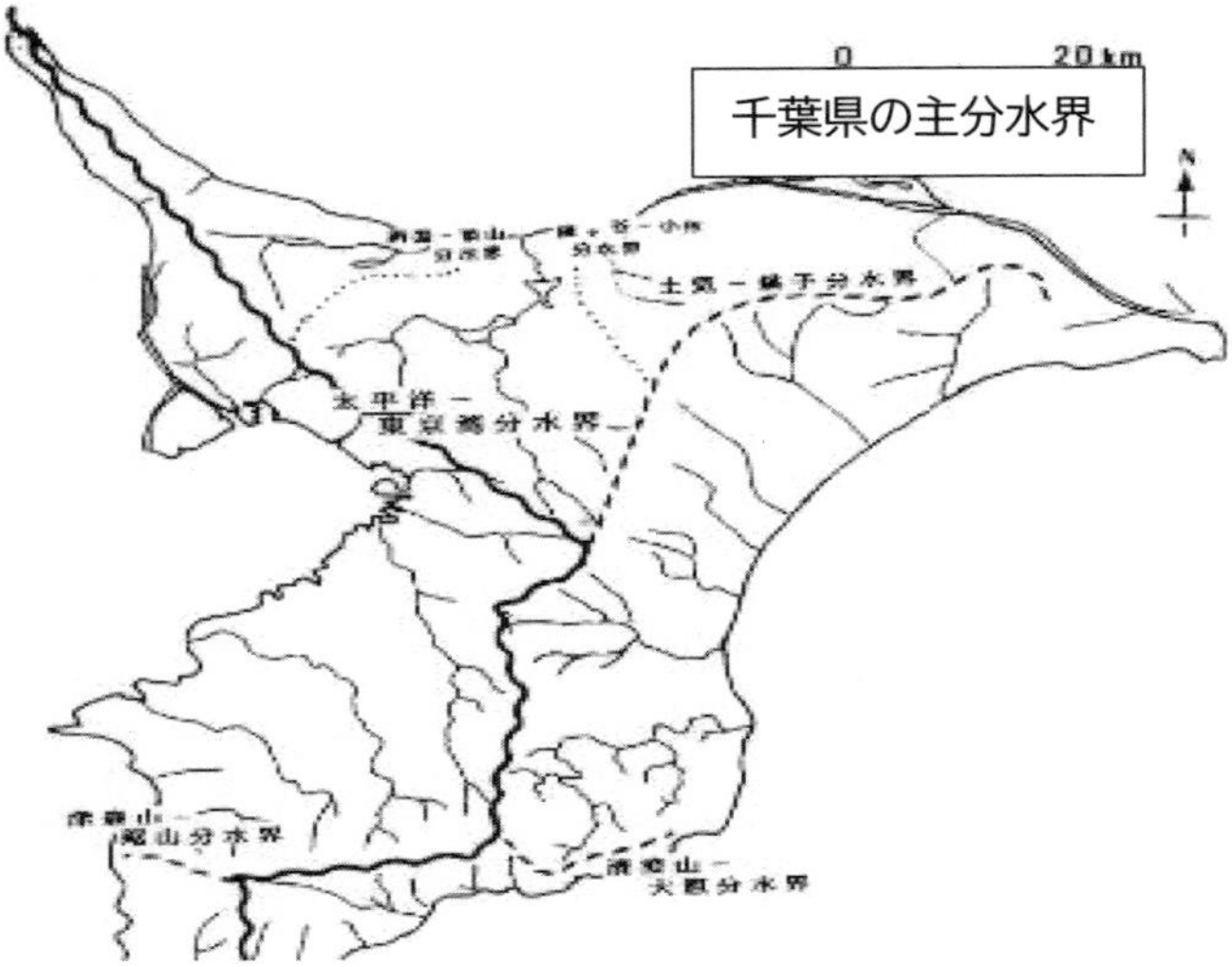

かつては天からの水に頼っていた地域も
利根川の水を取水してヤマトイモを生産
（北総東部土地改良区・令和2年広報誌）

導水路、幹線水路，支線水路のパイプライン工事が次々と始まり、印旛沼や大和田で活躍を始めたポンプ技術はこれまでは不可能と考えられていた地域の暮らしをも一変させたのである。

水害の面では暴れん坊の坂東太郎も、農業の面では桃太郎的な顔も見せてくれるようになった。今では千葉県は全国有数の農林水産国で、産出額は年間３４７１億円（令和３年）、全国第６位である。野菜、花き、鶏卵、豚肉は首都圏の食糧供給基地となっている。

収穫量全国１位の野菜は、だいこん、日本梨、らっかせい（からつき）（９１億円）、さやいんげん、かぶ、マッシュルーム、しゅんぎく、なばな、みつばなどである。

第２位には鶏卵（３２６億円）、かんしょ（１８８億円）、ねぎ（１３８億円）にんじん（９６億円）、すいか、えだまめ、さといも、スイートコーン等。第３位は、キャベツ(70億円)、枝豆、しょうが、やまのいもである。

施設栽培が可能になり、薬物だけでなくトマト(92億円)、いちご(65億円)、メロン(26億円)洋ラン(25億円)の生産も積極的になされている。首都圏の家庭や飲食店にとっては欠かせない素材を届けている。

豚は第４位であるが、産出額３９３億円と金額は大きい。米は成田、多古、旭、香取を中心に４６６億円産出している。

「全国農業生産額ランキング」（農林水産省令和５年度版）及び「千葉県の農業生産額」令和３年度版参考

千葉県水資源機構用水供給区域

成田用水　（成田市、多古町、横芝光町、芝山町）　空港周辺は水源の無い地域であり、かつては野馬が草を食んで駆け回った台地、佐倉牧であったが、コシヒカリ、房おとめ、ヤマトイモが産出され、カサブランカが咲いて出荷を待っている。スイカのハウス栽培もおこなわれる。

北総東部用水　（香取市、匝瑳市、成田市、旭市、多古町、東庄町、神崎町）落花生や芋など乾燥に強い作物から、ニラ、葉物野菜、キュウリなどのビニール栽培に広がっている。

東総用水　（銚子、旭市、東庄町）へ灌漑用水と水道用水を送っている。利根川の水はまず「一之分目《いちのわけめ》揚排水機場」で取水され、小堀・黒部川に送り、黒部川の水は笹川で取水され、東庄，海上、飯岡へと次々と高台に送られる。
　キャベツ、大根が栽培されて来たが通水後はメロン、トマト，イチゴなどの施設栽培がおこなわれ季節を越えた栽培を可能にしている。

房総導水路　房総の「ちから水」　利根川両総水門から取り入れた水は揚水機で汲み上げ、導水路、栗山川をへて、横芝揚水機場でポンプアップし、房総導水路に導かれる。更に東金ダム、長柄ダムに蓄えられる。東京湾沿いの京葉臨海工業地帯への工業用水、九十九里浜や南房総地域への水道水としても供給されている。
　印旛沼開発施設緊急事業の総事業費は１８６億円に対して、「房総導水路」総事業費は１４０４億円・緊急改築１５０億円（「水資源機構の概要」令和2年11月）であり、与える影響、役割の大きさが想像される。

千葉用水路は、千葉市を始め千葉県の45市町村に農業用水、水道用水、工業用水を安定的に供給している。

利根川河口堰と漁業補償

　利根川の水は千葉用水としても生かされることとなったが、使われなかったら銚子から太平洋に飲み込まれていたという話でもない。
　利根川下流域は中条堤を前提に守られてきた面があるが、中条堤への導水をなくしたことにより下流部堤防と浚渫工事を強化した。浚渫による浚渫で魚の産卵や生活の場である藻場が失われていった。

黒部川あるいは常陸利根川が利根川に合流する下流近くは銚子より川底が低くなり、塩害が農業にも及んでいた。

昭和46年に「利根川河口堰」が塩害防止を目的に利根川河口から上流18・05キロの位置に香取郡東庄町から茨城県神栖市にまたがり、利根川を仕切って堰が完成する。総延長835メートルの可動堰であり、2門の調節門と7門の制水門からできている。

河口堰設置により、それまでのシジミやウナギなどを取っていた漁業権者も影響を受けるとして、水利資源開発公団（現在は水資源機構）が賠償金を支払っている。

利根川下流は海水と淡水が混じりあう汽水域であり、遡上する魚、海に下る魚と豊富な種類が見られた。明治期にはサケが主で、昭和になってからはウナギとシジミが中心であった。

常陸利根川は上流に霞ヶ浦や北浦を控えて懐の深い漁場であった。が、常陸川逆水門の設置により北総、笹川、中利根漁協など漁業者は船の自由な往来ができなくなり、魅力のある漁場を失ってしまったのである。

河口堰建設予算は建設省が負担したが、漁業者への賠償金支払いには、東京都が利根川の「水利権」を取得した金額も充当されている。

その当時、河口から154キロ上流の「利根

利根川河口堰（下流から上流を望む）
出水状況写真 国土交通省利根川下流河川事務所
令和元年10月13日12時ころ撮影

大堰」（行田市）では東京都と埼玉県が都市用水を取水しようとしていた。

「武蔵水路」は、利根川の水を、行田市を南下して糠田（鴻巣市）から荒川へ注ぐ14・50キロメートルの導水路である。

取水された水は、河口から約35キロメートル地点の秋ヶ瀬取水堰が東京都並びに埼玉県の水道用水、工場用水、隅田川の浄化利用を可能にしている。

首都圏で昭和30年代後半から渇水が続き、東京オリンピックを前にして水不足に頭を痛めていた。河野建設大臣の一声で、秋ヶ瀬取水堰を突貫工事で完成させ、見沼代用水を利用して荒川に導水し、何とか通水に漕ぎつけた。武蔵水路は昭和40年（1965）に緊急通水を行い、昭和42年（1967）に完成させている。

前川清の歌の文句ではないが、これで「東京砂漠」を解消したのである。

工事を急いだこともあり、施設劣化も進み、平成4年から施設の高度化、耐震構造改修工事が行われて水道水の安定確保、内排水機能の強化が図られている。

また、大雨によって上流の熊谷市や行田市、鴻巣市が洪水となった場合には、利根大堰からの取水を停止して武蔵水路を空にして、洪水を受け入れて糠田排水機場から荒川に排水を行っている。このように埼玉県の希望により、「内水排除」操作が行われる。「用水路」は時にして「放水路」に転ずるケースも多い。

二 利根本流の放水路はなぜないのか

利根川東遷による補償措置としての利根川放水路については、その計画や工事がかなりあった。早くは2代将軍徳川秀忠の小金堀割構想があったことも述べた。

秀忠の堀割構想は、東遷事業が始まったばかりの時期に、いち早く掘割の必要性に気付いた先見性のある政策と言えよう。しかし、秀忠の死によって小金掘削は実現しなかった。もう少し具体化した施策を示して置いたら、引き継ぐ者がいたかもしれなったと思うと残念である。

江戸中期から後期にかけて印旛沼の掘割工事も3回にわたって行われたが、すべて成功していない。近代になっても印旛沼の放水路は何度か計画されたり、工事が着手されたりしたが、完成には至っていない。昭和放水路は計画だけでなく、工事も開始されたが、第二次大戦の激化によって中止されそのままになっていた。戦後もずっと計画としては生きていたが、予定水路区域の地価高騰によって計画のまま棚上げされていた。

なお、名洗、鹿島放水路の失敗についても要点だけ記しておこう。名洗運河については銚子の漁港が危険なため、銚子漁港を避けて漁港の西から南の名洗までの運河で、利根川洪水の際は放水路的な働きも期待できたが、岩盤に当たって挫折している。

また、鹿島放水路も何度も工事が行われたが、これまた成功はしていない。地形的に流れにくいという無理があったように見える。

利根川本流の放水路はなぜないのか。計画は東遷直後から何度もあったし、工事も何回も行われたのであるが、技術的な問題や政治的な問題が絡んで挫折したのは見て来た通りである。

昭和44年に完成した印旛沼開発事業は、利根川放水路にはなり得なかった。それは水資源優先事業だったために、形は放水路に似た水路だったが、利根川放水路の役割は果たしていないものだった。利根川の洪水を東京湾に押し流す放水路には残念ながらなり得なかったのである。

幻の放水路と言われた利根川放水路

平成17年国交省は「幻の放水路」(利根川放水路)をやっと断念したというニュースが報道されたことを述べたが、都市化によって実現不可能といわれてきたものの、計画としては生きていた。それは、国交省の利根川放水路へのこだわりの大きさを伺うことができる。

昭和放水路(利根川放水路)は、第2次大戦の激化に伴って中止され、戦後は続行されなかったのに計画そのものは生きていたのだ。計画路線の地価は年によってぐんぐん高騰して実現不能に陥っていたから、学者たちからも断念すべきであると指摘されていた。「幻の放水路」と呼ばれた所以である。

このような国交省の方針変更について、地元である千葉県側は「実情に即した方針転換だ」として受け入れたようである。利根川放水路は断念したが、それに替わる新放水路は提案されていない。だから、利根川下流の水害対策は万全ではない状態のままである。

赤堀川の拡幅と下流の放水路工事

ここで、明治初期の利根川治水方針を見ておきたい。明治４年に赤堀川（利根川本流の五霞村の北）の入り口が実質的に拡幅された。赤堀川の北側に水路が掘られて洪水の疎通が図られたからである。これは、渡良瀬川と利根川の合流点付近の水害を防除するために江戸時代からの要望に応じたものである。このことを『洪水と治水の河川史』（大熊孝）は、端的にこう述べる。

「この水路（赤堀川北）の開発は、あくまでも鹿島掘割を前提とするものでなければならない」

　赤堀川の拡幅と鹿島掘割は約１１０キロ以上も離れているから、無関係のように見えるけれどそうではないらしい。赤堀川の拡幅によって渡良瀬川の水害は防げても、下利根川流域の村々に水害を押し付けてしまうことになる。だから、利根川東遷は、下流の放水路開削を前提にしている。

　東遷工事を強化（赤堀川の拡幅）したら、なおさら有効な放水路を掘らなければならないとなるのだが、現実には鹿島掘割は失敗に終わっているから、放水路の課題は残ったことになる。

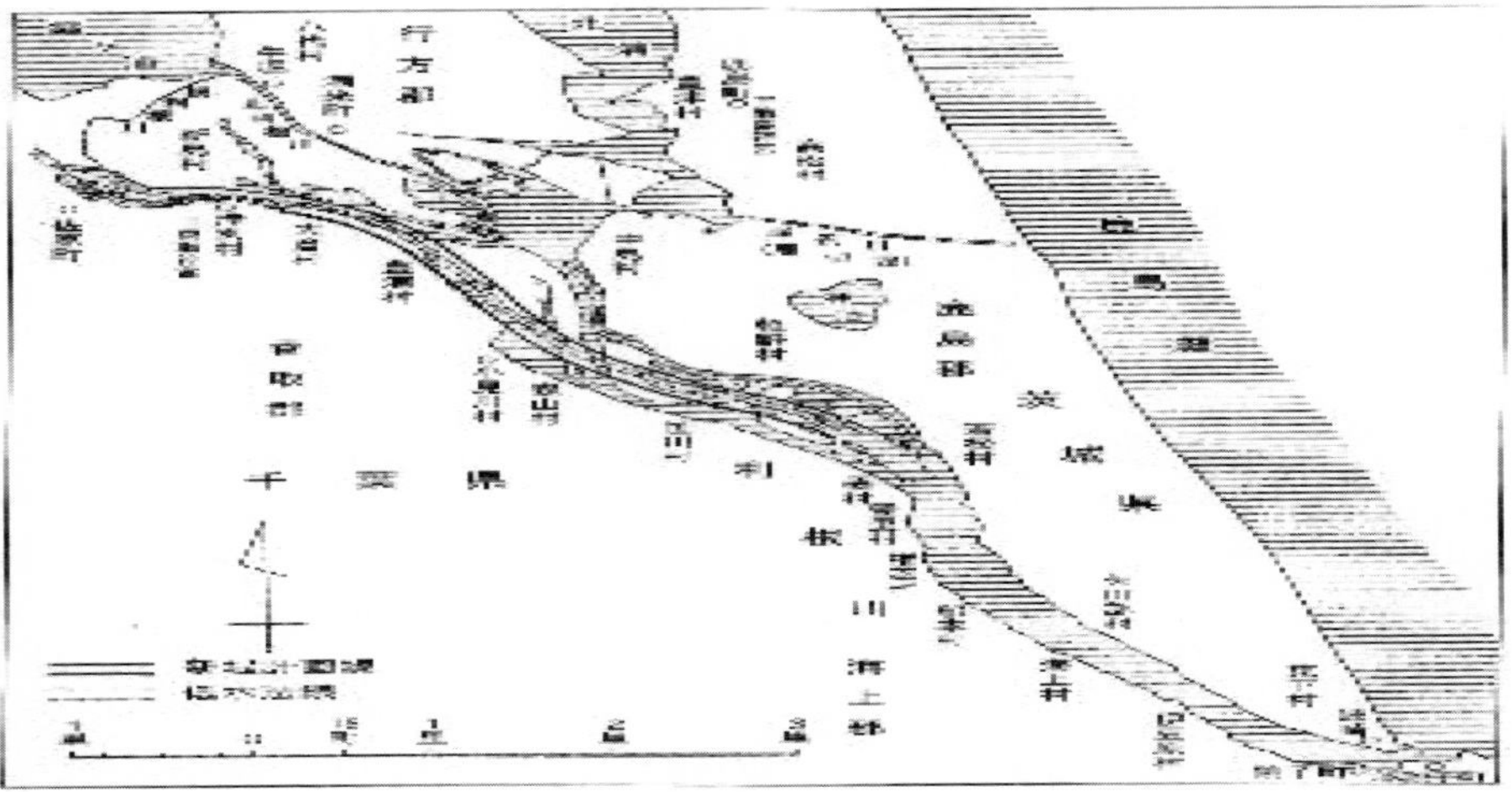

利根川改修工事（第1期）

出典日本科学会議

『日本科学技術史体系１６』

なお、昭和61年8月の台風10号による小貝川は2か所で破堤した。死者、不明者は20人に達し、浸水家屋4479戸に及んだ。『田中正造と利根・渡良瀬の流れ』（布川了）は、「これなども、（利根川下流に）放水路が未完成だったからではないのか、そう思わざるをえません。利根川治水の眼目たる放水路が未完成で放置されている限り、利根川沿いの住民は、台風時安眠はできないというのです」と、率直に放水路の必要性を述べる。だが、今のところ利根川本流の放水路を着工する動きはさっぱり無い。

調整池、湖沼、水田の役割

現在、利根川に放水路がなくても何とかやっていけるのは、それなりの工夫があるからだろう。渡良瀬遊水地、菅生調節池、田中調節池稲戸井調節池があって、洪水時には越流堤から洪水を入れて貯留しているからである。その洪水貯留効果は令和元年10月、東日本台風による実績ベースでも、1億6000万立方メートル（渡良瀬遊水地）、9000立方メートル（菅生、稲戸井、田中調節池の合計）である。合わせて東京ドーム約200杯分といわれる。

国も田中遊水地の貯水能力増加を越流堤の位置北に移動させることで図ろうと努力をしており、場合によっては、利根川中流左岸に新たな調節池を作ることも視野に入れているようである。洪水対策はもちろん重要であるが、中小の洪水で営農がされている調節池には頻繁に湛水することは避けねばならず、「可動式越流堤」の採用も検討に値するのではと思われる。

なお、調節池は水田に水が入っても作物被害の補償はしないという条件で耕作していて、それは稲の収穫期と台風による洪水被害の時期が重なるので、調節池の農民たちは心を痛めている。調節池が水を被るのはおよそ10年に1回の割合のようである。

他に印旛沼、手賀沼、牛久沼、霞ケ浦、北浦等がかなりの水を貯留できて、湖畔堤防も築かれている。さらに利根川下流地域は穀倉地帯でもあるから、莫大な水量を水田に貯留できるはずである。水田の貯留量は公表できない数であるらしく、農水省が試算して発表すれば、補償問題に発展しかねないからであろう。

そんなことで、水田の貯水量は洪水の水を貯留していることは確かである。水田は田植えの後だったら稲を枯らしながらも、収穫前だったら稲を腐らせながらも、他の地域の水害を防いできたのである。自分の稲は犠牲にしながら、他地域の水害を防いでいるとも言える。でも、それはそのままでいいということではない。越流堤に水は決して静かに入るのではない。菅生沼に田んぼを持つ野田市福田の営農者には、水が音を立てて稲穂が垂れる田に入るのが聞こえてきて耐えられない思いであったそうだ。

田んぼダムの提唱

熊本県立大学の島谷幸宏特別教授が、「田んぼダム」を提唱している。水田が洪水を貯留している点に着目して、豪雨後に水田に一時的に水を溜め、排水路に時間をかけて流すことによって、川に流れ込む量を調整して洪水被害を軽減させる。

「今年、熊本県では２７０ヘクタールの田んぼで実証実験行い、20センチためれば54万トン、遊水地1個分です。遊水地なら整備に10年かかる。（田んぼダムは）コストも安く、短い時間で一気にできる可能性があります」（朝日新聞令和３年８月14日より）

という画期的な提唱である。水田にはもともと貯水機能がある。それを利用したのが田んぼダムだが、日本のダムや堰の規定から言えば、ダムというよりも「田んぼ堰」に近く、「田んぼ遊水」が適当と思えるが、すでに「田んぼダム」が全国で認知されているので、いまさら名称を替える必要はないだろう。

ところで、水田で困るのは水不足で稲が育たないことである。反対に水が多すぎても稲を腐らせる。田植え後、水が多すぎて何日も水を被っていると苗は枯れてしまう。枯らしたら植え直しをするが、収穫が減る場合が多い。また、収穫期（この時期に台風による洪水が多いのだが）だったらモミが芽を出したり稲が腐ったりしてしまう。このように、水田の水量を調節するのが難しいが、田んぼダムはこれらをクリアしてくれるのか。

何よりも心配なのは田んぼが水を被る、利根川が氾濫して稲は水没してしまう、排水しようにも、利根川が満杯なので排水できない状態におちいる。こうなったら放水路に頼るしかないのだろうか。

田んぼダムの広がり

田んぼダムの実践は、新潟県村上市で平成

14年に始まったという。熊本の田んぼダムの新聞記事を読んで新しい試みだと思ったら、もう20年もの歴史があったのだ。「田んぼダム」とは、水田が持つ貯水機能を活用し、大雨が降った時に、水田に一時的に水を貯めるもの。時間をかけて排水することで、水路の水位上昇を抑制して、転作作物や水田周辺の洪水を軽減する取り組みである。発祥の地だけあって、新潟県の水田の10分の1は田んぼダムを実施しているらしい。新潟から広がり、北は北海道から南は九州まで徐々に広がっているという。しかし、利根川下流域の茨城、千葉では検討が始またばかりのようだ。

利根川下流の低地は穀倉地帯なのに、地形的に低いので田んぼダムには適していないようである。

田んぼダムの設備は排水桝と調整板を取り付けるだけ、1枚の水田で300円しかかからないから、1万か所で300万円である。交付金が下りるが、それは個人ではなく集落でまとめて受けられる。もちろん、田んぼダムは広い範囲で取り組まないと効果がないから、地域一体となった治水対策となる。だから、土地改良区単位の住民の取り組みが多いという。

田の畦は従来のよりも少し高い方がいいし、強度も強める必要がある。新潟県が農家へのアンケート調査（平成21年）によると、田んぼダムは引き続き続けたいという農家は89パーセントあったという。

スマート田んぼダムも検証中

一枚一枚の水田に自動的に給水や排水を行う「スマート田んぼダム」の実証実験も兵庫県たつの市では始まっている。豪雨が近づくとゲートを順番に開けて水を抜き、貯水容量をふやす。まるで本物のダムようだ。少々費用がかかるが農作業の自動化のいかんであり遠隔操作も可能である。

早くから取り組みを進めている新潟県だけでなく、関東でも取り組みは始まり、栃木県宇都宮市では今春までに192ヘクタールの協力を取り付けている。埼玉県行田市でも一昨年から台風に備えて用意が出来ている。

茨城県では平成27年9月の関東東北豪雨洪水再発防止のために、鬼怒川流域の調整池の拡充や河道浚渫と共に高根沢町や上三川町で田んぼダムの取組みを始めている。

千葉県では一宮川流域（茂原市、一宮町、長生町）の一宮川改修事業としての田んぼダムや佐倉市飯田地区の農家での検討が始まっている。県も国の「多角的機能支援交付金」制度に令和3年から田んぼダム特別加算を設けて今後の広がりに期待をしている。

最近はゲリラ豪雨とか、線状降水帯による地域的な集中豪雨が増加してきており、これまでのようにダムや堤防だけでは防ぎきれなくなってきている。流域が一体となって、田んぼの湛水機能強化、学校や家庭に於ける雨水貯水タンクなど、水をゆっくり流し、下流の水位が一気に上がるのを防ぐ取り組みは地方自治体や市民が地域でできそうである。農業従事者だけでなく、市民の幅広い参加が期待される。

利根の本流を江戸川にする案

時代は少し遡るが、昭和33年「利根川治水研究会」（会長・篠原順・副会長の飯島博は『利根川』〈三一書房〉の著者）は「利根川治水根本対策請願書」を出している。請願は利根川東遷は自然の理に反するから、関宿～銚子を予備河道とし、主流は江戸川とすべきである。江戸川は距離も短いし、落差も急だからである。そのためには、関宿～境に水門を設置して中・下利根川への流下量を調節する。

この提案は君塚貢の江戸川主流論が根底にあり、君塚も同じ会員である。江戸川主流論は、明治以降多く論じられてきたが、これが締めくくりをつくった提案である。何よりも理にかなった論義で、東遷前は利根川の全流量は江戸湾へ注入されていたが、そうはしないで、関宿～銚子の流路は予備河道としている。予備河道というのは、放水路に近い意味だと解釈できる。

しかしながら、昭和33年当時とは江戸川の事情が大きく変わっている。それは、江戸川への放水路が続々と誕生したことである。首都圏外郭放水路など6本の放水路が、洪水時には江戸川へ排水されるから、利根川の本流を江戸川にすることはできないだろう。やっぱり、新利根川放水路を掘る必要がある。

新利根川放水路は地下放水路で

結局のところ、地価が高騰して利根川放水路は断念したというから、利根川放水路は地下トンネルにするしか方法はないようだ。

具体的に述べよう。利根川洪水は六軒川～手賀川～手賀沼～大津川（柏市刈込）から取り入れて、国道16号の地下水路に落とす。16号線をほぼ南下して臼井、船橋市を過ぎ、八千代市米本で新川に放流する。花見川は放水路にするなら、大幅に拡幅したり、堤防（現在は無堤）を築いたり、総武線と京成千葉線の高架工事も行う必要があるだろう。

問題の放水路の国道16号線地下トンネル部分の長さは、柏市から八千代まで約18キロになる。首都圏外郭放水路は6・3キロだから約2・8倍の長さになる。それでも用地買収費よりもトンネルの工事費が安くなるだろう。

いや、たとい高くなっても必要な水路だと思う。なお、この地下トンネルの導水管を首都圏外郭放水路とほぼ同じ大きさにすれば、内径10・6メートルの導水管1本では捌ききれない。仮に利根川の洪水を計画の半分、5000立方メートル（秒）半分をどこからか、印旛沼調整池に一旦利根川右岸からいれるとしよう。越流堤を作って、地下トンネルに落とすと考えよう。大型台風時の川の流れは、経験値は秒速2・5メートル～3メートルくらいのようだが、利根川からの越流堤の水速を3立方メートル（秒）としたら、単純に計算して5×5×3・14×3＝235・5立方メートル（秒）が流入する量である。内径10メートル程度の導水管を埋設するとなると少なくとも2本が必要になる。

繰り返して述べてきたが、現在の大和田排水機場は利根川とは切り離されて、印旛沼一帯の内水を排水するための役割と能力を付与されており、利根川洪水を入れることができたとしても能力の増加が必要となる。洪水を地下に落とせばその圧力を和らげる対策も必要となるであろうし、管に目いっぱい入ればその圧力も考慮する必要もあろう。

平成18年計画に示された「放水路により1000立方メートル（秒）」を地下トンネル方式ですべて対応することはコストが大きくなりすぎるとは思われるが、いくつの方策と組み合わせてみてはどうであろうか。

首都圏外郭放水路は、膨大な予算を食ったという。江戸川へ無闇に放水はできないので、地下の調圧水槽を必要としたが、ここは東京湾への放水だからそういう制約はない。したがって、首都圏外郭放水路のような経費はかからないはずである。

これは、「国道16号地下放水路」と名付けられる放水路であるが、この放水路1本ではとても利根川の洪水をさばき切れない。どうしてももう一つの、放水路と併用していかなければならない。

新利根川下流放水路

もう1本の利根川下流放水路とは、平成23年に発表された佐藤裕和、磯部雅彦の「霞ケ浦—北浦—鹿島灘を連携した利根川下流放水路の検討」（以下利根川下流放水路という）である。この放水路は、部分的には鹿島放水路（鹿島掘割）に似ているが、鹿島工業地域 を避けてその北側を通す計画である。その狙いについて、

「霞ケ浦、北浦の水位低下分の容量を調節池のように活用し、本川下流の洪水を流入させ、佐原以下の治水安全を高めようとするものである」

としているから、この放水路は佐原以東の治水対策を担当する。

これに対して、私たちの国道16号地下放水路（新利根川放水路）はそれよりも西の手賀沼～佐原の治水対策を受け持つものである。

この利根川下流放水路は、3本の水路を計画している。

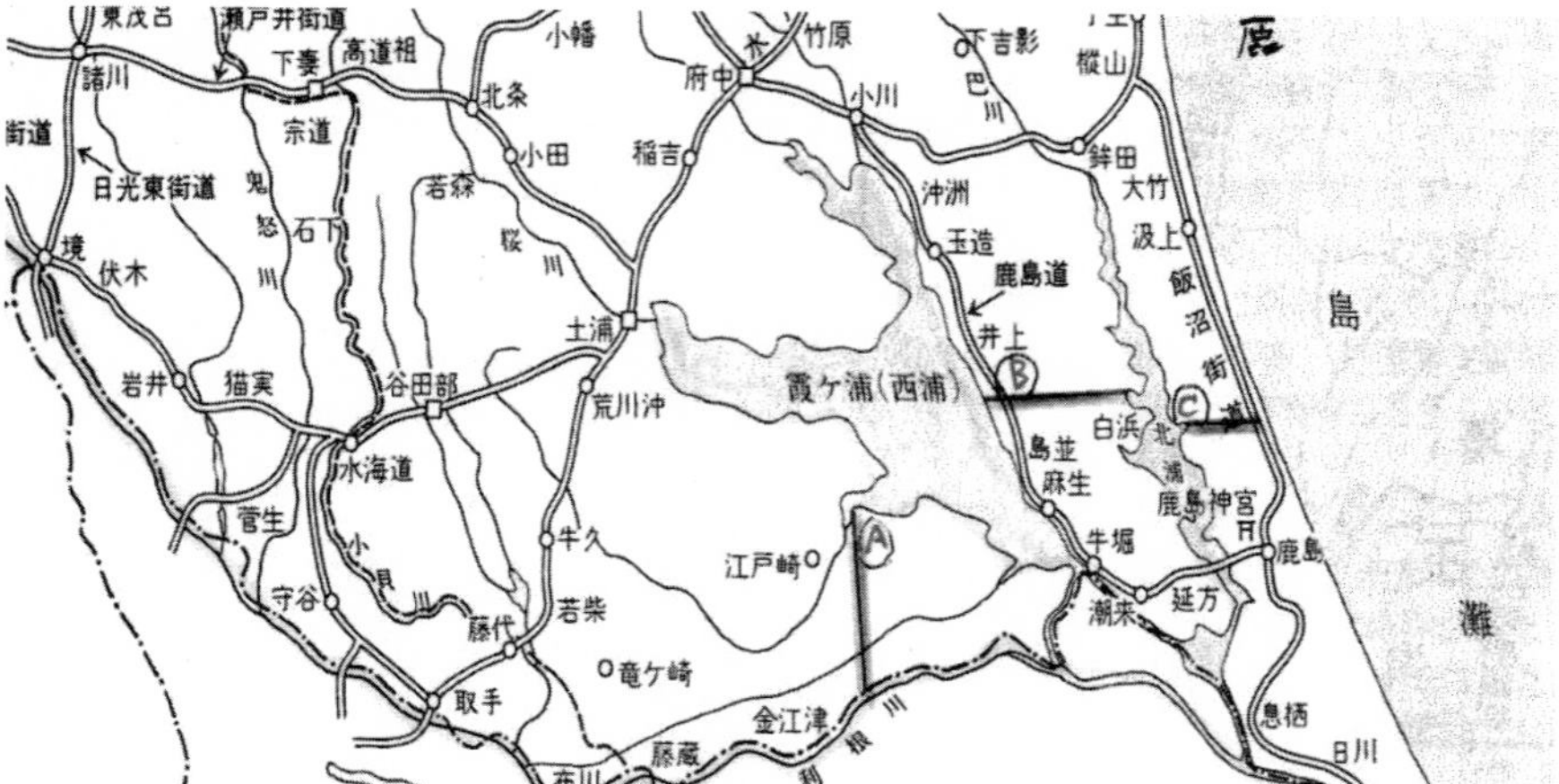

新利根川下流放水路

A水路は利根川から霞ケ浦へ通じ、**B水路**は霞ケ浦から北浦へ通じ、**C水路**は北浦から鹿島灘へ通じている。

その霞ケ浦や北浦の水位が高い場合は、利根川下流の洪水を霞ケ浦、北浦へ放水することは難しい。だから、B水路、C水路から事前に鹿島灘へ放水してあらかじめ両湖の水位を低くして置く必要がある。ということは、利根川下流の洪水が5日前には予測できるという条件がなければならないが、これは将来の気象予報で可能になろう。これはダムの予備放水と似た湖沼の放水で、空振りすることはあっても予測することは可能だろう。そうしておいて、洪水となったらA水路→B水路→C水路と流れて、利根川下流の洪水を鹿島灘へ放出できる。同時に、霞ケ浦、北浦から放出した分の水を貯えることができる。だから、計画は両湖の遊水池化とも言える。

そんなことで、強力な排水機場はB水路の終点（霞ケ浦から北浦へ）とC水路の終点（北浦の水を鹿島灘へ）の2か所に設置しなければならない。これで霞ケ浦、北浦の水位を下げて、利根川下流の洪水を受け入れる体制が整ったことになる。

ABC水路をつなげて太平洋へ

3本の放水路は市街地や集落、ゴルフ場、神社、寺院も避けたようである。水路の長さは最短にするため、直線を原則としている。それが利根川下流放水路の基本的な方針のようである。が、私たちはB水路後半の部分、蔵川の下流は川筋を利用できると考えた。

A水路　起点は利根川左岸石納（香取市・旧佐原）～霞ヶ浦本新田（稲敷市）　戦後に完成をした広大な干拓地で、水田地帯なので掘削は容易であろうが、掘削により築堤の必要がある。延長は4，7キロ。幅300メートル。

B水路　起点　霞ヶ浦左岸今宿（行方市）～終点北浦右岸柏崎（行方市）延長7．5キロ幅300メートル　行方市今宿港辺から川筋を上り、井貝から台地を抜けて、蔵川に落とす。小高の高所には学校、城跡や神社があるので避けざるを得ない。蔵川の河口は宿と柏崎の境目から北浦の湾に流入する。河口近くには北浦右岸（鰐川・旧神宮橋）から17、6キロ地点標示が立つが、東に漕ぎ出せば約2キロで北浦の大河に出る。

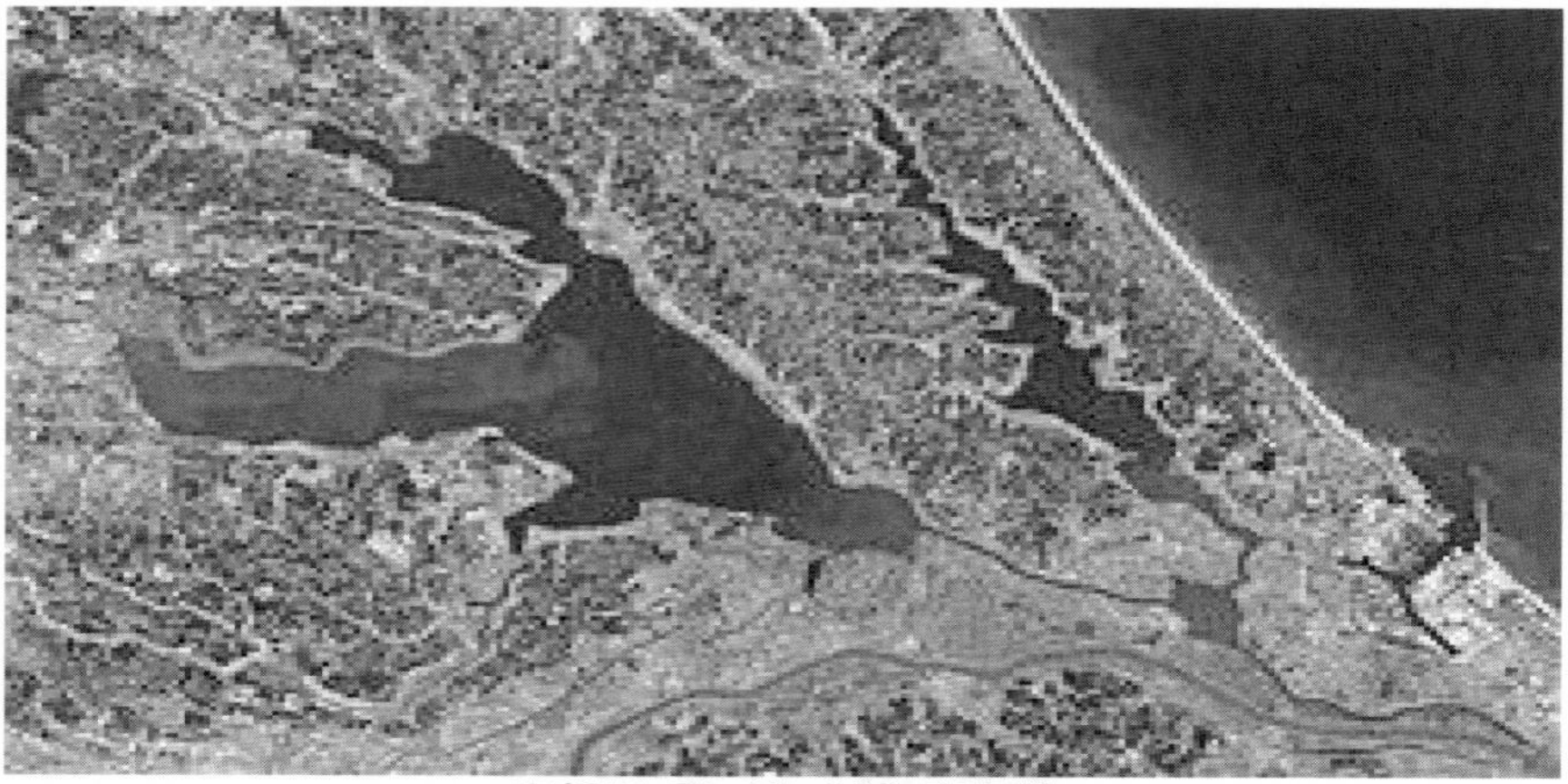

利根川・霞ヶ浦・北浦・鹿島灘
航空写真

今宿から柏崎

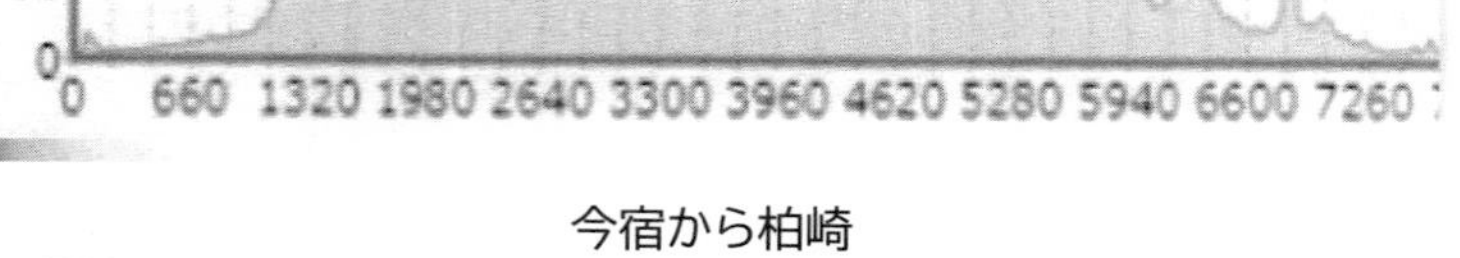

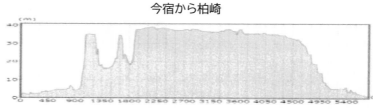

津賀から境田

蔵川の活用は、掘削の経路を短縮できて大きな利点ではあるが、県道・水戸神栖線が南北に台地を走っているので、水路は暗渠にせざるを得ない。さらに東関東自動車道（鉾田～潮来間）

の建設が始まっており、同様にトンネルが必要となる。

C水路　起点北浦左岸津賀（鹿嶋市）～終点太平洋境田（鹿嶋市）延長4．4キロ台地部はトンネル方式。

北浦側（津賀）に田があるだけで台地の部分が多く高さも30～40メートルあるので掘削は容易ではないだろうが費用がかかりそうである。が、北千葉導水路や首都圏外郭放水路で示された現代の技術は一段と進歩をしていると思われるので、課題解決は十分可能と思われる。

境田（ハマナス公園と荒野台の中間）を抜け、明石の浜から鹿島灘の荒波に迎えられる。放水路の残土は、放水路両側の堤防に利用できるし、北浦や霞ケ浦の無堤防地区の築堤にも利用できる。

霞ケ浦、北浦も浄化ができる

私たちは北千葉導水路事業で、手賀沼が浄化された実績を見ている。手賀沼が全国湖沼汚染のワースト1を抜け出せたのは、利根川の水を注入した効果が大きいからである。注入することにより、手賀沼の水の流れがよくなって、そのことによる浄化である。手賀沼に続いて坂川の水も浄化された。松戸市立図書館隣の坂川本流の一平橋は真夏には悪臭が匂うので鼻をつまんで通っていたが、利根川の水を坂川に流すことによって確実に浄化された。

今宿（行方市）から見た霞ヶ浦と筑波山

蔵川河口（宿と柏崎間）から北浦の湾に流入

手賀沼も坂川もＢＯＤ（生物化学的酸素要求量）等が確実に浄化されたことが証明された。

北千葉導水路が成功したのは、利根川の水を手賀沼、坂川に注入したからだけではない。市民の沼や川に対する浄化運動や公共下水道の普及もあった。このようにして手賀沼や坂川が浄化された実績があるから、利根川放水路によって霞ケ浦や北浦は同じように浄化されるのが期待される。

この利根川下流放水路は、先に述べたように気象情報の精密化が要求される。洪水が発生してからポンプで排水しても間に合うものではないからである。あらかじめＡ水路から、Ｂ水路からＣ水路へ、そして鹿島灘へ排水して霞ケ浦・北浦の水位を下げて置かなければならない。この計画では「本川下流洪水が５日前に予測可能であることを前提とする」としているから、台風の速度や進路の予測をして、５日前から排水にかかる。台風の速度が早まった場合は間に合わない（十分に放水路の機能を発揮できない）し、進路がそれたりしたら水位を下げたことが無駄になったように見える。

が、水の流れを良くしたことになって浄化に役立っているから、決して無駄ではない。だから、台風が来ない年などは水の流れを稼働で促してはどうだろうか。霞ケ浦、北浦の浄化になるからである。

常陸川水門は問題の水門で農民は塩害を防ぐために閉めることを要求するし、漁民は開放して汽水域にすれば豊かな漁場となるから常に開放を要求する。そうすれば、塩害が起こって、稲が全滅するという問題である。閉めれば、漁民の生活が脅かされるだけでなく、霞ケ浦、北浦の水が流れないから湖水の汚染も起こる。

だから、常陸川水門を閉めたままで、放水路の排水機を稼働させれば湖水の水は流れるから、湖水は浄化される。このように利根川下流放水路は下流の水害を取り除く他に湖水を浄化させるというもう一つの働きも持っている。

ところで、現在の計画高水流量の配分は関宿下流で本流が10500立方メートル（秒）6割、江戸川が7000立方メートル（秒）4割なのに対して近年の出水時には本流が8割程度と多くなっている。

これは、江戸川よりも本流の方が数10倍から200倍も洪水になりやすい状態であることを意味する。だから、利根川下流の放水路の役割が大きいと「利根川下流放水路」は述べている。

それにしても、この放水路の総延長16・6キロメートル、水路幅300メートルとは規模の大きな放水路と言えるだろう。

漁師は霞ケ浦を「川」と呼ぶ

私（青木）は昭和22年から4年間、霞ケ浦湖畔に住んでいて夏休みは帰省していたので、湖で泳ぐ人が多かったという様子は見ていない。

北浦大橋
（白浜）
北浦右岸から

秋に台風が来ると、ワカサギが岸に何匹も打ち

上げられているのは目にした。水はとても綺麗だったし、ワカサギは繊細な魚。なんだなと強く印象に残っていた

明石の浜から鹿島灘に注ぐ
（東の一之鳥居から撮影）

霞ケ浦の漁師たちは、昔は船で出るのに水は持っていかずに、喉が渇けば湖水の水を掬って飲んだという。また、「ワカサギがたまげるほど（びっくりするほど）獲れた」という話も伝わる。霞ケ浦は豊かな猟場だった。帆引き船が３つ、４つ、５つと湖面に浮かび、遠く筑波の峰が二つ霞むのを私もゆったりとした気持ちで学校帰りに眺めたのを思い出す。

そんな霞ケ浦だったが、昭和48年の夏に養殖の鯉が大量死する事件が起きた。湖面にアオコが発生したからである。コイばかりではなく、霞ケ浦のワカサギも死んだ。

人口が増加して、生活雑排水が湖に流れ込んだし、茨城県が28万頭という豚の飼育数日本１の糞尿も沼汚染を生んだ。

減反で増えてきた蓮田の肥料分も流れ込んで、湖水の汚染に拍車をかけた。常陸利根川に設置された逆水門を閉鎖したのも、湖水の循環を悪くしたらしい。

水の流れにも、湖水の循環を悪くしたらしい。水の流れには自浄作用があるがそれは流れがあればこそ、水門で流れが断たれるのだから湖水は汚染される。そんなことで、霞ケ浦の汚染が最悪だったのは、昭和50年代前半のことだった。今では「泳げる霞ケ浦」を目指して市民

運動が盛んであるところで、河川法で霞ケ浦は常陸利根川という利根川の支川とある。霞ケ浦も流れる川なのだ。霞ケ浦の漁師たちは霞ケ浦と呼ばず「川」と呼んでいると『湖は流れる』(三一書房)で知った。

今はなくなった霞ヶ浦の帆引き
(茨城県内水面試験場提供)

さすがは霞ケ浦で働いている漁師たち、流れていることを実感していたのだ。霞ケ浦には56本の川が流れ込み、常陸利根川から利根川本流に合流する。

湖水の交換日数は常陸利根川の水門閉鎖にもよるが、約２００日だと言われている。印旛沼の滞留日は22日だというから、霞ヶ浦は面積が広いだけに流れは遅いものだと思われる。

利根川下流放水路は台風が来るとなれば霞ヶ浦、北浦の水位を下げて利根川洪水を受け入れる体制を整える。ということは、両浦の水を鹿島灘に排水することを意味する。そこへ利根川の洪水が入ってきて、両浦の水は循環したことになって水は浄化される。

利根川水系の洪水は鬼怒川や小貝川では最近まで決壊があって安心できないが、他はおおむね、何とか凌げそうである。だが、利根川下流放水路は１００年に1回、２００年に1回という利根川大洪水を氾濫させないことを目的とするが、このように思わぬ効果を挙げられる。住民にとっても願ってもない霞ケ浦浄化である。

戦後の成功した利根川治水事業

利根川東遷という大事業が完成して何年になるかは学者によってまちまちだが、仮に関宿水閘門ができて（昭和5年建設）東遷が完成したとして早90年になる。利根川東遷の補償措置としての利根川放水路の必要性は多くの方が認めるところである。利根川放水路が完成しなければ，東遷は終わったとは言えないという学者もいるから、一日も早く放水路の完成が待たれるところである。

私たちは、ここで新利根川放水路を提案できたが、それが実現できる日を待ちたい。これが実現したら、戦後の治水事業政策トップに挙げられるのではなかろうか。

ついでに、戦後の建設省、国交省の利根川に関わる治水の大きいものを数えてみよう。一つは何と言っても終戦直後からの利根川上流ダム群の建設。これは洪水対策として有効な施設であった。二つ目に挙げたいのは、北千葉導水路の事業である。国内汚染湖沼ワースト1を続けていた手賀沼が、利根川の水を注入することによって確実に浄化された。

続いて汚染ワースト1の河川だった坂川が浄化された。もちろん、市民運動によって浄化意識が向上したこともあったろうし、広域下水道の普及もあったろう。国の北千葉導水事業だけの成果ではないのだが、北千葉導水路の果たした役割は大きい。

三つ目に数えたいのは、首都圏外郭放水路の建設である。これは本書で述べているのでここでは省略するが、一部にはこの放水路は税金の無駄使いという批判もあるけれども、とにかく完成したことによって埼玉平野の水害を防いでいることは新聞やテレビで報道されている通りなので、大事業であったことは間違いない。

以上の3大事業に迫る新利根川放水路であろう。私たちの提案が多くの方の共感を得て、国交省の事業として取り上げられるようにと願っている。

治水でも市民の声を

荒川放水路は昭和5年に完成した。その堤防について、葛飾区小菅（荒川左岸）で、

「どうみても、向こう（右岸）の堤防の方が高いんだよなあ。そのことは、オレだけじゃなくて他の人も言っているよ。洪水になったら向こうは安泰、こっちは水浸しだ」

という話を聞いている。それは風説なのか、実

際はどうなのか。『荒川放水路物語』(絹田幸恵)は青山士の講演録から、

「土手の高さは(左岸右岸とも)同じに造られている。けれども土手の幅は都心の方が3・6メートル分厚い。すると、都心側の土手はそれだけ土砂の堆積が多くなり、洪水に対して左岸よりも強いことになる」

と明確に述べている。これで、小菅で聞いた話当たらずとも遠からずということになる。小菅の人たちに対岸の堤防がなぜたかくみえたかというと、江戸期の堤防は確かに高さの違いがあったからだろう。さすがに昭和時代になると、高さの違いはなくなったが、堤防の高度には差があったのだ。だから、小菅で聞いた話は単なる風説ではなかったことになる。

これでは大洪水になったら、小菅側の堤防が破堤するのは目に見えている。なぜこんなことにしたのか。恐らく、都心側は人口密度が高いから、守ったのだろうと考えられる

民主主義でも少数意見が尊重される時代である。人口密度が低いからと言って、水害に会っていいという論理は成り立たないだろう。

今は国交省は右岸左岸の堤防は高さも幅も同じに造っているという。それなら。荒川堤防は左岸も右岸も同じ強度に増築すべきであると私たちは考える。

さて私たちは新利根川放水路は国道16号の地下放水路でという提案をしたが、右に述べた荒川の堤防も、国交省の役人や河川工学の専門家ではない人たちが発言をしている点に注目をしたい。それはつぶやきかもしれないが、風説としてかたずけないで欲しい。現在は21世紀、新利根川放水路について私たちのような外野の人が発言しても、国交省に受け入れてもらえるのではないかと期待したい。

終章　利根川東遷完成への提言

『日本の放水路』（岩屋隆夫、２００５年東大出版会）に示された放水路をつぶさに調査し、放水路がどのような役割を果たしてきたかを調べてみて、「江戸川への放水路などは、内水排水という点では機能発揮しているが、利根川下流域の安全度向上対策としては、まだまだ安心が出来る状態ではない」ことを痛感した。

　利根川東遷は渡良瀬川の公害問題解決のために渡良瀬の水を江戸川に流し、更に中条遊水地を廃止し、妻沼から酒巻にかけて連続堤防にした時期から利根川下流治水の苦悩が始まった。水流としての東遷はこの頃が一応完了した時と考えているが、利根川が下流にもたらした水害対策を根本的に解決してこそ、「利根川東遷の補償は完結した」と言える。

　令和元年10月の東日本台風の際にも、利根川への流入量は計画流量を約５００立方メートル（秒）上回っており、「気候変動もある。現状で安心をしてはだめだ」は利根川にかかわる者たち共通の認識である。

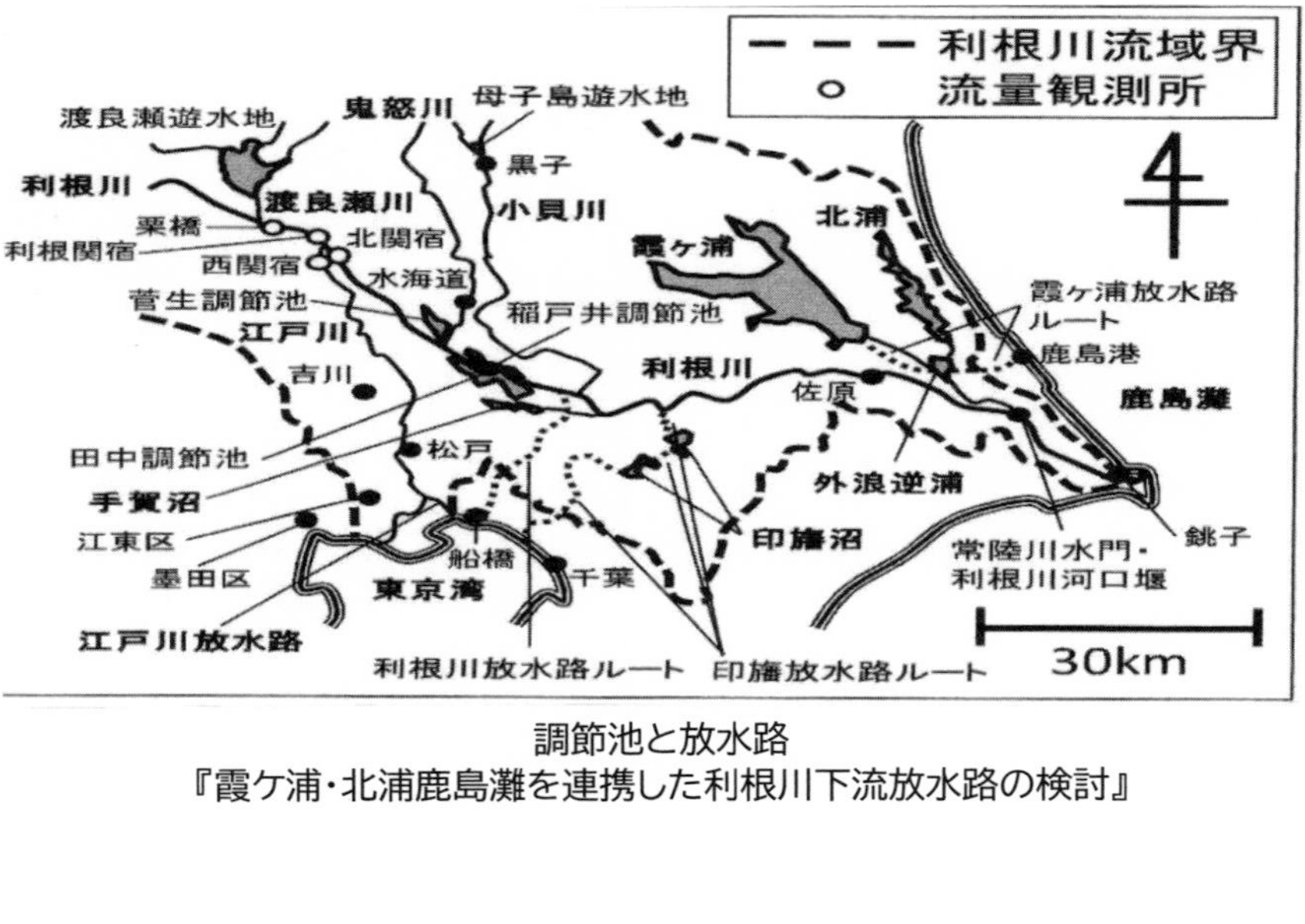

調節池と放水路
『霞ケ浦・北浦鹿島灘を連携した利根川下流放水路の検討』

そこで私たちは、「これを行えば利根川東遷の補償が完結した」と言える提言を最後に3つ行ないたいが、その前に国と県の取組に対してエールを送るとともに要望もしておきたい。

利根川中流3遊水池群の貯水能力増強を

田中遊水地が河川改修計画に組み込まれたのは、明治43年8月洪水を踏まえて昭和14年に策定された利根川増補計画からである。常陸川の成立ちから考えると、利根川中流沿いの遊水地群を活用することは地形的にも適切と思われる。

戦後の利根川改修計画は、見なおしの度に渡良瀬遊水地とともに3調節池の比重を高めている。関東地方整備局も菅生調節池、田中調節池、稲戸井調節池の貯水力増強、特に田中調節池を令和3年現在の優先課題として取り組もうとしている。

「新利根川下流放水路」論文を発表された佐藤裕和さん、磯部雅彦さんは、この前に「利根川中流調節池群における越流堤への可動堰設置による治水機能の評価」という論文を2009年2月「自然災害科学」に発表されている。

令和3年3月の「利根川下流部治水安全度向上対策・計画の段階評価」においても関連する県も基本的に了承をしているようであり、実現を早めてほしいものだ。田中調節池の貯水量増強は鬼怒川下流、利根川下流にとっても共に有益と思われる。

田中調節池については、戦後に営農が開始されて以来既に70年経過している。遊水池内に入る時点で洪水補償を放棄する契約を県と交していることは承知しているが、台風接近のニュースを聞くと稲穂の一穂まで時間ぎりぎりまで刈り取ろうとする営農者の気持ちを察することも必要と思われる。湛水力を増加させれば、それだけ営農者への影響も大きくなることが予想される。

これまでは概ね10年1回確率（10年に1回の率で周期的に大きな雨量が発生し、一度発生をすれば次の10年同じような雨量が発生しないという意味ではない。）の水害を想定しているようだが、温暖化が進み台風到来も慢性化してきており予測は尽き難い。遊水池の機能強化に合わせて補償対策がなされることを期待したい。

さて、中流3調節池の貯水能力増加は国や県に期待することにして、本文中でも述べてきたが、3つの提言として整理してみたい。

提案1 新利根川を放水路として復活させる

新利根川は利根町布川押付新田から取水して利根川左岸に並行して穀倉地帯を約33キロ流れて霞ケ浦にゆっくり入る。

私たちは小貝川が利根川に入らんとする河口のスーパー堤防に上り、豊田堰から流れて来る小貝川の上方に筑波の霊峰を見て清々しく、晴れやかな思いに満たされた。利根川と小貝川との合流点を見ると利根川は川幅が何倍もあり実に力強そうだ。が、目を下手にやるともう布川、布佐の狭窄部が始まっている。

小貝川は利根川から逆流して左岸の高須は明治、昭和にも幾度も堤防が決壊し、印旛沼や手賀沼や佐原などを心配させてきた。1662年の「新利根川開削」は私たちが立っている押付新田から利根川の水を新川にひきいれたが、早々に利根川との流路は断たれ、現在の豊田用水路は北の豊田堰から小貝川左岸堤防を背にして導水している。

豊田用水路がもえの台高地の住居と布川台の間を押し付新田から東に向かって流れている。もう一度、この堤防下に取水口（越流堤）を作り、新利根川を放水路として復活することができるのではないか。

豊田用水路は2メートル強と狭いが、立木、惣新田と東に行くほど川幅が広がり、河内町以東は数十メートルと川幅が出てくる。中流の川幅を見て確信した。霞ケ浦に近づくと文句なく立派な川だ。浚渫、土手の嵩上げなど改修は必要だが、「新利根川は放水路として復活できるのではないか」と実感した。

三章2「新利根川」でも述べたように新利根川をもう一度利根川の瀬替えにしようとするのではない。利根川と小貝川を完全に分離するのではなく、利根川の水が逆流する分だけ新利根川に流すことができれば、小貝川下流も利根川下流も救われるはずだ。

歴史遺産、いや、現在の土木資産とも言える新利根川を生かさない方はない。新利根川は失敗をしたと言っても放置されてきたわけではない。村人は時に対立もしたが、川筋の取り決めに沿って川浚いや蘆刈して用排水路として綿々と整備してきた。

利根町は、逆流を避けるために小貝川の利根川への出口を利根川下流に下げる計画に対しては何度も反対をしている。高須から東奥山新田あたりに利根町を斜めに横切って利根川に流そうとしたことが、町全体が湛水するのではと不安を高めたのではないかと思われる。

小貝川の押付け新田の堤防下に取水口を作り、豊田用水路を拡幅し、中流部も浚渫と拡幅を行い、下流部は堤防を嵩上げすることは住民の理解は必ず得られると思われる。「新利根川放水路」は実現可能と考える。

新利根川は利根川に並行して穀倉地帯を流れており、田地の買収費用はもちろん必要だと思われるが、見る限り住宅移転の必要は少なく、河道の拡幅と堤防の嵩上げをすることで実現は可能と思われる。新利根川は、赤堀川通水後に最初に行われた常陸川対策である。歴史に学び、新利根川を「放水路」として復活させては如何であろうか。

提案2 「利根川放水路」は地下トンネル方式で

印旛沼掘削事業は幾度も挑戦を重ね、水害防止と干拓を期待した農民、水運を期待した幕府、大戦後食料確保ための開拓と工業用水確保と、掘削事業のテーマはその時代の利害関係者によって実現されてきたが残された課題がある。それは利根川洪水を北総の台地から東京湾に流すことだ。

昭和13年河川改修計画も明治43年の大洪水対策の解決策として生まれ、その中でも「利根川放水路」は下流対策の要諦と考えられてきた。昭和13年からの「利根川放水路」計画は、平成18年に規模は縮小されたとはいえ、「利根川の水を印旛沼経由で東京湾に流す」とされている。現在の利根川改修計画も布川、佐原間で利根川から放水路を造り、印旛沼経由で東京湾に1000立方メートル（秒）を流すと明示している。一層の市街地化進行で予算の確保ができないということであれば、費用を圧縮できる提案をしてみたい。

首都圏外郭放水路は国道16号線の地下水路・トンネルを繋ぐことで成功させた。それならば、本文でも述べたように「六軒川～手賀川～手賀沼～大津川から国道16号線の地下に米本あたりからいれて、新川から大和田機場を通して、検見川から東京湾に戻す」計画はどうであろうか。国道の地下だから、用地買収費用は大きくならなくて済むはずだ。掘った土は堤防

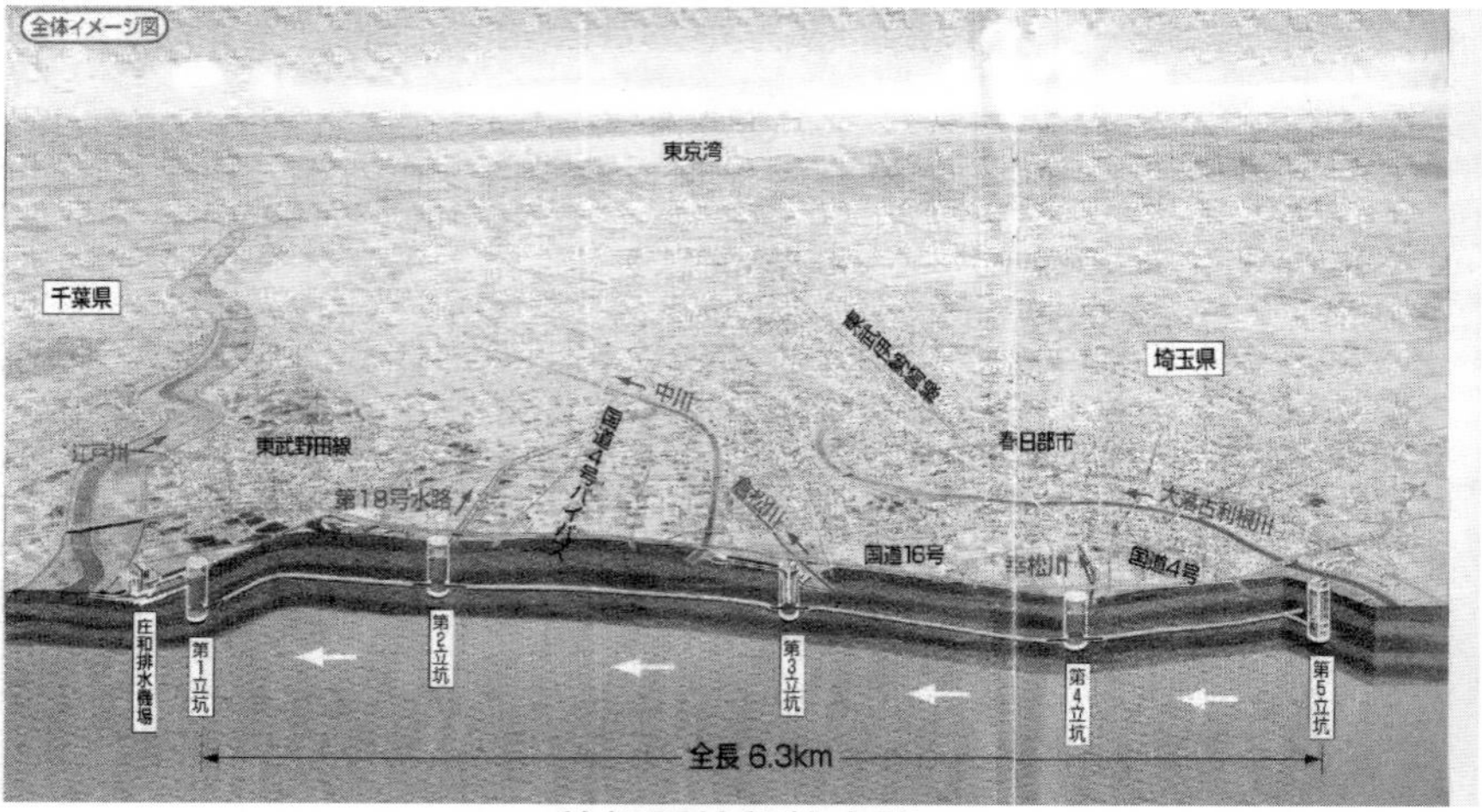

首都圏外郭放水路
関東地方整備局江戸川河川事務所作成

の拡幅強化、嵩上げに使えばよいと思われる。

素人判断ではあるが、首都圏外郭放水路とほぼ同じ大きさのトンネルを想定すると利根川洪水を円管直径10メートル、洪水時秒速を約3メートルとすると、200数十立方メートル（秒）の導水が期待できる。新川や検見川の河道の拡幅、嵩上げ、大和田の排水能力引き上げが必要だが、庄和排水機場と同等の放水能力を新たに期待したい。

検見川は複数の鉄道も走っているので、「昭和放水路」の時と同じように高架工事も必要となろう。花見川周辺での市街地対策など解決すべき課題は少なくないと思われるが、技術的な解決は専門家に委ねたい。

提案3　霞ケ浦～北浦～鹿島灘を連携した新利根川下流放水路の実現

下総台地と現在の茨城県の台地の間には、「香取の海」といわれる太平洋に続く広大な海が広がっていた。現在の霞ケ浦、北浦、印旛沼、手賀沼も含まれた汽水域であったが、香取の海の後退に伴って沼沢地と変化していった。香取沼は自然、あるいは人工的に形を変え、利根川（常陸川）の東流も点在する沼沢を繋ぐ形で行われた。

調節池群の活用も「いぬま」（常陸川）と呼ばれた元々の沼沢地の活用であったが、霞ケ浦や北浦は、「香取浦」や「浪逆海」と呼ばれた海の活用である。霞ケ浦、北浦、鹿島灘と常陸川をつなぐことはこれまでも部分的には行われてきた。明治初期の居切堀に始まり、戦前、戦後も「霞ケ浦放水路」事業も行われ、霞ケ浦の水位低減効果も示してきたが、利根川下流の洪水問題解決には功を奏してはいない。

これまでの常陸利根川、あるいは与田浦、和田浦から外浪逆海を繋ぎ、掘割川から鹿島港へ流す放水路事業計画と全く異なり。霞ケ浦・北浦の中流迄緯度を高めて鹿島港の北で鹿島灘に流そうとする新放水路を設計するものだ。

縄文時代や万葉の時代を思えばごく自然な提案かもしれないが、３区間を合わせると全長16・6キロ、水路幅３００メートルの「利根川、霞ケ浦、北浦、鹿島灘」を一つの視野に収めるスケールの大きな提案である。

明治43年洪水、昭和13年来の改修計画や最近の気象変化を考えると「新利根川下流放水路」は霞ケ浦や北浦の貯水力を活用し、かつ霞ケ浦

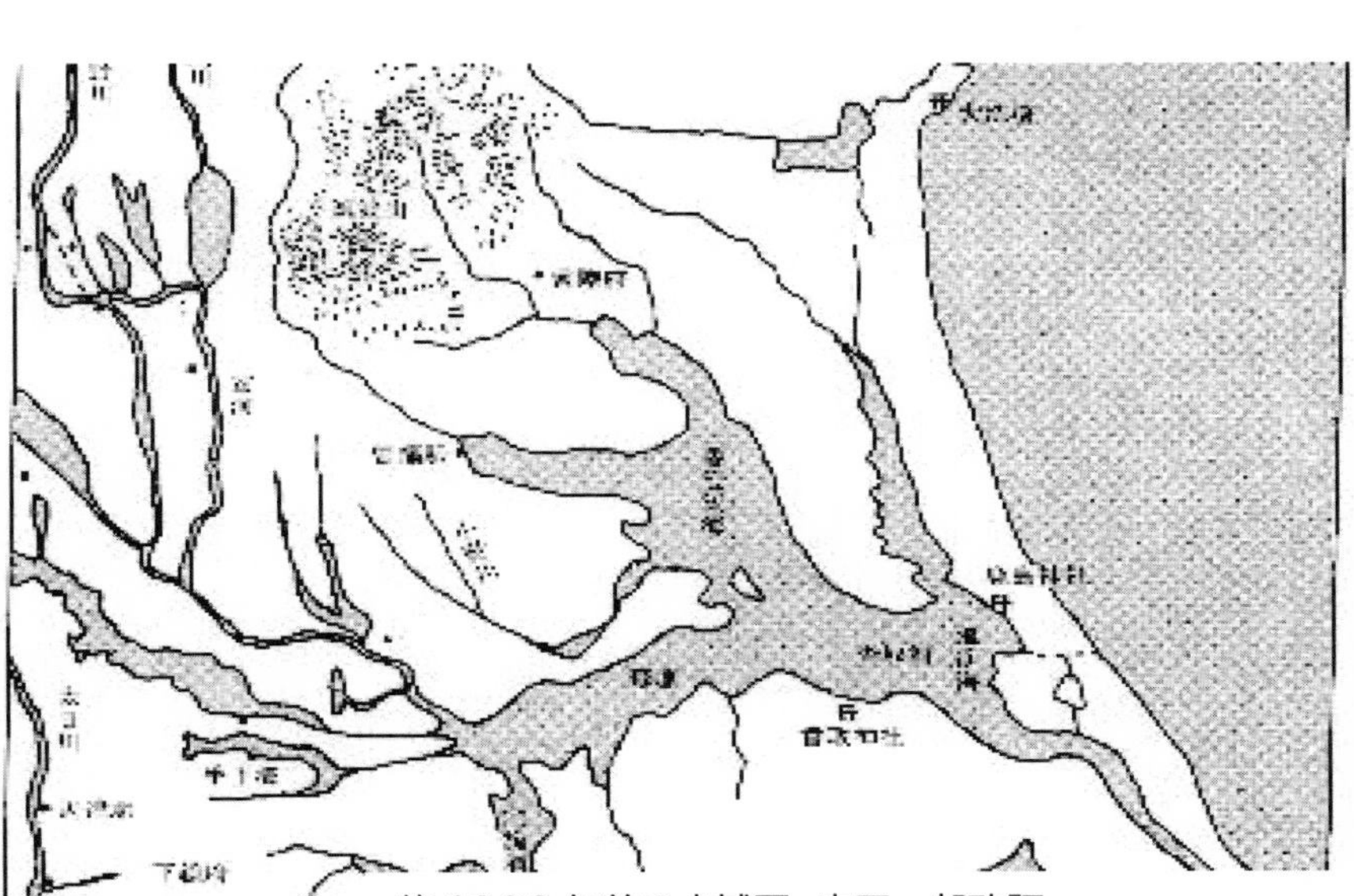

約1000年前の水域図　吉田一部改訂

に川らしい流れも取り戻す、合理的で斬新な着想でもある。

霞ケ浦は高浜入り（恋瀬川）、土浦入り（桜川）、古渡入り（小野川）の3つの切込みが、三又沖で集まる豊かな漁場であった。現在、国や県で浚渫を行い、窒素やリンを溶出させる底泥を除去する対策が取り組まれている。

利根第二導水路で霞ケ浦の浄化と既得用水の補給目的で、利根川と霞ケ浦間で最大25立方メートル（秒）双方に流入させる施設があることも承知はしているが、十分ではない。国によるこうした事業と利根川の水を本格的に流入させる取り組みを合わせ技で行ってみたらいかがであろうか。霞ケ浦の水を浄化させ、帆曳船によるワカサギ漁を復活させ、子供たちが泳げる歩崎や天王崎の白浜をとりもどしたいものだ。

出口も常陸利根川から利根川への放水路ではなく、鹿島工業地帯を避けて北側に鹿島灘から太平洋に直接注ぐものだ。鹿島，神栖や銚子の河口に近い人々の心配も取り除ける計画と思う。

ルートAは利根川（石納）から霞ケ浦へ（本新田）は水田を抜け、ルートBは霞ケ浦（今宿）から北浦（柏崎）には蔵川を生かせる。ルートCは北浦（津賀）から鹿島灘には30メートルを超える台地の掘削も必要だが、ゴルフコースを避けるなど地域関係者への配慮もなされている。

ダムではないが、事前の放流については、佐藤さんも5日は必要ないのではといわれる。利根川洪水の水を入れることと霞ケ浦地域の期待利害と共存できると思われる。

利根川下流の経済的な被害は江戸川流域の経済被害は約1割程度かもしれない。が、利根川本川下流は計画流量よりも洪水が流入しやすく、調節池以外に設備がなく、利根川の洪水氾濫確率をかけ算すると、両水域の期待被害には大きな差はないと考えられる。

現在の平成25年改修計画は70年から80年に1回に発生する雨量の確率で算定をされたものだが、利根川は少なくとも１００年２００年に１回確率の洪水を想定した計画を実行してほしいものだ。最近では東京都葛飾区や埼玉県幸手市を始め、１０００年一度確率により浸水想定している自治体が少なくないが、利根川流域、八斗島上流域に3日間総雨量４９１ミリを想定したものであり、１００年、２００年に一度確率の３日間総雨量と著しい差が有るわけではない。

なお、国ではこれまでの想定を厳しく見直し、自治体などが『洪水ハザードマップ』として用いる浸水想定区域図は平成27年5月にそれまでの「計画規模」から「想定最大規模（１０００年に一度の雨量」とするよう水防法第14条の改正を行い、令和3年5月に洪水・雨水出水・高潮浸水指定の指定対象を拡大している。

中流３調節池貯水量増加や、３つの実現をしたとしても利根川下流水害への備えは万全とは言えないかもしれない。それでも、３つの提言に対して多くの方々の理解と共感が高まり、昭和39年（１９６４）に制定された新河川法の精神と現代の新技術を生かして、河川改修計画が立案されて着実に実行されることを期待したい。

あとがき

青木更吉さんは5年前に『歴史ロマン利根運河』出版記念として講演をされ、水辺公園「ムルデルの碑」の前で、「子供たちがこずかいを残した小銭を持ち寄ってムルデル碑が実現した」ことを話された。その時に初めてお目に掛かった。60年以上の地域研究を重ねてこられた青木さんから一緒に研究をしてみないかといわれた時は不安だったが内心嬉しくて、自分の力量もわきまえず体が動き出していた。青木さんの調査姿勢を習って、地図とハザードマップを脇に挟み現地に足を運び、地元の方に伺い、文献確認を繰り返した。コロナ禍ではあったが利根川や江戸川の土手は開放的で背筋も伸ばしてくれた。

「利根川本流になぜ放水路はないのか。」は青木さんが長年調査を重ねてこられた末でのテーマであり持論をお持ちであったが、新鮮な感覚で一緒に足を運んでくださった。

調査の早い段階で、中川や坂川など「江戸川への放水路」は内水を制御できていることは確認ができたが、「利根川への放水路」はあっても、「利根川の放水路」は一つも確認が出来なかった。赤堀川や利根運河のように歴史の一時期に放水路となっても、令和4年現在、放水路は全くないことが明らかになった。

堀割の目的は時代によって変わるとはいえ、利根川の水を東京湾に流そうとしたのが、印旛沼掘削事業であり、江戸時代からの挑戦の歴史を重点的に調査したが利根川の洪水は一滴も東京湾には届いていなかった。「利根川放水路」(昭和放水路)も出来ていない。私たちは利根川の放水路がないのであれば、首都圏外郭放水路のように新技術を用いて作れば良いのではと考えたが、予算規模や花見川などを考えると何本も作るわけにはいかない。

どうしたものかと思案していた時に、「利根川下流放水路計画」佐藤裕和さん、磯部雅彦さん「霞ケ浦―北浦―鹿島灘を連携した利根川下流放水路の検討」(同)に巡り合い、霞ケ浦の水質改善の目的と利根川下流洪水対策とを重ねることで、利根川下流放水路の柱とした。佐藤、磯部さんの論文に巡り合えたことは実に幸甚であった。暗いトンネルの先に光がみえた想いだった。

故郷岩国の同級生酒井一江さん（一般社団法人「日本造園業協会顧問」）が『究極の名橋錦帯橋』（錦帯橋世界文化遺産専門員会平成25年）に佐藤さんが執筆されていることを教えてくださった。伺えば、お二人が論文発表された当時は、東京大学・柏の葉キャンパス・新領域創成科学研究科におられて、佐藤さんは利根運河近くからキャンパスに通っておられたという。佐藤さんは現在島根大学生物資源科学部助教であり、当時指導教授であった磯部さんは令和5年3月まで高知工科大学の学長を務めておられた。青木さんとの協同研究は調査だけでなく、「霞ケ浦～北浦～鹿島灘を連携した利根川下流放水路」提言に結び付いた。茨城県常陸大宮市生まれ、葛飾区で教鞭をとられた青木さんは、『利根川は東京湾に戻りたがる』（サブタイトル埼玉平野の河畔砂丘を歩く　さきたま出版会）に続いて、今回は利根川東遷の補償策を具体的に提言されて霞ヶ浦に流れを取り戻し、浄化したいという地元の願いを反映した具体的な提案できたことを喜ばれている。

私にとっては、青木さんとの研究は新たな世界に窓が広がり、毎日が新鮮であった。青木さんとの毎回3時間は超える熱い議論は2年間で30回を超えていた。友人高橋利行君とは東日本台風直後に共に長野を旅し、水害の傷痕を肌で感じ、執筆途中でも率直な指摘をくれて有難かった。

水資源機構千葉用水総合管理所、国土交通省関東地方整備局、利根川上流河川事務所、下流河川事務所、江戸川河川事務所、関東農政局印旛沼二期農業水利事務所、千葉県・群馬県河川管理部門、明和町河川課、行田市郷土博物館、久喜市教育委員会、境町博物館、五霞町教育委員会、千葉県立関宿城博物館・幸手市郷土資料館、三郷市教育委員会、江東区中川船番所資料館、船橋市博物館、市川市危機管理室、柏市教育委員会、利根町民俗資料館、利根町図書館、水郷佐原アヤメパーク、千葉県立博物館大利根分室、流山市立博物館、流山市立中央図書館、流山市立森の図書館、野田市立興風図書館、千葉県立西部図書館の皆様に幾度もご協力を頂戴した。流山善意通訳ガイドの仲間である安江裕子さんには題字を揮毫いただいた。流山市立博物館友の会の会長でもあった竹島さんは執筆当初から私たちの調査の進展を見守り、最後には出版事情が厳しい環境の中でも快く出版を引き受けていただいた。心より皆様に感謝を申し上げたい。

當麻多才治

主要な参考文献

『日本の放水路』岩屋隆夫著　東京大学出版会　２００４年
『利根川と淀川』小出博著　中公新書　１９７５年
『利根川治水の変遷と水害』大熊孝著　東京大学出版会　１９８１年
『利根川百年史』利根川１００年史編集委員会　建設省関東地方建設局　昭和62年
『利根川東遷』澤口宏著　両毛文庫　２０００年
『群馬県の歴史散歩』群馬県高等学校教育研究会歴史部会編　山川出版社　２００５年
『利根川近現代史』松浦茂樹著　古今書院　２０１６年
『利根川図志』赤松宗旦著　安政２年　柳田国男校訂　岩波文庫　１９７１年
『新・利根川図志』上・下巻　山本鉱太郎著　崙書房出版　１９９７年・１９９８年
『利根川読本　大河よ永遠に』「東葛流山研究」第11号流山市立博物館友の会編　平成４年
『利根川治水考』根岸門蔵著　根岸祐吉刊　明治41年
『利根川治水史』栗原良輔著　山愛書院　昭和48年
『関東河川水運史の研究』丹治健蔵著　法政大学出版局　２００５年
『利根川』飯島博著　現代教養文庫　社会思想研究会出版部刊　昭和35年
『続　利根川』飯島博著　三一書房　１９５９年
『利根川』安岡章太郎著　朝日新聞社　１９６６年
『洪水と治水の河川史　水害の制圧から受容へ』大熊孝著　平凡社　２００７年
『洪水と水害をとらえなおす、自然観の転換と川との共生』大熊孝著　農文協プロダクション　２０１１年
『水と闘う人々、利根川・中条堤と明治43年大水害』松浦茂樹著　武蔵文化研究会　２０１４年
『アーカイブス利根川』宮村忠監修　信山社サイテック　２００１年

『水害、治水と水防の知恵』宮村忠著　関東学院大学出版会　１９８５年
『ダムと堤防、治水・現場からの検証』竹村征三著　鹿島出版会
『水の土木遺産水とともに生きた歴史を今に伝える』若林高子・北原なつこ著　鹿島出版会　２０１１年
『物語日本の治水史』竹村征三著　鹿島出版会　２０１７年
『熊谷市史　別編２　妻沼聖天山の建築』熊谷市　平成２８年
『第23回テーマ展　忍の水物語　治水と利水』行田市郷土資料館　平成２５年
『中川流域の治水史』土木史研究第12号　埼玉県土木部河川課小林寿明著１９９２年
『関宿誌』奥原謹爾著　関宿町教育委員会　１９７３年
『利根川・江戸川流域における狭間地域における輸送機構を中心に』松丸明弘著千葉県立関宿城博物館研究報告第４号　平成12年
『船橋随庵著作其の3利根川川筋水利之事』林保著　千葉県立関宿城博物館研究報告第5号
『角川日本地名大辞典』埼玉・茨城・千葉・群馬　角川書店　１９７８年～１９９０年
『日本歴史地名体系』埼玉・茨城・千葉・群馬　平凡社　１９７４年～２００４年
『利根川の洪水、語り継ぐ流域の歴史』利根川研究会　山海堂　１９９５年
『江戸川・歴史とくらし』東葛流山研究第12号流山市立博物館友の会編　平成５年
『論集江戸川』「新川開削と庄内古川付け替え」市川幸雄、高崎哲郎、新井浩文、林保、橋本直子、原太平、榎美香、田中利勝／著　論集江戸川編集委員会　崙書房出版　２００６年
『江戸川にがぶり寄る』青木更吉　月刊「とも」２０１９年から連載
『新編武蔵風土記稿』弘化３年（１８４５）　昌平坂学問所地理局
『新編武蔵風土記稿を読む』　重田正夫／編臼井哲哉編　さきたま出版　２０１５年
『荒川放水路物語』絹田幸恵著　新草出版　１９９０年
『幸手歴史物語　川と道』　幸手市教育委員会　２０２０年
『幸手市史　通史編１』生涯学習市史編さん室　幸手市教育委員会　平成６年発行

『利根川・荒川の洪水と「押堀」』市川幸雄著　千葉県立関宿城博物館研究報告30号　平成23年
『北下総地方史』茨城県結城・猿島・北相馬地域　今井隆助著　崙書房出版　１９７４年
『千葉県東葛飾郡誌』東葛飾郡教育会　編集発行　大正12年
『東葛飾の歴史・地理』千葉県東葛地方教育研究所　崙書房出版　１９９４年
『千葉県の歴史』（資料編・近現代４・産業・経済１）千葉県　２０１９年更新
『千葉県の歴史１００話』川名登編　国書研究会　２００６年
『川の道　江戸川』松戸市制施行60周年開館10周年記念　松戸市立博物館　平成15年
『新版利根運河』利根・江戸川を結ぶ船の道　北野道彦・相原正義著　崙書房　１９８９年
『利根運河１２０年の記録』魅力ある土木遺産　流山市教育委員会　平成22年
『歴史ロマン利根運河』青木更吉著　たけしま出版　２０１８年
『利根運河を考える　水の道・サシバの道』新保國弘著　崙書房出版　２００１年
『河川と流山』調査報告書10流山の川　流山市立博物館　平成５年
『歴史とロマンの里　流山』青木更吉著　崙書房出版　平成30年
『江戸川と坂川の治水』松下邦夫著　松下邦夫　１９７９年
『三郷市史第10巻』（別編・水利水害編）三郷市史編さん委員会　平成12年
『諸国洪水川々カスリーン台風の教訓』葛飾区郷土と天文の博物館　２００７年
『千葉県の河川、県土の保全と整備』　千葉県県土整備部河川計画課　平成17年
『真間川の百年、都市河川の変遷』　鈴木恒男著　崙書房　１９５７年
『市川市史自然編　都市化といきもの』　市川市史自然編編集委員会　２０１６年
『いちかわ水土記、土地の名・川の名』　鈴木恒男著　崙書房出版　１９９０年
『国分川分水路建設工事の概要』千葉地方裁判所平成７年（わ）２１０号判決
『利根町史通史第7巻』（近現代編）　利根町教育委員会　平成19年
『新利根川騒動記』宮本和也著　崙書房ふるさと文庫　１９７８年
『小貝川河口の闘い』芦原修二編著小貝川河口付替反対闘争委員会企画　崙書房平成７年

『図説河内の歴史』河内町史編さん委員会編　河内町　２００３年
『印旛沼経緯記』織田完之著　溝口伝三編　金原明善出版　明治26年
『印旛沼のはなし』公益財団法人印旛沼環境基金　令和３年
『八千代市の歴史』（通史編上下・資料編近世Ⅲ）八千代市市史編さん委員会編平成20年
『天保改革と印旛沼普請』鏑木行広著　同成社江戸時代史叢書　２００１年
『天保図録』　松本清張著　朝日新聞　１９９３年
『天保期の印旛沼掘割普請』千葉市教育委員会編　千葉市教育委員会　平成10年
『江戸時代の土木技術天保期の印旛沼掘割普請古文書から』松本精一著建設物価調査会　２００７年
『印旛沼開発工事誌』水資源開発公団　印旛沼建設所　１９６９年
『生きている印旛沼　民俗と自然』白鳥孝治著　崙書房出版　２００６年
『開拓維新記』印旛沼の水土に挑む開拓精神　関東農政局印旛沼二期農業水利事業所　平成22年
『印旛沼掘割物語江戸・天保期の堀割普請始末』高崎哲郎著　崙書房出版　２０１１年
『古文書で読む千葉の今むかし』後藤将知・吉田信之著　崙書房出版　２０１６年
『前橋台地の利根川』その２　調査者澤口宏　前橋自然史博物館　２０１５年
『行田の歴史』普及版　行田市市史編纂委員会、教育委員会　平成28年
『田中正造と利根・渡良瀬の流れそれぞれの東流東遷史』布川了著　随想舎　２００４年
『町史　五霞の生活史　水と五霞』五霞町史編さん委員会　平成22年
『近・現代における五霞村と利根治水』五霞町史編さん委員会　平成21年
『醤油から世界を見る』野田を中心とした東葛飾地方の対外関係史と醤油　田中則雄著　崙書房出版　１９９９年
『2代将軍徳川秀忠』河合敦著　幻冬舎出版　２０１１年
『徳川秀忠』山本博文著　吉川弘文館　２０２０年
『教科書には書かれていない江戸時代』山本博文著　東京書籍　平成30年

『江戸・東京の「地形と経済」の仕組み』鈴木浩三著　日本実業出版社　２０１９年
『小金牧を歩く』　青木更吉著　崙書房出版　２００３年
『鷹将軍徳川社会の贈答システム』岡崎寛徳著　講談社　２００９年
『柏の歴史』創刊号　柏市市史編さん委員会　柏市教育員会　平成24年
『手賀沼をめぐる中世（１）城と水運』千野原靖方著　たけしま出版　２０１３年
『手賀沼開発の虚実』中村勝著　たけしま出版　２０１５年
『湖北に生きる、湖北座会／三十年の歩み』編者　湖北座会　崙書房　２０１３年
『柏市史』近世編第一章交通の発達と柏村　柏市教育委員会　１９９５年
『鬼怒川物語』常総を開発した水の道　横島広一著　崙書房出版　１９９０年
『昭和放水路をたどる　利根川増補計画利根川の水を東京湾へ』　倉田智子著　崙書房出版　２００９年
『日本地図に懸けた人生』伊能忠敬50代からの挑戦　川村優著　東京書店　１９９７年
『変貌する利根川』　鈴木久仁男著　崙書房出版　１９８９年
『利根川をゆく』Ｉ　片山正和著　崙書房出版　１９７９年
『利根川下流クルージングガイド』利根川船運・地域づくり協議会　平成２２年
『常陸風土記を歩く』　柴田弘武・横村克宏　崙書房出版　２０００年
『湖（ウミ）は流れる』霞ケ浦の水と人士の会編　三一書房　昭和57年
『洪水と確率　基本高水をめぐる技術と社会の近代史』中村晋一郎著　東京大学出版会　２０２１年
「霞ヶ浦-北浦鹿島灘を連携した利根川下流放水路の検討」佐藤裕和・磯部雅彦著自然災害科学　２０１１年
「利根川中流調整池群における越流堤への可動堰による治水機能の評価」佐藤裕和・磯部雅彦著　水工学論文集第53巻２００９年2月

著者紹介

青木更吉（あおき・こうきち）

1933年茨城県常陸大宮市に生まれる。
茨城大学教育学部卒業、葛飾区立柴又小学校等で教諭を務めた後、葛飾区郷土と天文の博物館の嘱託を務めた。
著書に『葛飾のわらべ歌』（葛飾区教育委員会）、『下総の子供歳時記』
『みりんの香る街　流山』『流山の江戸時代を旅する』（崙書房出版）
『小金牧を歩く』『小金牧　野馬土手は泣いている』『佐倉牧を歩く』
『「東京新田」を歩く』『嶺岡牧を歩く』他房総の牧８部作（崙書房出版）
『物語二本松少年隊』（新人物往来社）他
『利根川は東京湾に戻りたがる』（さきたま出版会）
流山市立博物館友の会、流山市歴史文化研究会、葛飾の昔話研究会会員。

當麻多才治（とおま・たさいじ）

1950年山口県岩国市に生まれる。名古屋大学法学部卒業、日本生命保険、ニッセイアセットマネジメント、丸三証券株式会社に勤務。

ネット証券部門担当時期に、「とまる君の投資術」「投資徒然草」をメールマガジンで長年執筆　退職後は来日外国人への善意通訳を行う傍ら、流山市立博物館友の会員として利根川・江戸川地域の歴史を研究し、「東葛流山研究」に「関宿落とし堀」「坂川放水路」などを執筆。

NPO法人流山市国際交流協会員、日本証券アナリスト協会検定会員。

利根川の放水路を歩く　未完の東遷完成への提言

2023年（令和５）９月26日　第１刷発行

著　　者　青木更吉・當麻多才治
発 行 者　竹 島　い わ お
発 行 所　た け し ま 出 版

〒277-0005　千葉県柏市柏762　柏グリーンハイツＣ204
TEL／FAX　04-7167-1381
郵便振替　00110-1-402266

印刷・製本　戸辺印刷所

© 2023 Printed in Japan　　乱丁・落丁本はおとりかえ致します。